黄河國家治理文獻集成（清代卷）第四十三册

《黄河國家治理文獻集成》編委會　編

總第五十九册

清代漢文朱批奏摺黄河治理資料輯録

（八）

張曉東　輯

内蒙古出版集團
内蒙古人民出版社

圖書在版編目（CIP）數據

清代漢文朱批奏摺黄河治理資料輯録．八 / 張曉東輯．-- 呼和浩特 : 内蒙古人民出版社，2025. 8.
（黄河國家治理文獻集成）．-- ISBN 978-7-204-16666-4

Ⅰ．TV882.1

中國國家版本館 CIP 數據核字第 2025GQ8350 號

清代漢文朱批奏摺黄河治理資料輯録（八）

輯　　録　張曉東
策劃編輯　王　瑶
責任編輯　賈大明　徐　飛
裝幀設計　劉那日蘇　吉　雅　安立新
責任監印　包鐵柱
出版發行　内蒙古出版集團　内蒙古人民出版社
地　　址　呼和浩特市新城區中山東路 8 號波士名人國際 B 座 5 層
網　　址　http://www.impph.cn
印　　刷　内蒙古愛信達教育印務有限責任公司
開　　本　880mm × 1230mm　1/16
印　　張　24.25
字　　數　290 千
版　　次　2025 年 8 月第 1 版
印　　次　2025 年 8 月第 1 次印刷
印　　數　1—1000 册
書　　號　ISBN 978-7-204-16666-4
定　　價　200.00 元

如出現印裝質量問題，請與我社聯繫。聯繫電話：（0471）3946120

編纂委員會

引言

千古河流成沃野，幾年沙勢自風湍。

得益于黄河冲積所帶來的疏松土質和有機物，中華先民利用石製工具開始了農業生産，并逐步發展出旱地粟作農業，『能够最大程度保障食物供給的穩定性，奠定了中華文明起源和形成的堅實基礎』〔一〕。而利用河水灌溉，提高區域可預測農業産量，『在産業史上起着最有决定性的作用』〔二〕。隨後，技術進步、經濟發展、人口增加，讓先民的文化生活大爲豐富。嚴文明先生評價道：『這是一場影響深遠的革命。』〔三〕在這場革命中，平衡水、沙、産、人四者之間的關係，始終是黄河治理的核心問題。四者關係一旦失衡，就容易引發諸多灾患。

歷史上，黄河下游因人口稠密、經濟發達，一直是學術界關注的重點。但自河源至今内蒙古托克托縣河口鎮的黄河上、中游區域，雖遠離王畿，人口稀疏，却也一直備受關注，人們逐步認識到黄河全流域治理是國家的重要任務。《漢書》載：『堤防之作，近起戰國，雍防百川，各以自利。』〔四〕没有全流域的協同治理，僅靠各地分段築堤，則黄河河患無法解决。秦建立了中國歷史上第一個中央集權大一統王朝，秦始皇東巡碣石，刻石銘記『决通川防，夷去險阻』〔五〕，開啓中央政府調動各要素治黄之先河，這『在中國，實質上是國家的一種職能』〔六〕。同時，國家通過對黄河的有效治理，爲沿黄流域人民群衆乃至其他地區人民群衆提供了重要的公共物品和産業支撑，成爲人民群衆眼中中央政府的功過評價指標之一。因此，治黄在增强沿黄各族群國家、政治、文化認同的基礎上，强化了中國大一統國家的合法性，成爲歷代國家治理能力的一個重要測度。

一、黄河治理維護了國家的社會穩定

從秦并六國到漢朝建立大一統國家，中國統一的多民族國家形成并得到初步發展。當時中央政府對所轄疆域有『北邊郡』和『内郡』之稱。内蒙古額濟納旗出土的居延漢簡有載，『貇（墾）田以鐵器爲本北邊郡毋鐵官印器内郡令郡以時博賣予細民毋令豪富吏民得多取販賣細民』，可以看出北邊郡是與内郡相對應的行政管轄區域。《史記》卷二十八『封禪書第六』載：『上乃遂去，並（并）海上，北至碣石，巡自遼西，歷北邊至九原。』〔七〕。《史記》卷三十『平準書第八』載：『天子北至朔方，東到太山，巡海上，並（并）北邊以歸。』〔八〕司馬遷多次提及北邊，足見統治者對北邊治理的重視。

漢武帝時，齊人延年提出從今内蒙古引黄河水經今北京一帶，向東注入渤海，以衛北部邊疆。『是時方事匈奴，興功利，言便宜者甚衆。齊人延年上書言：「河出昆侖，經中國，注勃海，是其地勢西北高而東南下也。可案圖書，觀地形，令水工準高下，開大河上領，出之胡中，東注之海。如此，關東長無水災（灾），北邊不憂匈奴，可以省隄（堤）防備塞，士卒轉輸，胡寇侵盜（盗），覆軍殺將，暴骨原野之患。天下常備匈奴而不憂百越者，以其水絶壤斷也。此功壹（一）成，萬世大利。」』[九]《史記》卷二十四『樂書第二』載：『天馬來兮從西極，經萬里兮歸有德。承靈威兮降外國，涉流沙兮四夷服。』[十]如今，包頭地區出土了『四夷盡服』瓦當，出土文物與傳世文獻的呼應，成爲黄河治理維護祖國北部邊疆穩定的見證。

《史記》卷三十『平準書第八』載：『嚴助、朱買臣等招來東甌，事兩越，江淮之閒（間）蕭然煩費矣。唐蒙、司馬相如開路西南夷，鑿山通道千餘里，以廣巴蜀，巴蜀之民罷焉。彭吳（吴）賈滅朝鮮，置滄海之郡，則燕齊之閒（間）靡然發動。及王恢設謀馬邑，匈奴絶和親，侵擾北邊，兵連而不解，天下苦其勞，而干戈日滋。』[十一]清代《汾陽縣志》卷十三『藝文』收録曹學閔《開修黄蘆嶺車路紀德政碑記》，上載：『永寧州，界連西陲，北達邊外歸綏諸路，商賈遠貿粟麥，泛皮船隨黄流南下，聚于州西磧口，一府之民仰利賴焉。而東至太原，南抵平陽，州縣凡二十餘，亦視汾爲橐鑰，蓋所繫非特一方生計矣。』[十二]民國時期，東北淪陷後，開發西北刻不容緩，而『黄河中游之水利，自應加以擴充及整理，藉（借）收桑榆之效，以挽狂瀾於（于）萬一』[十三]。

因黄河流域自然條件優越，歷朝歷代都十分重視對此地的開發，通過强有力的國家干預方式推動各類産業的發展，爲中國北部疆域的形成和社會穩定奠定了基礎。

二、民族交往、物資交流、技術轉移促成黃河治理共同體

《史記》卷十五『六國年表第三』載：秦始皇三十三年（前214），『築長城河上，蒙恬將三十萬』[十四]。這數十萬人中，擁有一技之長的人員不在少數。由此，邊地人口不斷增多，而豐富的物産則促進了商品交流與統一市場的形成。西漢《鹽鐵論·力耕第二》記録了『异物内流』的情形：『是以贏（騾）驢馲駞（駝），銜尾入塞，驒騱騵馬，盡爲我畜，鼲鼦狐貉，采旃文罽，充於（于）内府，而璧玉珊瑚瑠（琉）璃，咸爲國之寶。』[十五]此後，黃河北岸的『贏（騾）驢馲駞（駝）』『驒騱騵馬』『鼲鼦狐貉』『采旃文罽』與西南織錦、中原麻織、農作物等物資相互交流，逐步形成統一的國内大市場，加强了邊疆與其他地區的經濟聯繫，促進了邊疆特色産業的發展。

隨着民族交往交流交融的增强，清代以降，黃河流域内蒙古段輸入到内地的也不僅僅是『异寶』了。《綏遠通志稿·水路》載：『自乾隆以還。口外墾殖日廣。民殷物阜。出境之油、糧、鹽、鹼（碱）、甘草各貨。入境之日用雜貨。山西與歸綏往來之商運。凡經河路者皆以托屬河口爲唯一之碼頭。』[十六]從清乾隆年間到民國時期，由内蒙古經黃河運到山西的貨物有糧、油、鹽、碱、藥材、皮毛等，其中以糧油爲最大宗。糧食品種主要有糜黍、穀子、高粱、豆類及玉米、大小麥

等，油料主要是胡麻。内蒙古供貨支綫有從阿拉善盟阿拉善左旗吉蘭泰鹽池到山西吕梁市磧口鎮的運鹽駝路，五原縣、臨河區一帶各大幹渠的運糧水道，杭錦旗、達拉特旗的甘草馱運綫，鄂托克旗的運碱駝路。内蒙古段各條支綫以供貨爲主，山西段若干支綫以運銷爲主。

《臨縣志》載：『清朝乾隆至民國年間，陝、甘、綏、蒙等地的物資，通過此航綫運達磧口，再用牲口馱運到離石、吴城，轉運至東路（汾、平、介、孝等縣）。據民國 20 年（1931）統計，每年從綏遠磴口航至磧口的貨船不下 4000 餘艘』，『是陝、甘、綏、寧與晋西北物資集散之重鎮』。[十七]可見，内蒙古在甘肅、寧夏與陝西、山西等沿黄上下游物資交易中起到了重要的聯結作用；同時也吸引了山西、陝北、河北、山東、甘肅等地的農民遷移至此，并將開渠打壩、引水澆地等農業生産技術、手工技術和商業貿易經營方式帶到這裏。他們在此扎根，除了從事農業生産外，還挖甘草、下窑背炭、在黄河上拉船、在沙漠中拉駱駝、打短工放冬羊、開碾磨油坊，等等。不同地域、不同民族的人們合力修築河渠、引水興業，逐漸形成休戚與共的共同體。其間積纍的産品交易、商業管理、社會治理等方面的經驗，在今天依然有借鑒意義。

清代『首重治河，探河源以窮水患』[十八]，但更深層次的考量是『宣揚大一統及增强國家認同』[十九]。黄河流域人口基數大、分布廣，而全流域治理理念將不同地區、不同民族的人們凝聚成命運共同體，而『大一統』理念正是這一治理實踐的核心主題。

三、黄河流域拓展了中國的發展空間

早期統治者因巡幸及邊防建設所需，統籌管理沿黄河運與秦直道等沿黄馬道，維持着中央政府對北邊的有效治理。河套平原引黄渠道的建設爲秦漢王朝屯田事業提供了基本的水利保證，并將這些區域變成防禦北部邊患的大後方與根據地。于是，沿黄馬道、沿黄河運與萬里茶道、草原絲路等陸路運輸聯通起來，促進了中華文明與其他文明的交流互鑒，拓展了新的發展空間。

新中國成立之後，沿黄各族兒女在中國共産黨的領導下團結合作、艱苦奮鬥，實現了大河安瀾。黄河流域建立起行之有效的防洪抗汛機制，支撑着沿岸的産業發展，改善了周邊生態環境。當代治黄史證明，正是由于中國共産黨的正確領導以及集中力量辦大事的制度優勢，纔從根本上減輕了河患的威脅。進入新時代，黄河流域在築牢安瀾根基的同時，以蓬勃活力拓展着中國的發展空間。沿黄九省區在協同發展中不斷釋放潜力，讓黄河流域成爲國家區域協調發展戰略中不可或缺的重要一極，爲中國的發展源源不斷地注入新動能。

綜上所述，黄河流域的治理不是單純的河道治理、生態環境治理或社會治理，而是一種關涉水、沙、産、人四者關係的系統性、協同性治理，是推動國家可持續發展的動力，也是厘清國家治理與邊疆治理兩者動態交互實際效果的絶佳視角。而黄河工程等『中國本土理論資源、學術積纍』〔二十〕，有助于研究國家治理的演進歷程。進入新時代，黄河治理與國家治理的關係研究不斷開闢新視角、持續涌現新成果，其中鑄牢中華民族共同體意識、邊疆治理與黄河流域生態保護和高質量發展成爲非常重要的研究視角。因此，基于這一角度搜集整理黄河國家治理文獻，意義重大。《黄河國家治理文獻集成》，應運而生。

本叢書系統梳理了黄河治理的歷史脉絡與經驗，既爲新時代黄河流域生態保護和高質量發展提供了歷史鏡鑒，更以文獻爲載體，傳承了治理智慧、凝聚了民族力量，是服務國家發展戰略、鑄牢中華民族共同體意識的重要學術實踐。

《黄河國家治理文獻集成》編委會

二〇二五年一月

〔一〕韓建業：《中華文明的起源和形成》，載《中華民族共同體研究》2022 年第 4 期，第 80-91+172 頁。

〔二〕中共中央馬克思恩格斯列寧斯大林著作編譯局：《馬克思恩格斯選集》第二卷，人民出版社，2014 年，第 240 頁。

〔三〕嚴文明：《黄河流域文明的發祥與發展》，載《華夏考古》1997 年第 1 期，第 49-54+113 頁。

〔四〕（漢）班固：《漢書》卷二十九「溝洫志第九」，中華書局，1964年，第1692頁。

〔五〕（漢）司馬遷：《史記》卷六「秦始皇本紀第六」，中華書局，1963年，第252頁。

〔六〕冀朝鼎：《中國歷史上的基本經濟區與水利事業的發展》，朱詩鰲譯，中國社會科學出版社，1981年，第7頁。

〔七〕（漢）司馬遷：《史記》卷二十八「封禪書第六」，中華書局，1963年，第1398-1399頁。

〔八〕（漢）司馬遷：《史記》卷三十「平準書第八」，中華書局，1963年，第1441頁。

〔九〕（漢）班固：《漢書》卷二十九「溝洫志第九」，中華書局，1964年，第1686頁。

〔十〕（漢）司馬遷：《史記》卷二十四「樂書第二」，中華書局，1963年，第1178頁。

〔十一〕（漢）司馬遷：《史記》卷三十「平準書第八」，中華書局，1963年，第1420-1421頁。

〔十二〕（清）方家駒修，（清）王文員纂：《汾陽縣志》卷十三「藝文」，清光緒十年刻本，第57-58頁。

〔十三〕王華棠、劉錫彤、吴樹德：《黄河中游調查報告》，華北水利委員會編印，1934年，第1頁。

〔十四〕（漢）司馬遷：《史記》卷十五「六國年表第三」，中華書局，1963年，第758頁。

〔十五〕王利器：《鹽鐵論校注》，中華書局，1992年，第28頁。

〔十六〕綏遠通志館：《綏遠通志稿》第十册，内蒙古人民出版社，2007年，第176頁。

〔十七〕臨縣志編纂委員會：《臨縣志》，海潮出版社，1994年，第273、321頁。

〔十八〕趙爾巽等：《清史稿》卷一二六「河渠一」，中華書局，1977年，第3715頁。

〔十九〕劉惠：《乾隆朝重構黄河河源的實踐與國家認同》，載《清華大學學報》（哲學社會科學版）2018年2期，第147-154+195頁。

〔二十〕許耀桐：《當代中國「治理」概念的演進探析》，載《國家現代化建設研究》2023年3期，第100-111頁。

出版前言

黄河，中華民族的母親河，她不僅孕育了中華文明，更見證了中華民族數千年的發展歷程。習近平總書記深刻指出：『從某種意義上講，中華民族治理黄河的歷史也是一部治國史。』這一重要論述，爲新時代黄河文化的保護傳承以及流域治理提供了根本遵循，也深刻揭示了黄河治理在國家發展和民族復興進程中的核心地位。在學習貫徹習近平新時代中國特色社會主義思想，積極響應國家黄河流域生態保護和高質量發展重大戰略，大力推進北疆文化建設的背景下，《黄河國家治理文獻集成》的編纂出版，具有重要的歷史意義、學術價值與現實指導意義。

黄河治理，自古以來就是國家的頭等大事。從遠古時期大禹治水，到當代運用科學技術進行系統治理，中華民族在數千年的時間裏，積纍了豐富的治河經驗，留下了浩如烟海的文獻遺産。《黄河國家治理文獻集成》收録了元代至民國時期古籍、朱批奏摺、期刊圖片等多模態文獻資源。這些文獻内容豐富、維度多元，既包含記載河工技術、治理方略等的專書，又有漢文朱批奏摺、工程檔案以及不同區域的調查研究報告等。民國時期的文獻則標志着現代水利科學開始融入黄河治理，展現了我國水利事業在時代變革中的創新與發展。近代照片的收録則以更加直觀的方式將黄河治理、黄河沿岸的風貌呈現給讀者。

該文獻的出版，不僅是對瀕危黄河文化遺産的及時搶救與保護，更是對我國水利史、國家治理史、邊疆治理研究學術鏈條的重要補充，具有較高的文獻價值和學術意義。尤爲重要的是，這一集成工作，深度契合鑄牢中華民族共同體意識這一全黨全國各族人民的共同任務。各民族在治理黄河的歷史進程中，緊密協作、共同探索，這些珍貴文獻便是各民族交往交流交融和中華文明認同的生動見證。對這些文獻進行整理出版，能够讓各族人民更加深刻地認識到，在歷史長河中，各民族共同爲黄河治理貢獻了力量，共同守護了家園，從而進一步增强對中華民族共同體的認同感與歸屬感，夯實鑄牢中華民族共同體意識的歷史根基。

《黄河國家治理文獻集成》以『國家治理』爲核心綫索，構建起一個全面、系統、多維的文獻體系：在時間跨度上，聚焦從元代至民國這一傳統治河向現代水利轉型的歷史時期，爲深入研究我國水利事業的發展脉絡提供了清晰的時間坐標；在内容分類上，細緻劃分爲技術專著、工程檔案、區域研究、朱批奏摺、科學報告、圖片等類别，涵蓋黄河治理的各個方面，從不同角度展現了我國在黄河治理上的探索與實踐；在版本選擇上，秉持嚴謹、科學的態度，確保文獻内容的準確性與代表性，爲學術研究奠定堅實基礎。

在編纂過程中，叢書特别注重『全流域治理』的理念，不僅收録了有關下游防洪治河的重要文獻，還涵蓋了中游地區水土保持以及上游地區灌溉開發等方面的珍貴記載。這種對黄河全流域治理的全方位關注，與當前『共同抓好大保護，協同推進大治理』的要求高度契合，充分體現了叢書在傳承歷史文化遺産的同時，緊密服務于當代國家發展戰略的時代價值。

在出版過程中，嚴格保持原書的版式與行款，最大程度地還原文獻原貌。對于部分出現黴變、殘缺的頁面，運用先進的數字化修復技術進行精心處理，在保留原始批注與印章痕迹的基礎上，兼顧了文物的真實性與文獻的可讀性。

此外，爲了更好地服務讀者，方便學術研究，本叢書新增了目録、提要等内容，這些新增部分由編委會精心撰寫。新增目録一般編製二級，個别圖書編製三級；原書有目録而内文無對應標題的，根據原書目録照録；原書目録爲關鍵詞或者其他情況的不編製目録；原書目録與内文不一致的，以原書内文爲準；原書無目録的，按卷端、版心或其他部分輯録；一册書中收録多種圖書的，以書名爲一級標題，編製二或三級。在文字使用上，統一使用現代漢語規範繁體字，對于原版文獻中的异體字、避諱字也使用現代規範繁體字，無對應規範繁體字的保留原字。

《黄河國家治理文獻集成》的出版，是對黄河文化遺産的一次系統性、搶救性保護，具有重大而深遠的現實意義：從學術價值層面來看，叢書成功構建起一座連接傳統與現代治黄文獻的橋梁，爲黄河流域生態保護、水利工程史、國家治理史、邊疆治理、中華民族共同體學等多個領域的學術研究提供了豐富、翔實的基礎文獻，有力推動了相關學科的發展與創新；從文化價值角度而言，生動展現了北疆文化與黃河文化在歷史長河中的交融共生，爲内蒙古『北疆文化』品牌建設提供了堅實的文獻支撑，進一步豐富了中華文化的内涵與外延；從實踐價值方面考量，書中所藴含的治河理念爲我們在新時代背景下實現人與自然和諧共生、推動黃河流域可持續發展提供了寶貴的歷史經驗與智慧啓示。

在此，我們要衷心感謝各藏書機構的大力支持，正是他們提供了珍貴底本資源，纔使得本叢書的編纂出版成爲可能。同時，我們也要向文化遺産智能應用服務中華民族共同體建設『英才與蒙』團隊致以崇高的敬意，他們歷經五年的辛勤耕耘，以嚴謹的治學態度和專業的學術素養，對文獻進行了系統的整理和輯録，爲叢書的内容質量提供了堅實保障。此外，我們還要特别感謝内蒙古自治區黨委宣傳部、内蒙古出版集團將本叢書納入『北疆文庫』重點項目，并在出版過程中給予全方位支持與幫助。

我們衷心期待，這套凝聚着無數心血與智慧的《黃河國家治理文獻集成》，能够在新時代的『黃河大合唱』中奏響歷史的强音，爲黃河流域生態保護和高質量發展注入强大的歷史動力，讓黃河文化在保護中傳承，在傳承中創新，在創新中不斷發展，綻放出更加絢爛的光彩。同時，希望這套叢書能够成爲促進各民族文化交流、鑄牢中華民族共同體意識的重要載體，助力各民族更加緊密地團結在一起，共同爲實現中華民族偉大復興的中國夢而努力奮鬥，讓中華民族共同體意識在黄河文化的滋養下，扎根于每一位中華兒女的心中，成爲推動中華民族不斷前進的强大精神力量。

提　要

《清代漢文朱批奏摺黃河治理資料輯録》共10册，收録清代康熙四十四年（1705）至咸豐三年（1853）關于黃河治理的漢文朱批奏摺1000件，以時間爲序編排，每篇奏摺均保留朱批痕迹，真實呈現了清代黃河治理的决策與執行過程。

所收録的奏摺内容包括工程實踐（如堤埽、堤壩與河道工程的修建和維護）、防汛體系（如水情監測、灾情預警與應急響應）、綜合管理（如河道管理、跨區域協調、物料與經費管理、漕運管理）、治河制度與管理機制、灾害影響及灾民撫恤等。

第一册收録康熙四十四年（1705）至雍正七年（1729）的100件奏摺。第二册收録雍正七年（1729）至乾隆二十年（1755）的120件奏摺。第三册收録乾隆二十年（1755）至乾隆三十八年（1773）的130件奏摺。第四册收録乾隆三十九年（1774）至乾隆四十六年（1781）的110件奏摺。第五册收録乾隆四十六年（1781）至乾隆五十二年（1787）的110件奏摺。第六册收録乾隆五十三年（1788）至清嘉慶六年（1801）的100件奏摺。第七册收録嘉慶六年（1801）至嘉慶二十二年（1817）的90件奏摺。第八册收録道光三年（1823）至道光十六年（1836）的60件奏摺。第九册收録道光十六年（1836）至道光二十五年（1845）的80件奏摺。第十冊收録道光二十五年（1845）至咸豐三年（1853）的100件奏摺。

目録

件七六一　主事全成賞辦玉舒番子等合操之事并致祭黃河源等處　一
件七六二　奏爲查核豫東兩省黃河各廳道光六年搶辦另案土埽工程段落銀兩繕單呈覽　三
件七六三　奏爲確核豫省黃河南北兩岸各廳另案工程動撥司庫銀兩總數事　八
件七六四　奏爲查核豫東黃河原估土方段落丈尺銀數由　七六
件七六五　奏報查核豫東黃河兩岸各工段落丈尺土方銀數　七八
件七六六　奏聞豫東黃河凌汛安瀾情形　八一
件七六七　奏報查驗豫東黃河兩岸十五廳歲添各料事　八三
件七六八　奏爲豫東黃河桃汛安瀾具奏　八六
件七六九　奏報黃河下游切灘阻遏之實在情形　八九
件七七〇　奉上諭蔣攸銛等所奏查明黃河下游切灘阻遏情形一摺該督等辦理不妥俱著交部議處欽此　九六
件七七一　奉上諭琦善等辦理黃河挑挖淤塞工程不妥經部議革職現姑念平日辦事尚屬認真且係兼轄著即開缺
降爲二品來京另候簡用欽此　九八
件七七二　奏報酌修豫東黃河兩岸堤堰壩戧各工程事　一〇〇
件七七三　奏爲查明西寧黃河南北蒙番現在均屬相安情形　一〇四
件七七四　奏爲分查黃河上下各工及搶護防守情形　一〇六
件七七五　奏爲豫東黃河伏汛安瀾等由具奏　一一〇

件七七六　奏報節届白露黄河漲水漸消各工搶護平穩　一一四
件七七七　奏報沁黄河水見落及各工平穩　一一八
件七七八　奏報黄河水勢接長（漲）各工平穩情形　一二一
件七七九　奏報節逾霜降豫東黄河兩岸堤埽各工平穩情形　一二五
件七八〇　奏爲確勘豫東黄河兩岸堤堰壩戧各工擇要估辦由　一二九
件七八一　奏報查核豫東兩省黄河各廳搶辦土埽工程之銀數由　一三三
件七八二　奏報確核豫省黄河南北兩岸各廳搶辦土埽各工所動撥之司庫銀款　一三九
件七八三　奏報查核豫東黄河兩岸各廳于道光六年中所施各工程銀數由　一四二
件七八四　奏報豫東黄河凌汛安瀾　一四六
件七八五　奏爲江境黄河宿桃以下堤工單薄應查估增培懇恩撥銀趕辦以禦汛漲　一四九
件七八六　奏報查勘黄河各廳工料河勢情形　一五三
件七八七　奏爲恭報豫省黄河桃汛安瀾具奏　一五六
件七八八　奏報查勘黄河兩岸河勢工程及籌防各情形　一五九
件七八九　奏請撥豫東司庫銀以購備來年黄河兩岸應需歲料　一六三
件七九〇　奏報節交寒露湖運黄河各工平穩并現在籌辦防範情形　一六六
件七九一　奏報黄河凌汛安瀾并湖河水勢工程平穩事　一七〇
件七九二　奏爲續勘黄河大堤各工由　一七二
件七九三　奏報查驗豫東黄河各廳料垛并估計春修埽工事　一七八
件七九四　奏報豫東黄河桃汛安瀾事　一八二

件七九五　奏報夏至前後黄河工程水勢平穩并重運幫船行走情形　一八五
件七九六　奏爲時交伏汛黄河水勢叠長（漲）各工鑲修平穩由　一八八
件七九七　奏爲節交立秋豫東黄河伏汛安瀾由　一九二
件七九八　奏報節交處暑黄河水勢工程平穩緣由　一九五
件七九九　奏爲確核豫省黄河南北兩岸各廳道光十三年另案搶辦土埽各工動撥司庫銀款總數具奏　一九八
件八〇〇　奏呈豫東黄河南北兩岸各廳道光十三年搶辦土埽各工地名段落高寛長丈土方工料價值銀數繕具清單　二〇二
件八〇一　奏報籌議黄河以北三府地方攤徵之統限　二九一
件八〇二　奏爲查辦江西回空漕船夾帶私鹽情形及黄河水勢現已涸落清高于黄　二九七
件八〇三　奏報豫東黄河凌汛安瀾事　二九八
件八〇四　奏爲黄河堤埝秸料銀兩具奏　三〇〇
件八〇五　奏報查驗豫東黄河各廳料垛并勘估春修埽工　三〇二
件八〇六　奏報黄河桃汛安瀾并籌辦河工情形　三〇五
件八〇七　奏爲請定減泄黄河盛漲志樁等由　三〇九
件八〇八　奏報西寧黄河迤南野番去冬今春并未偷渡事　三一三
件八〇九　奏報豫東黄河水勢异漲現已暢消兩岸保護平穩情形　三一五
件八一〇　奏報豫東黄河伏汛安瀾情形　三一九
件八一一　奏聞豫東黄河水勢驟長（漲）各工搶護平穩情形　三二三
件八一二　奏報黄河續漲遞消及工程平穩事　三二六

件八一三　奏報保德州傍灘房屋被黄河水衝并委員查勘　三二九
件八一四　奏爲節交霜降豫東黄河普慶安瀾由　三三〇
件八一五　奏爲查核黄河各廳搶辦另案工段銀數由　三三六
件八一六　奏爲恭報凌汛安瀾并黄河湖工程水勢情形由　三四二
件八一七　奏報遵旨會勘豫省黄河北岸原陽兩汛支河情形　三四五
件八一八　奏報豫東黄河桃汛安瀾并堵截陽武支河挑溜南趨情形　三五二
件八一九　奏報豫東黄河伏汛安瀾情形　三五六
件八二〇　奏報黄河長（漲）水遞消情形　三六〇
後記　三六三

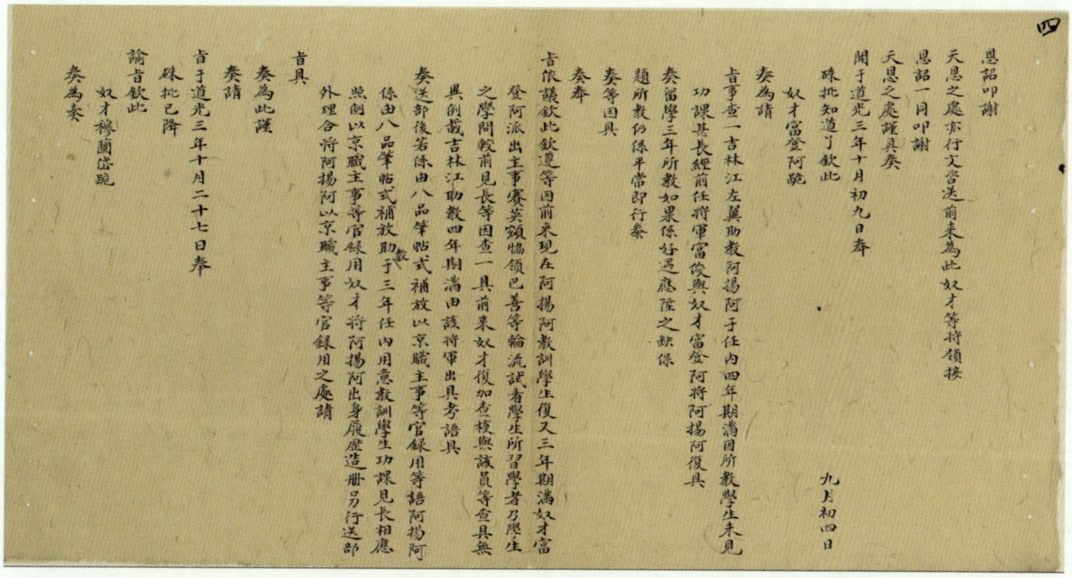
四
恩詔叩謝
天恩之處亦行文咨送前來爲此奴才等將領接
恩詔一同叩謝
天恩之處謹具奏
聞于道光三年十月初九日奉
硃批知道了欽此
九月初四日
奴才富登阿跪
奏爲請
旨事查一吉林江左翼助教阿揚阿于任内四年期滿因所教學生未見
功課甚長經前任將軍富俊與奴才富登阿將阿揚阿復具
奏留學三年所教如果係好遇應陞之缺保
題所教仍係平常即行參
奏等因具
奏奉
旨依議欽此欽遵等因前來現在阿揚阿教訓學生復又三年期滿奴才富
登阿派出主事賽英額協領巴善等輪流試看學生所習學者乃學生
之學問較前見長等因查一具前來奴才復加查核與該員等查具無
異例載吉林江助教四年期滿由該將軍出具考語具
奏送部後若係由八品筆帖式補放以京職主事等官録用等語阿揚阿
係由八品筆帖式補放助教于三年任内用意教訓學生功課見長相應
照例以京職主事等官録用奴才將阿揚阿出身履歷造册另行送部
外理合將阿揚阿以京職主事等官録用之處請
旨具
奏爲此謹
奏請
旨于道光三年十月二十七日奉
硃批已降
諭旨欽此
奴才穆蘭岱跪
奏爲奏

五

聞事今年係奴才所管玉舒等三十九族之番子等會操之年照例派出主
事全成之處謹具
奏
聞在案今主事全成于九月二十五日抵西寧所呈稱者全成于本月六月
初六日由西寧起程前至康開邐多著合操之地各夷等陸續前來千
戶百戶兵丁人俱各安靜將照常些須事件立即秉公辦妥以示
聖主恩惠
恩賞飲食諭其等次分給段子布疋小刀等物
賞賜後千戶百戶等俱各不勝感戴一同望
闕叩謝
天恩即令其各回本處外主事全成回轄之時率領善經喇嘛等在于玉
舒番子地方之鄂端塔拉黃河源流阿拉克諾爾嗎沁雪山等處俱一
次一次致祭念經供獻塔爾勸虔誠心祝祭等因呈具奴才前來故此
將主事全成責辦玉舒番子等合操之事並致祭黃河源等處理合具
奏為此奏
聞于道光三年十月二十五日奉
硃批知道了欽此
道光三年十月二十一日　　奴才慶祥謹
奏為遴祭邊界之處仰祈奏
聞事本年七月聞奴才派出領隊大臣穆克登布令協領圖克津泰等隨同
照例按數率領土司官兵巡察哈薩克邊界徵收官項等因具
奏令穆克登布等率領官兵于九月十九日回省具稱穆克登布等由伊
犁起程至阿勒坦厄莫勒地方出派官兵放海呼勒自庫庫烏蘇起收
哈薩克等官馬至勒普什河會同塔爾巴哈台所派參領伊道阿將勒
普什河兩邊照原定制商議分收官項將應收稅馬全行按收穆克登
布等奉將軍交派于沿路有獸之處令操演圍獵官兵所得牲獸全行
分給兵丁以為獎勵盤收官馬時所有來見之阿哈拉克齊哈薩克等
于教訓理儀俱經開導曉諭該哈薩克等求極巽順傾報共收馬一百
三十二匹又收哈薩克台吉阿布拉等進獻伯勒克馬五匹照例酬

七六二

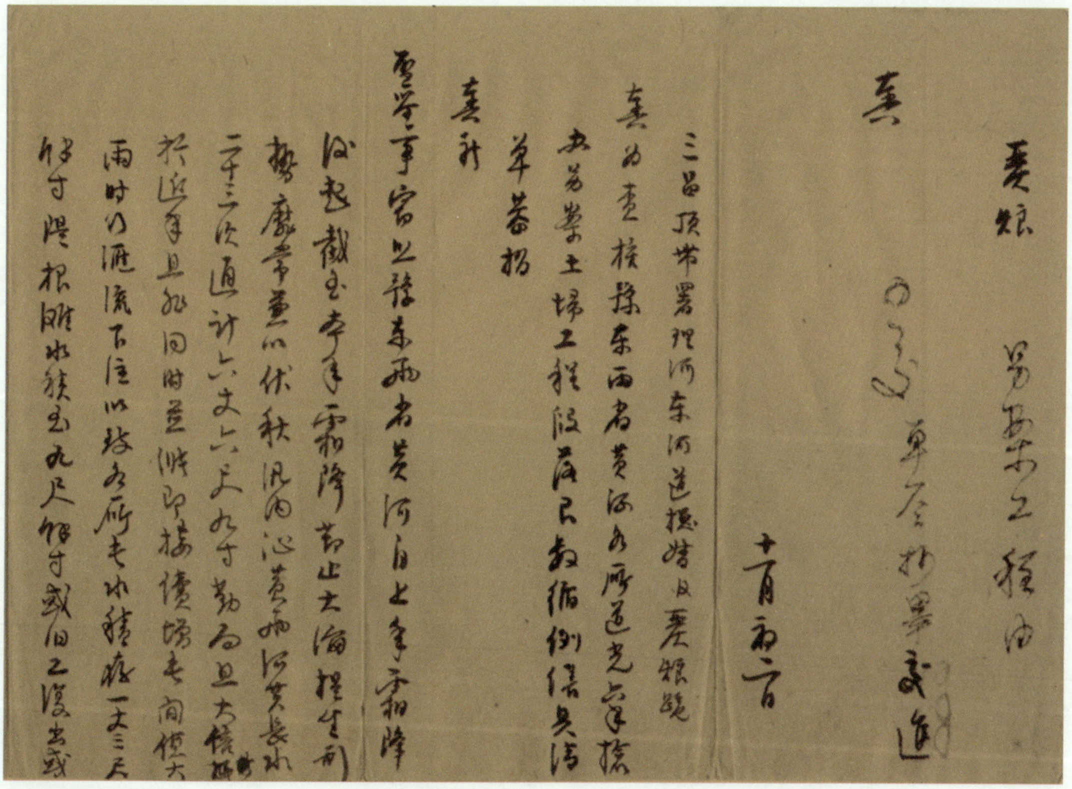

險要新生處所查出刻難停手均經委員
日夜搶做隨時帶手鑲做平穩內除南
南岸閘壩遙堤上南河所滎澤汛十堡至十
一堡舊隄頭補埽三段十一堡舊挑壩下首築
做托壩二道各鑲新埽二段鄭州上汛核桃
園新頭壩補埽二段又鄭州上汛邵家寨
二壩補埽五段順壩補埽三段胡家屯頭堡
順隄埽補五段又鄭州上汛邵家寨二壩下
首空檔補埽二段胡家屯頭堡順隄補埽二
段中河所中牟下汛二堡下首鑲埽三段
三堡五補埽三段中牟下汛二堡下首順
隄鑲埽六段三堡迎溜順隄十七埽蓋壩新迎下補埽四
段下南河所祥符上汛黑堽新頭壩上首順隄頭
埽迎上空檔接連頭壩尾接底補埽二段新
頭壩上首順隄補埽二段新四壩補埽六段舊二
壩補埽四段又祥符下汛六堡越隄接連上首月
堤外迎溜風埽工補鑲三百四十二丈十堡至十
三堡新鑲防風長七百二十丈十八堡至十九堡鑲

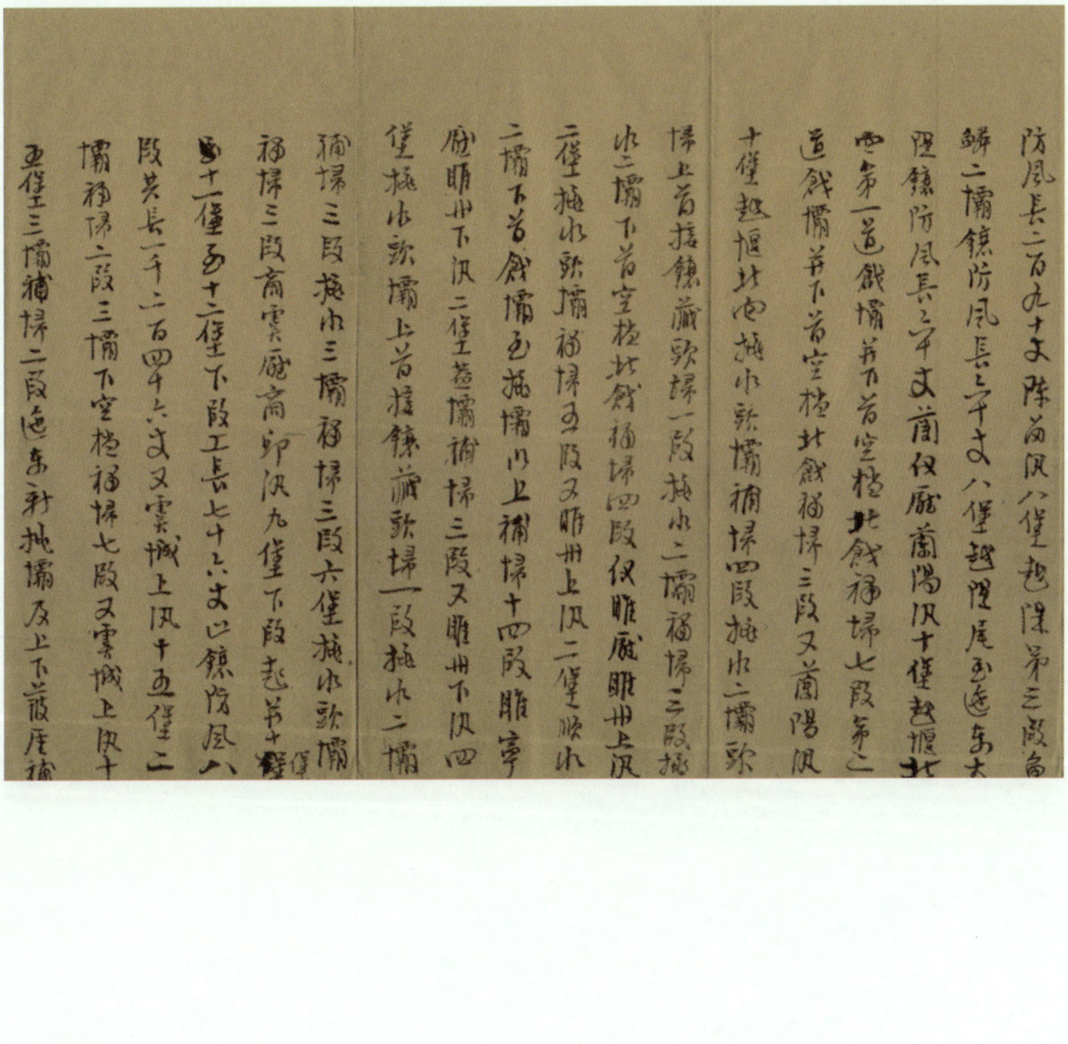

防風長二百九十丈除西汛八堡起陳第三段魚
鱗二壩鑲防風長二千丈八堡起裡尾至迤東大
隄鑲防風長二千丈蘭儀廳蘭陽汛十堡起垣北
西第一道戧壩第下首空檔北戧補埽七段第二
道戧壩第下首空檔北戧補埽三段又蘭陽汛
十堡起垣北西挑水頭壩補埽四段挑水二壩頭
埽上首接鑲藏頭埽一段挑水二壩補埽三段挑
水二壩下首空檔北戧補埽四段儀睢廳睢州上汛
二堡挑水頭壩補埽五段又睢州上汛二堡順水
二壩下首戧壩至挑壩內上補埽十四段睢寧
廳睢州下汛二堡蓋壩補埽三段又睢州下汛四
堡挑水頭壩上首接鑲藏頭埽一段挑水二壩
補埽三段挑水三壩補埽三段六堡挑水頭壩
補埽三段商虞廳商邱汛九堡下段起第十堡
至十一堡至十二堡下段工長七十六丈已鑲防風八
段共長一千二百四十六丈又雲城上汛十五堡二
壩補埽二段三壩下空檔補埽七段又雲城上汛十
五堡三壩補埽二段迤東斜挑壩及上下首底補

埽七段北岸河北道屬黄沁廳原武汛攔黄
堰錢壩拖壩第上首順堰鑲埽十段衛糧廳封
邱汛西圍堰五壩迤下空格補埽四段西首補埽
一段祥河廳祥符汛十三堡七壩下首順隄補埽
七段十四堡迤東頭道拖壩上首順隄補埽三段
十四堡迤東十四埽下首至十五堡以上空格鑲埽
五六埽補埽六段又祥符十五堡挑水壩補埽
六段人字壩補埽六段下北河廳蘭陽汛十堡
迤西頭道拖壩補埽六段又蘭陽汛十四堡二
道裹頭壩鑲埽六段順隄壩鑲埽四段又蘭陽汛
十五堡斜頭壩補埽四段斜二壩補埽四段曹考
廳蘭陽下汛頭堡三道拖壩以前挑水壩補埽
四段魚鱗二壩補埽四段東省北岸兗沂道屬曹
河廳曹下汛六堡魚鱗二壩補埽五段又曹下汛
六堡蓋壩補埽七段糧河廳單上汛二堡魚鱗三
壩補埽四段又單上汛三堡托壩補埽三段以上各
工亦經情形均經先後
奏明在案茲據開歸道麟慶河北道王鳳生兗

沂道鍾祥將動用料土銀數分案造報前來

臣按工確核均實刪減核計豫省兩岸除歸河一

廳未辦另案外共十二廳共辦四案除防風埽工

照例節省六成銀兩外通共用銀九十五萬五

千八百三十四兩零較上年節省銀五萬五百十

七兩零東省北岸二廳共四案通共用銀十萬

九千二百三十八兩零較上年節省銀二萬九千

三百二十二兩零委係核實辦理合循例恭具

清單恭摺具

奏并將例價時價逐款比較開單聲明伏乞

皇上聖鑒勅部存核旋以再查下北廳蘭陽汛十

一堡迎西頭並挑壩舊埽六段全行蟄陷傷及壩

身且段落甚遠原奏漏將壩身寫作埽身合

並更正陳明謹

奏

道光六年十一月初二日奏

硃批工部知道欽此

十月二十五日

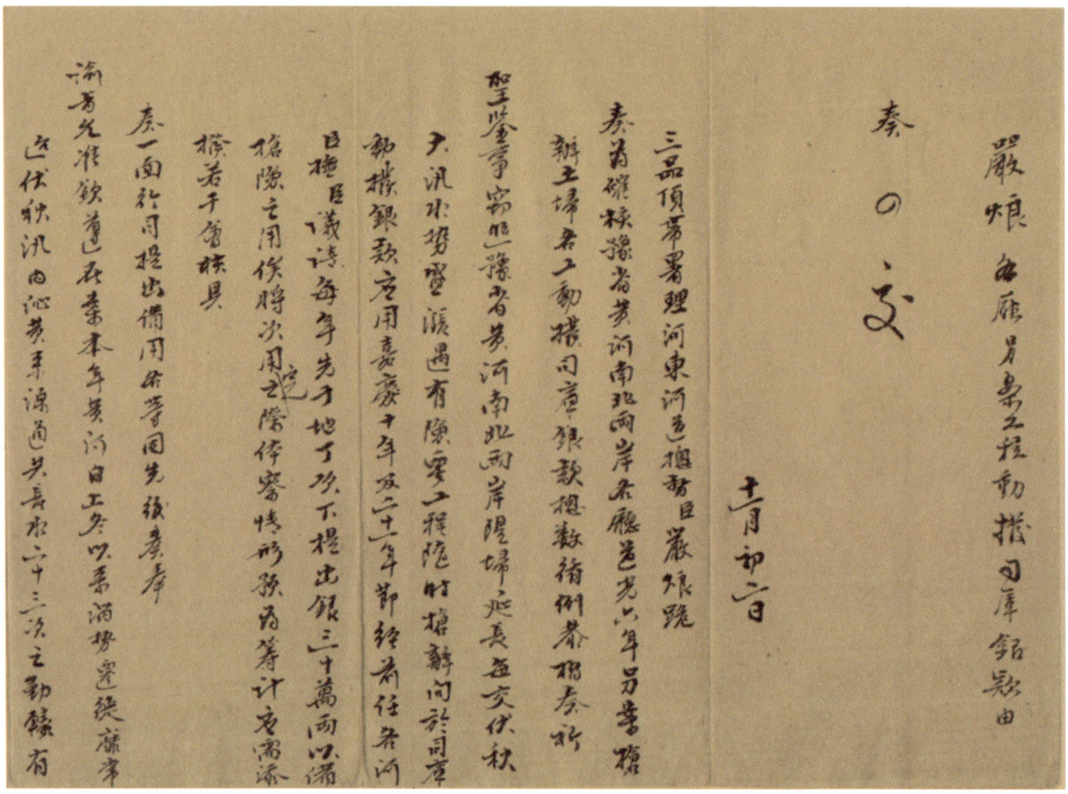
嚴烺 為酌另案工程動撥司庫銀款由

奏

知道了

十二月初二日

三品頂帶署理河東河道總督臣嚴烺跪

奏為確核豫省黃河南北兩岸本應道光六年另案搶

辦土埽各工動撥司庫銀款總數循例恭摺奏祈

聖鑒事。竊照豫省黃河南北兩岸隄埽延長，每交伏秋

大汛，水勢盛漲，遇有險要工程，隨時搶辦，向於司庫

動撥銀款應用。嘉慶十年及二十一年節經前任各河

臣總臣議請每年先于地丁項下提出銀三十萬兩，以濟

搶險之用，俟將次用完之際，體察情形，預為籌計，應需添

撥若干，專摺具

奏，一面於司提出備用，俟勞因先後奏奉

諭旨允准欽遵在案。本年黃河自上冬以來，涸勢過盛，較常

迨伏秋汛內沁黃來源通共長水二十三次之多，勢緣有

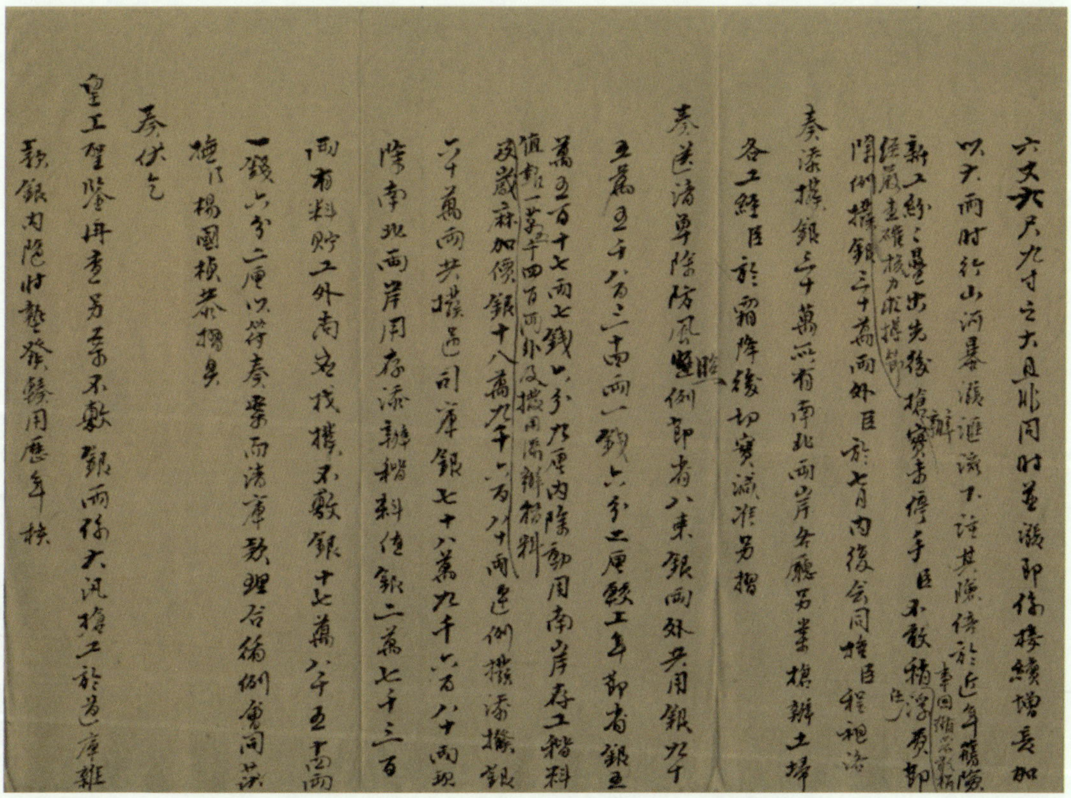

六丈六尺九寸之大且兩岸同時並漲即係接續增長加
以大雨時行山河暴漲匯流下注其險倍於近年舊險
新工紛紛疊出先後搶護實未停手臣不敢稍涉浮費節
經嚴查核力求撙節
照例撥銀三十萬兩外臣於七月內復會同撫臣程祖洛
奏請撥銀三十萬兩有南北兩岸各廳另案搶辦土埽
各工經臣於霜降後切實減准另摺
奏送清單除防風照例節省八束銀兩外共用銀九十
五萬五千八百三十二兩一錢六分三厘敷工年節省銀五
萬五百十七兩七錢六分九厘內除動用南岸存工稭料
價銀一萬五千四百兩外及撥用添辦稭料
改歲料加價銀十八萬九千六百八十兩邑例撥添撥銀
六十萬兩共撥邑司庫銀七十八萬九千六百八十兩現
除南北兩岸用存添辦稭料價銀二萬七千三百
兩有料貯工外尚應找撥不敷銀十七萬八千五十四兩
一錢六分二厘以符奏案而清庫款理合循例會同撫
臣楊國楨恭摺具
奏伏乞
皇上聖鑒再查另案不敷銀兩係大汛搶工於道庫雜
款銀內隨時墊發錄用應年扶

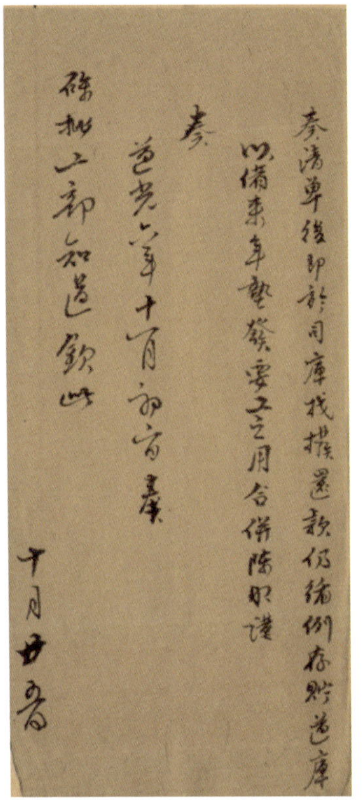
奏請準後即於司庫找撥還款仍循例存貯道庫
以備來年墊發要工之用合併陳明謹
奏
道光六年十月初日奉
硃批工部知道欽此
十月廿日

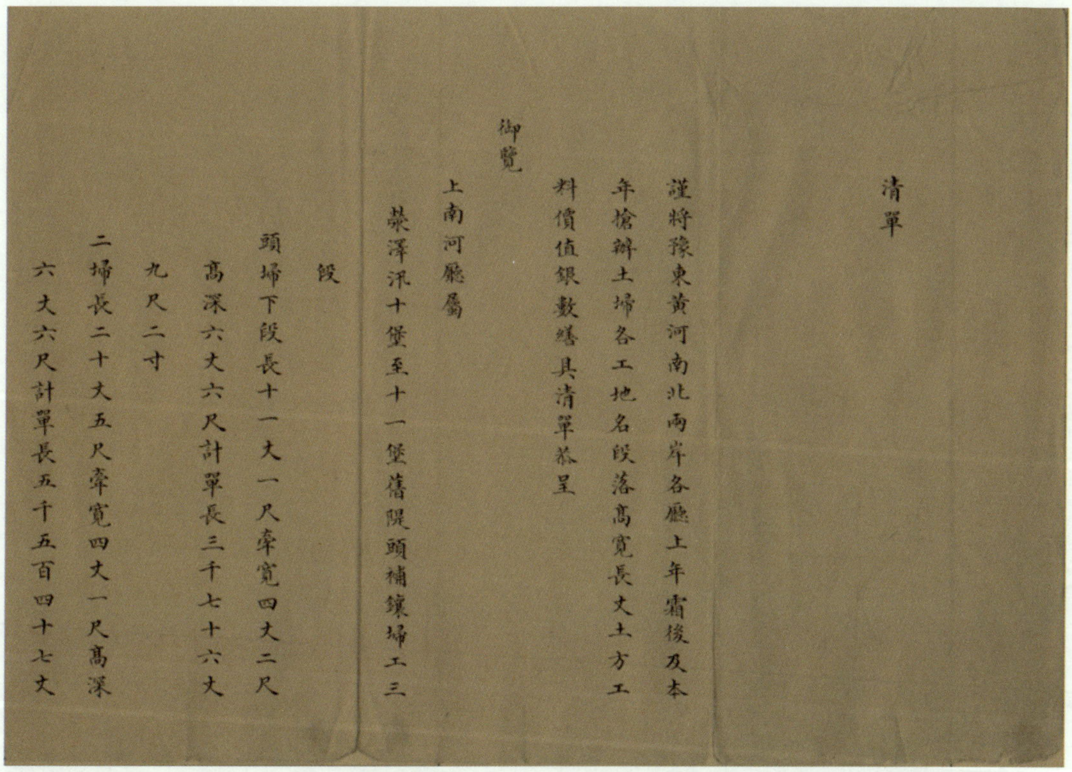

清單

謹將豫東黃河南北兩岸各廳上年霜後及本年搶辦土埽各工地名段落高寬長丈土方工料價值銀數繕具清單恭呈

御覽

上南河廳屬

滎澤汛十堡至十一堡舊隄頭補鑲埽工三段

頭埽下段長十一丈一尺牽寬四丈二尺高深六丈六尺計單長三千七十六丈九尺二寸

二埽長二十丈五尺牽寬四丈一尺高深六丈六尺計單長五千五百四十七丈

三尺
三埽長十丈一尺牽寬四丈三尺高深六
丈七尺計單長二千九百九丈八尺一
寸
十一堡舊挑壩下首築做托壩二道
托頭壩長十五丈今估築壩先填坑塘長
十四丈牽寬七丈牽深一尺再於上面
築壩頂寬八丈底寬十一丈高六尺
托二壩長十二丈今估築壩先填坑塘長
十丈牽寬七丈牽深二尺再於上面築
壩頂寬八丈底寬十一丈高六尺
以上托壩二道共長二十七丈共估
土一千七百七十七方每方銀一
錢九分二釐共銀三百四十一兩
一錢八分四釐
前工托頭壩鑲埽二段
頭埽長十丈六尺牽寬三丈六尺高深四
丈計單長一千五百二十六丈四尺

二埽長八丈六尺牽寬三丈六尺高深四
丈計單長一千二百三十八丈四尺
前工批二壩鑲埽二段
頭埽長十丈八尺牽寬三丈六尺高深四
丈計單長一千五百五十五丈二尺
二埽長九丈牽寬三丈六尺高深四丈計
單長一千二百九十六丈
鄭州上汛核桃園新頭壩補埽二段
護崖頭埽長八丈二尺牽寬四丈五尺高
深七丈計單長二千五百八十三丈
護崖二埽長八丈牽寬七丈三尺高深七
丈計單長四千八十八丈
以上埽工九段共長九十六丈九尺
共計單長二萬三千八百二十一
丈三寸內用
購稭二千二百一萬六百三十一觔七分二釐
每觔銀一釐四毫
購麻三十二萬一千五百八十三觔九分五毫

每觔銀二分八釐八毫

搬料壓土共添募夫四萬七千六百四十二名

六釐每名銀四分

以上埽工共用工料銀四萬一千九百八十二兩一錢八分二釐內照舊例價應銷銀二萬六千三百四十六兩五分九釐以時價比較計不敷銀一萬五千六百三十六兩一錢二分三釐

以上土埽工通共用銀四萬二千三百二十三兩三錢六分六釐

鄭州上汛郜家寨二壩補還新埽五段

頭埽長十六丈五尺牽寬四丈三尺高深六丈計單長四千二百五十七丈

二埽長八丈六尺牽寬四丈二尺高深六丈計單長二千一百六十七丈二尺

三埽長八丈五尺牽寬四丈九尺高深六丈計單長二千四百九十九丈

四埽長十丈四尺牽寛六丈高深六丈計
單長三千七百四十四丈
五埽長七丈四尺牽寛六丈九尺高深六
丈計單長三千六十三丈六尺
順墻補還新埽三段
頭埽長八丈二尺牽寛四丈一尺高深六
丈計單長二千十七丈二尺
二埽長六丈八尺牽寛五丈一尺高深六
丈計單長二千八十丈八尺
三埽長八丈一尺牽寛五丈四尺高深六
丈計單長二千六百二十四丈四尺
胡家屯頭堡順隄補還新埽五段
三十一埽長九丈八尺牽寛三丈四尺高
深六丈計單長一千九百九十九丈二
尺
三十二埽長十丈牽寛三丈五尺高深六
丈計單長二千一百丈
三十三埽長十丈五尺牽寛三丈六尺高

八分每名銀四分

以上埽工共用工料銀五萬五千四百六十六兩九錢二分二釐內照舊例價應銷銀三萬六千三百七十七兩三錢三分五釐以時價比較計不敷銀一萬九千八十九兩五錢八分七釐

鄭州上汛郎家寨二壩下首空檔補還新埽二段

頭埽長十丈牽寬五丈五尺高深六丈計單長三千三百丈

二埽長十二丈四尺牽寬五丈四尺高深六丈計單長四千十七丈六尺

胡家屯頭堡順隄補還埽工三段

七埽長十三丈五尺牽寬三丈三尺高深六丈計單長二千六百七十三丈

八埽長十丈五尺牽寬四丈一尺高深六丈計單長二千五百八十三丈

銷銀二萬一百八十二兩六分七
釐以時價比較計不敷銀九千九
百四十六兩一錢八分三釐

中河廳屬

中牟下汛二堡下首搶鑲新埽三段
六埽長十丈牽寬三丈五尺共高深六丈
計單長二千一百丈
七埽長十丈牽寬四丈共高深六丈計單
長二千四百丈
八埽長八丈牽寬三丈七尺共高深六丈
計單長一千七百七十六丈

三堡工補鑲新埽三段
頭埽長十丈牽寬三丈五尺共高深六丈
計單長二千一百丈
二埽長十丈四尺牽寬二丈五尺共高深
六丈計單長一千五百六十丈
三埽長九丈六尺牽寬二丈八尺共高深
六丈計單長一千六百一十二丈八尺

頭埽長九丈八尺牽寬五丈共高深六丈
五尺計單長三千一百八十五丈
二埽長十丈牽寬四丈共高深六丈五尺
計單長二千六百丈
三埽長十丈牽寬三丈三尺共高深六丈
五尺計單長二千一百四十五丈
四埽長八丈牽寬三丈五尺共高深六丈
五尺計單長一千八百二十丈
五埽長十丈牽寬三丈五尺共高深六丈
五尺計單長二千二百七十五丈
三壟順隄十七埽迤下搶補新埽四段
十八埽長十丈牽寬三丈四尺共高深六
丈五尺計單長二千二百一十丈
十九埽長十丈牽寬四丈五尺共高深六
丈五尺計單長二千九百二十五丈
二十埽長十丈牽寬四丈五尺共高深六
丈五尺計單長二千九百二十五丈
二十一埽長十三丈牽寬五丈共高深六

丈五尺計單長四千二百二十五丈
以上埽工九段共長九十丈八尺共
計單長二萬四千三百一十丈内
用
歲稭五百三萬八千六百九十二觔八分二釐
每觔銀九毫
添辦稭二百萬觔每觔銀一釐四毫
購稭一千五百四十二萬三千七百四十七觔
一分八釐每觔銀一釐四毫
歲麻五萬九千三百九十八觔六分八釐每觔
銀二分八釐八毫
購麻二十六萬八千七百八十六觔三分二釐
每觔銀二分八釐八毫
撥料壓土共添募夫四萬八千六百二十名每
名銀四分
以上埽工共用工料銀四萬三百二
十四兩五錢九分八釐内照舊例
價應銷銀二萬六千八百八十六

四丈二尺計單長一千八百六丈
下段長八丈五尺牽寬四丈三尺共高深
四丈二尺計單長一千五百三十五丈
一尺
新四壩補鑲埽工六段
頭埽上段長十丈牽寬四丈共高深四丈
三尺計單長一千七百二十丈
下段長十丈牽寬四丈五尺共高深四丈
二尺計單長一千八百九十丈
二埽上段長十丈牽寬四丈一尺共高深
四丈二尺計單長一千七百二十二丈
下段長十丈牽寬四丈三尺共高深四丈
二尺計單長一千八百六丈
三埽長十丈牽寬四丈四尺共高深四丈
三尺計單長一千八百九十二丈
四埽長十丈牽寬四丈五尺共高深四丈
一尺計單長一千八百四十五丈
五埽長十丈牽寬四丈五尺共高深四丈

銀九毫
添辦稭二百五十萬觔每觔銀一釐四毫
又添辦稭二百萬觔每觔銀一釐四毫
購稭一千七百八十八萬六千九百六十六觔
二分八釐每觔銀一釐四毫
歲麻九萬九千九百三十四觔每觔銀二分八
釐八毫
購麻二十九萬二千七百一十三觔一分每觔
銀二分八釐八毫
搬料壓土共添募夫五萬八千一百六十九名
九分四釐每名銀四分
以上埽工共用工料銀四萬九千一
十五兩五錢七分八釐内照舊例
價應銷銀三萬二千一百六十七
兩九錢七分七釐以時價比較計
不敷銀一萬六千八百四十七兩
六錢一釐
祥符下汛六堡越隄接連上首月隄北面補

鑲防風埽工長三百四十二丈寬一丈

五尺高深一丈計單長五千一百三十

丈

十堡起至十三堡止北面鑲做防風埽工長

七百二十丈分六段

一段長二十九丈寬一丈二尺高深八尺

計單長二百七十八丈四尺

二段長一百五十一丈寬一丈二尺高深

八尺計單長一千四百四十九丈六尺

三段長二百四十一丈寬一丈二尺高深

八尺計單長二千三百一十三丈六尺

四段長一百一十九丈寬一丈二尺高深

八尺計單長一千一百四十二丈四尺

五段長八十九丈寬一丈二尺高深八尺

計單長八百五十四丈四尺

六段長九十一丈寬一丈二尺高深八尺

計單長八百七十三丈六尺

十八堡起至十九堡迤東止北面鑲做防風

埽工長二百九十丈分三段
一段長三十九丈寬一丈二尺高深八尺
計單長三百七十四丈四尺
二段長一百三十一丈寬一丈二尺高深
八尺計單長一千二百五十七丈六尺
三段長一百二十丈寬一丈二尺高深八
尺計單長一千一百五十二丈
陳留汛八堡越隄第三段魚鱗二壩鑲做防
風埽工長六十丈寬一丈二尺高深九
尺計單長六百四十八丈
八堡越隄尾起至迤東止大隄鑲做防風埽
工長六十丈寬一丈二尺高深九尺計
單長六百四十八丈
以上防風埽工十二段共長一千四
百七十二丈共計單長一萬六千
一百二十二丈內用
購稭一千八百三十七萬九千八十觔每觔銀
一釐四毫

搬料壓土共添募夫三萬二千二百四十四名
　每名銀四分
　　以上防風埽工共用工料銀二萬七
　　千二十兩四錢七分二釐除照例
　　節省八束銀五千四百一十六兩
　　九錢九分二釐通共實用工料銀
　　二萬一千六百三兩四錢八分内
　　照舊例價應銷銀一萬四千三百
　　四十八兩五錢八分以時價比較
　　計不敷銀七千二百五十四兩九
　　錢

蘭儀廳屬
　蘭陽汛十堡越堤北面第一道戧壩並下首
　　空檔北戧補鑲新埽七段
　　頭埽長八丈牽寬四丈三尺共高深六丈
　　二尺計單長二千一百三十二丈八尺
　　二埽長十丈五尺牽寬四丈一尺共高深
　　六丈二尺計單長二千六百六十九丈

一尺
三埽長十丈三尺牽寬四丈六尺共高深
六丈四尺計單長三千三十二丈三尺
二寸
四埽長十一丈五尺牽寬四丈四尺共高
深六丈三尺計單長三千一百八十七
丈八尺
五埽長九丈牽寬四丈六尺共高深六丈
三尺計單長二千六百八丈二尺
六埽上段長八丈五尺牽寬四丈一尺共
高深六丈三尺計單長二千一百九十
五丈五尺五寸
六埽下段長五丈牽寬三丈二尺共高深
六丈計單長九百六十丈
七埽長九丈五尺牽寬四丈共高深六丈
一尺計單長二千三百一十八丈
十
十堡越堰北面第二道戧墻並下首空檔北
戧補鑲新埽三段

頭埽長十三丈七尺牽寬五丈五尺共高深六丈三尺計單長四千七百四十七丈五寸

二埽上段長八丈牽寬五丈四尺共高深六丈三尺計單長二千七百二十一丈六尺

二埽下段長七丈七尺牽寬五丈共高深六丈三尺計單長二千四百二十五丈五尺

三埽上段長八丈牽寬四丈三尺共高深六丈三尺計單長二千一百六十七丈二尺

三埽下段長六丈六尺牽寬三丈八尺共高深六丈一尺計單長一千五百二十九丈八尺八寸

以上埽工十段共長一百一十六丈三尺共計單長三萬二千六百九十五丈內用

添辦稭二百萬觔每觔銀一釐四毫
歲稭一千一百七十二萬五千四百五十觔每
觔銀九毫
購稭一千六百四十八萬四千七百三十觔每
觔銀一釐四毫
歲麻二十二萬六千二百二十七觔五分每觔
銀二分八釐八毫
購麻二十一萬五千一百五十五觔每觔銀二
分八釐八毫
搬料壓土共添募夫六萬五千三百九十名每
名銀四分
以上埽工共用工料銀五萬一千七
百五十八兩九錢四分三釐内照
舊例價應銷銀三萬六千一百六
十兩六錢七分以時價比較計不
敷銀一萬五千五百九十八兩二
錢七分三釐
蘭陽汛十堡越堤北面挑水頭壩補鑲新埽

四段

頭埽上段長六丈五尺牽寬四丈五尺共高深六丈四尺計單長一千八百七十二丈

頭埽下段長五丈牽寬五丈一尺共高深六丈四尺計單長一千六百三十二丈

二埽長七丈五尺牽寬五丈共高深六丈五尺計單長二千四百三十七丈五尺

三埽上段長七丈牽寬四丈三尺共高深六丈六尺計單長一千九百八十六丈六尺

三埽下段長六丈二尺牽寬四丈七尺共高深六丈五尺計單長一千八百九十四丈一尺

四埽長六丈牽寬三丈八尺共高深六丈四尺計單長一千四百五十九丈二尺

挑水二壩頭埽上首接鑲藏頭埽一段長四丈牽寬四丈共高深六丈一尺計單長

九百七十六丈

挑水二壩補鑲新埽三段

頭埽長九丈五尺牽寬四丈共高深六丈

計單長二千二百八十丈

二埽長十一丈牽寬四丈共高深六丈二

尺計單長二千七百二十八丈

三埽長八丈五尺牽寬四丈二尺共高深

六丈四尺計單長二千二百八十四丈

八尺

挑水二壩下首空檔北戧補鑲新埽四段

頭埽長十二丈五尺牽寬四丈一尺共高

深六丈七尺計單長三千四百三十三

丈七尺五寸

二埽長十三丈四尺牽寬四丈共高深六

丈七尺計單長三千五百九十一丈二

尺

三埽長十三丈五尺牽寬四丈三尺共高

深六丈七尺計單長三千八百八十九

丈三尺五寸

四埽長十二丈牽寬四丈六尺共高深六丈六尺計單長三千六百四十三丈二尺

以上埽工十二段共長一百二十二丈六尺共計單長三萬四千一百七丈七尺內用

添辦稭六百萬觔每觔銀一釐四毫

購稭二千五百五十一萬五千五百一十四觔八分每觔銀一釐四毫

購麻四十六萬四百五十三觔九分五釐每觔銀二分八釐八毫

搬料壓土共添募夫六萬八千二百一十五名四分每名銀四分

以上埽工共用工料銀六萬一百一十一兩四錢一分一釐內照舊例價應銷銀三萬七千七百二十三兩一錢一分六釐以時價比較計

不敷銀二萬二千三百八十八兩
二錢九分五釐

儀睢廳屬

睢州上汛二堡挑水頭壩補鑲埽工五段

一段長六丈七尺牽寬三丈五尺高深五
丈二尺計單長一千二百一十九丈四
尺

二段長八丈牽寬三丈九尺高深五丈六
尺計單長一千七百四十七丈二尺

三段長九丈二尺牽寬三丈八尺高深五
丈二尺計單長一千八百一十七丈九
尺二寸

四段長七丈四尺牽寬三丈五尺高深五
丈二尺計單長一千三百四十六丈八
尺

五段長七丈二尺牽寬三丈五尺高深五
丈二尺計單長一千三百一十丈四尺

以上埽工五段共長三十八丈五尺

共計單長七千四百四十一丈七
尺二寸内用
購稭六百八十七萬六千一百四十九觔二分
八釐每觔銀一釐四毫
購麻十萬四百六十三觔二分二釐每觔銀二
分八釐八毫

搬料壓土共添募夫一萬四千八百八十三名
四分四釐每名銀四分
以上埽工共用工料銀一萬三千一
百一十五兩二錢八分七釐内照
舊例價應銷銀八千二百三十兩
五錢四分二釐以時價比較計不
敷銀四千八百八十四兩七錢四
分五釐

睢州上汛二堡順水二壩下首戧壩至挑壩
以上搶補新埽十四段
一段長七丈五尺牵寬三丈七尺高深七
丈三尺計單長二千二十五丈七尺五

寸
二段長七丈五尺牽寛三丈一尺高深七
丈四尺計單長一千七百二十丈五尺
三段長七丈二尺牽寛三丈高深七丈二
尺計單長一千五百五十五丈二尺
四段長十丈八尺牽寛三丈一尺高深七
丈四尺計單長二千四百七十七尺五
尺二寸
五段長九丈三尺牽寛三丈六尺高深七
丈六尺計單長二千五百四十四丈四
尺八寸
六段長九丈六尺牽寛三丈六尺高深七
丈六尺計單長二千六百二十六丈五
尺六寸
七段長六丈六尺牽寛三丈九尺高深七
丈三尺計單長一千八百七十九丈二
寸
八段長七丈八尺牽寛三丈七尺高深七

丈五尺計單長二千一百六十四丈五
尺
九段長八丈六尺牽寬四丈七尺高深七
丈四尺計單長二千九百九十一丈八
寸
十段長十丈三尺牽寬四丈四尺高深七
丈五尺計單長三千三百九十九丈
十一段長九丈四尺牽寬四丈二尺高深
七丈六尺計單長三千丈四尺八寸
十二段長九丈六尺牽寬四丈三尺高深
七丈六尺計單長三千一百三十七丈
二尺八寸
十三段長八丈五尺牽寬三丈九尺高深
七丈五尺計單長二千四百八十六丈
二尺五寸
十四段長八丈牽寬四丈二尺高深七丈
四尺計單長二千四百八十六丈四尺
以上埽工十四段共長一百二十丈

七尺共計單長三萬四千四百九
十四丈二寸內用
歲稭七百五十四萬七千六百三十觔每觔銀
九毫
添辦稭八百萬觔每觔銀一釐四毫
購稭一千六百三十二萬四千八百四十四觔
四分八釐每觔銀一釐四毫
歲麻十六萬一千七百八十二觔五分每觔銀
二分八釐八毫
購麻三十萬三千八百八十六觔七分七釐每
觔銀二分八釐八毫
搬料壓土共添募夫六萬八千九百八十八名
四釐每名銀四分
以上埽工共用工料銀五萬七千一
十八兩四錢四分六釐內照舊例
價應銷銀三萬八千一百五十兩
三錢八分六釐以時價比較計不
敷銀一萬八千八百六十八兩六

分

睢寧廳屬

睢州下汛二堡蔘埽搶補新埽三段

第一段長十八丈牽寬四丈二尺高深七丈二尺計單長五千四百四十三丈二尺

第二段長十三丈牽寬四丈七尺高深七丈計單長四千二百七十七丈

第三段長十丈牽寬三丈四尺高深六丈五尺計單長二千二百一十丈

大壩東首搶補新埽二段

第一道柴挑壩長十八丈牽寬四丈九尺高深七丈一尺計單長六千二百六十二丈二尺

空檔埽長三丈牽寬六丈二尺高深六丈九尺計單長一千二百八十三丈四尺

三堡順水頭壩搶補新埽三段

第一段長十丈牽寬三丈四尺高深六丈

計單長二千四十丈

第二段長十丈五尺牽寬四丈三尺高深

七丈計單長三千一百六十丈五尺

第三段長九丈五尺牽寬三丈八尺高深

六丈計單長二千一百六十六丈

以上埽工八段共長九十二丈共計

單長二萬六千八百四十二丈三

尺内用

歲稭四百二十五萬九千九百觔每觔銀九毫

添辦稭一百五十萬觔每觔銀一釐四毫

購稭一千九百四萬二千三百八十五觔二分

每觔銀一釐四毫

購麻三十六萬二千三百七十一觔五釐每觔

銀二分八釐八毫

搬料壓土共添募夫五萬三千六百八十四名

六分每名銀四分

以上埽工共用工料銀四萬五千一

百七十六兩九錢一分九釐内除

舊例價應銷銀二萬九千六百八十七兩五錢八分四釐以時價比較計不敷銀一萬五千四百八十九兩三錢三分五釐

睢州下汛四堡挑水頭壩上首接鑲藏頭埽長六丈牽寬四丈高深六丈計單長一千四百四十丈

挑水二壩搶補新埽三段

第一段長四丈牽寬一丈八尺高深三丈五尺計單長二百五十二丈

第二段長八丈八尺牽寬三丈三尺高深六丈計單長一千七百四十二丈四尺

第三段長五丈二尺牽寬三丈三尺高深六丈計單長一千二十九丈六尺

挑水三壩搶補新埽三段

第一段長六丈牽寬三丈八尺高深六丈計單長一千三百六十八丈

第二段長八丈牽寬四丈高深六丈一尺

計單長一千九百五十二丈
第三段長四丈牽寬三丈五尺高深六丈
一尺計單長八百五十四丈
六堡挑水頭埽搶補新埽三段
第一段長七丈六尺牽寬二丈三尺高深
三丈五尺計單長六百一十一丈八尺
第二段長八丈四尺牽寬三丈高深六丈
一尺計單長一千五百三十七丈二尺
第三段長六丈牽寬二丈五尺高深六丈
計單長九百丈
以上埽工十段共長六十四丈共計
單長一萬一千六百八十七丈內

用
歲稭五百萬觔每觔銀九毫
添辦稭二百萬觔每觔銀一釐四毫
又添辦稭三百萬觔每觔銀一釐四毫
購稭七十九萬八千七百八十八觔每觔銀一
釐四毫

歲麻九萬八千三百觔每觔銀二分八釐八毫
購麻五萬九千四百七十四觔五分每觔銀二
分八釐八毫
搬料壓土共添募夫二萬三千三百七十四名
每名銀四分
以上埽工共用工料銀一萬八千九
十七兩一錢六分九釐內照舊例
價應銷銀一萬二千九百二十五
兩八錢二分二釐以時價比較計
不敷銀五千一百七十一兩三錢
四分七釐

商虞廳屬

商邱汎九堡下段起並十堡十一堡至十二
堡下段工長七十六丈止鑲做防風埽
工八段
第一段長一百六十二丈寬一丈一尺高
深九尺計單長一千六百三丈八尺
第二段長二百六十七丈五尺寬一丈一

尺高深九尺計單長二千六百四十八丈二尺五寸

第三段長二百二十丈寬一丈一尺高深九尺計單長二千一百七十八丈

第四段長二百九十四丈寬一丈一尺高深九尺計單長二千九百一十丈六尺

第五段長一百二十一丈寬一丈一尺高深九尺計單長一千一百九十七丈九尺

第六段長四十三丈寬一丈一尺高深九尺計單長四百二十五丈七尺

第七段長六十二丈五尺寬一丈一尺高深九尺計單長六百一十八丈七尺五寸

第八段長七十六丈寬一丈一尺高深九尺計單長七百五十二丈四尺

以上防風埽工八段共長一千二百四十六丈共計單長一萬二千三

百三十五丈四尺內用

購稍一千二百五萬八千七百八十八觔每觔

銀一釐四毫

購葦二百萬三千五百六十八觔每觔銀九毫

搬料壓土共添募夫二萬四千六百七十名八

分每名銀四分

以上防風埽工共用工料銀一萬九

千六百七十二兩三錢四分六釐

除照例節省八束銀四千一百四

十四兩六錢九分四釐通共實用

工料銀一萬五千五百二十七兩

六錢五分二釐內照舊例價應銷

銀一萬九百七十八兩五錢六釐

以時價比較計不敷銀四千五百

四十九兩一錢四分六釐

廣城上汛十五堡二壩搶補埽工二段

頭埽長二十丈牽寬五丈二尺高深五丈

四尺計單長五千六百一十六丈

二埽長五丈牽寛四丈五尺高深五丈五尺計單長一千二百三十七丈五尺

十五堡三壩下空檔搶補埽工七段

頭埽長九丈三尺牽寛五丈一尺高深五丈五尺計單長二千六百八丈六尺五寸

二埽長十丈二尺牽寛四丈五尺高深五丈五尺計單長二千五百二十四丈五尺

三埽長九丈六尺牽寛四丈六尺五寸高深五丈五尺計單長二千四百五十五丈二尺

四埽長九丈九尺牽寛三丈七尺高深五丈五尺計單長二千一十四丈六尺五寸

五埽長十丈九尺牽寛四丈五尺高深五丈五尺計單長二千六百九十七丈七尺五寸

六埽長六丈六尺牽寬五丈五寸高深五丈五尺計單長一千八百三十三丈一尺五寸

七埽長八丈三尺牽寬四丈六尺高深五丈五尺計單長二千九十九丈九尺

以上埽工九段共長八十九丈八尺

共計單長二萬三千八十七丈三尺內用

添辦稭二百五十萬觔每觔銀一釐四毫

歲稭一千三十五萬三千二百二十六觔每觔銀九毫

又添辦稭五百五十萬觔每觔銀一釐四毫

購稭二百九十七萬九千四百三十九觔二分每觔銀一釐四毫

歲麻十萬九千二百六十五觔二分五釐每觔銀二分八釐八毫

購麻二十萬二千四百一十三觔三分每觔銀二分八釐八毫

搬料壓土共添募夫四萬六千一百七十四名

六分每名銀四分

以上埽工共用工料銀三萬五千五

百一十二兩四錢四分四釐内照

舊例價應銷銀二萬五千五百三

十四兩五錢五分四釐以時價比

較計不敷銀九千九百七十七兩

八錢九分

虞城上汛十五堡三壙搶補埽工二段

頭埽長十七丈一尺牽寬五丈二尺高深

五丈二尺計單長四千六百二十三丈

八尺四寸

二埽長七丈五尺牽寬五丈五尺高深五

丈二尺計單長二千一百四十五丈

十五堡迤東新挑壙及上下護崖搶補埽工

七段

上護崖頭埽長十丈牽寬四丈五尺高深

五丈二尺計單長二千三百四十丈

上護崖二埽長十一丈牽寬四丈八尺高
深五丈三尺計單長二千七百九十八
丈四尺
挑壩頭埽長九丈四尺牽寬五丈二尺高
深五丈二尺計單長二千五百四十一
丈七尺六寸

挑壩二埽長十一丈牽寬五丈八尺高深
五丈三尺計單長三千三百八十一丈
四尺
下護崖頭埽長十丈牽寬五丈五尺高深
五丈三尺計單長二千九百一十五丈
下護崖二埽長十丈牽寬四丈八尺高深
五丈三尺計單長二千五百四十四丈
下護崖三埽長十二丈牽寬五丈三尺高
深五丈二尺計單長三千三百七丈二
尺
以上埽工九段共長九十八丈共計
單長二萬六千五百九十六丈六

尺內用

購稭二千四百五十七萬五千二百五十八觔四分每觔銀一釐四毫

購麻三十五萬九千五十四觔一分每觔銀二分八釐八毫

搬料壓土共添募夫五萬三千一百九十三名二分每名銀四分

以上埽工共用工料銀四萬六千八百七十三兩八錢四分八釐內照舊例價應銷銀二萬九千四百一十五兩八錢四分以時價比較計不敷銀一萬七千四百五十八兩八釐

以上南岸七廳土埽工共十六案內除防風照例節省八束銀九千五百六十一兩六錢八分六釐共實用土方工料銀六十萬一千五百八十四兩三錢一分三釐

黄沁廳屬

唐郭汛攔黄堰戧壩挑壩並上首順堰搶鑲

新埽十段内

上首順堰鑲埽二段

頭埽長二十三丈七尺，牽寬二丈八尺，高深六丈，計單長三千九百八十一丈六尺。

二埽長二十丈九尺，牽寬三丈一尺，高深六丈一尺，計單長三千九百五十二丈一尺九寸。

戧壩鑲埽三段

頭埽長十五丈三尺，牽寬三丈四尺，高深六丈一尺，計單長三千一百七十三丈二尺二寸。

二埽長十六丈四尺，牽寬三丈五尺，高深六丈二尺，計單長三千五百五十八丈八尺。

三埽長十六丈二尺，牽寬四丈，高深六丈

二尺計單長四千一十七丈六尺

挑壩鑲埽五段

頭埽長十九丈一尺牽寬四丈高深六丈

三尺計單長四千八百一十三丈二尺

二埽長十八丈四尺牽寬四丈二尺高深

六丈一尺計單長四千七百一十四丈

八寸

三埽長十四丈四尺牽寬四丈三尺高深

六丈一尺計單長三千七百七十七丈

一尺二寸

四埽長十六丈九尺牽寬四丈三尺高深

六丈計單長四千三百六十丈二尺

五埽長二十丈七尺牽寬四丈五尺高深

六丈六寸計單長五千六百四十四丈

八尺九寸

以上埽工十段共長一百八十二丈

共計單長四萬一千九百九十二

丈九尺内用

歲稭七十七萬七千四百四十五觔四分八釐
每觔銀九毫
添辦稭一千萬觔每觔銀一釐四毫
購稭二千八百二萬三千九百九十四觔一分
二釐每觔銀一釐四毫
歲麻十一萬二千五百七十一觔一分七釐每
觔銀二分八釐八毫
購麻四十五萬四千三百三十二觔九分八釐
每觔銀二分八釐八毫
搬料壓土共添募夫八萬三千九百八十五名
八分每名銀四分
以上埽工共用工料銀七萬三千六
百一十九兩五錢六分五釐內照
舊例價應銷銀四萬六千四百四
十四兩一錢四分七釐以時價比
較計不敷銀二萬七千一百七十
五兩四錢一分八釐
銜糧廳屬

封邱汛西圈堰五墻迤下空檔埽西首即空
檔舊埽西首補鑲新埽一段長二十丈
四尺牽寬五丈高深五丈五尺計單長
五千六百一十丈
五墻迤下空檔補鑲新埽四段
第一段埽長十丈六尺牽寬五丈高深五
丈二尺計單長二千七百五十六丈
第二段埽長十丈牽寬五丈高深五丈七
尺計單長二千八百五十丈
第三段埽長十一丈牽寬五丈高深五丈
七尺計單長三千一百三十五丈
第四段埽長十一丈牽寬五丈高深五丈
二尺計單長二千八百六十丈
以上埽工五段共長六十三丈共計
單長一萬七千二百一十一丈內
用
隄草六十八萬五千四十一觔值刀工銀一百
五十六兩五錢八分一釐

官葦一萬五千七百六十觔值刀工銀四兩七
錢二分八釐
官柳九萬二千觔不計錢糧
歲稭二百四十三萬八千二百三十觔每觔銀
九毫
購稭一千二百六十七萬一千九百三十三觔
每觔銀一釐四毫
歲麻六萬四千六百七觔五分每觔銀二分八
釐八毫
購麻十六萬七千七百四十一觔每觔銀二分
八釐八毫
搬料壓土共添募夫三萬四千四百二十二名
每名銀四分
以上埽工共用工料銀二萬八千一
百六十四兩九錢三分九釐內照
舊例價應銷銀一萬八千四百八
十三兩一錢五分四釐以時價比
較計不敷銀九千六百八十一兩

七錢八分五釐

祥河廳屬

祥符汛十三堡七壩下首順隄補鑲新埽七

段

第一段長七丈八尺牽寬三丈四尺高深

四丈七尺單長一千二百四十六丈四

尺四寸

第二段長九丈牽寬三丈七尺高深五丈

單長一千六百六十五丈

第三段長八丈二尺牽寬三丈三尺高深

五丈一尺單長一千三百八十丈六寸

第四段長八丈牽寬三丈二尺高深五丈

一尺單長一千三百五丈六尺

第五段長七丈七尺牽寬三丈一尺高深

五丈一尺單長一千二百一十七丈三

尺七寸

第六段長六丈五尺牽寬三丈三尺高深

五丈二尺單長一千一百一十五丈四

尺

第七段長十丈二尺牽寬三丈五尺高深五丈單長一千七百八十五丈

十四堡迤東頭道挑壩上首順隄補鑲新埽三段

第一段長六丈八尺牽寬三丈七尺高深四丈八尺單長一千二百七丈六尺八寸

第二段長五丈九尺牽寬三丈六尺高深五丈三尺單長一千一百二十五丈七尺二寸

第三段長七丈牽寬三丈九尺高深五丈單長一千三百六十五丈

十四堡迤東十四埽下首至十五堡以上空檔頭埽至六埽補鑲新埽六段

第一段長七丈八尺牽寬五丈四尺高深五丈二尺單長二千一百九十丈二尺四寸

第二段長十丈三尺牽寬五丈五尺高深五丈一尺單長二千八百八十九丈一尺五寸

第三段長十三丈九尺牽寬四丈五尺高深五丈三尺單長三千三百一十五丈一尺五寸

第四段長六丈四尺牽寬四丈二尺高深五丈三尺單長一千四百二十四丈六尺四寸

第五段長八丈牽寬三丈一尺高深五丈二尺單長一千二百八十九丈六尺

第六段長九丈四尺牽寬三丈七尺高深五丈一尺單長一千七百七十三丈七尺八寸

以上埽工十六段共長一百三十二丈九尺共計單長二萬六千二百九十五丈八尺三寸內用

購稭二千四百二十九萬七千三百四十六觔

九分二釐每觔銀一釐四毫

購麻三十五萬四千九百九十三觔七分每觔

銀二分八釐八毫

搬料壓土共添募夫五萬二千五百九十一名

六分六釐每名銀四分

以上埽工共用工料銀四萬六千三

百四十三兩七錢七分内照舊例

價應銷銀二萬九千八十三兩一

錢八分八釐以時價比較計不敷

銀一萬七千二百六十兩五錢八

分二釐

祥符汛十五堡挑水壩補鑲新埽六段

第一段長十丈牽寬四丈五尺高深五丈

六尺單長二千五百二十丈

第二段長五丈一尺牽寬六丈高深五丈

七尺單長一千七百四十四丈二尺

第三段長八丈二尺牽寬五丈八尺高深

五丈九尺單長二千八百六丈四寸

第四段長八丈八尺牽寬三丈八尺高深五丈八尺單長一千九百三十九丈五尺二寸

第五段長五丈三尺牽寬三丈二尺高深五丈七尺單長九百六十六丈七尺二寸

第六段長五丈牽寬三丈高深五丈五尺單長八百二十五丈

人字壩補鑲新埽六段

第一段長九丈四尺牽寬三丈五尺高深五丈五尺單長一千八百九丈五尺

第二段長九丈六尺牽寬五丈八尺高深五丈七尺單長三千一百七十三丈七尺六寸

第三段長七丈八尺牽寬六丈二尺高深五丈六尺單長二千七百八丈一尺六寸

第四段長九丈七尺牽寬七丈一尺高深

五丈八尺單長三千九百九十四丈四
尺六寸
第五段長十二丈四尺牽寬七丈高深五
丈七尺單長四千九百四十七丈六尺
第六段長五丈三尺牽寬五丈九尺高深
五丈七尺單長一千七百八十二丈三
尺九寸
以上埽工十二段共長九十六丈六
尺共計單長二萬九千二百一十
七丈三尺五寸内用
歲稭一千二百六十六萬三千五百三十觔八
分每觔銀九毫
添辦稭七百萬觔每觔銀一釐四毫
購稭七百三十三萬三千三百觔六分每觔銀
一釐四毫
歲麻二十三萬六千六百六十七觔五分每觔
銀二分八釐八毫
購麻十五萬七千七百六十六觔七分二釐每

觔銀二分八釐八毫

搬料壓土共添募夫五萬八千四百三十四名

七分每名銀四分

以上埽工共用工料銀四萬五千一

百六十兩八錢九分三釐内照舊

例價應銷銀三萬二十三百一十

四兩三錢八分九釐以時價比較

計不敷銀一萬二千八百四十六

兩五錢四釐

下北河廳屬

蘭陽汛十一堡迤西頭道挑壩補鑲埽工六

段

第一段長七丈五尺牽寬二丈八尺五寸

共高深五丈八尺計單長一千二百三

十九丈七尺五寸

第二段長十五丈牽寬五丈五尺共高深

七丈六尺計單長六千二百七十丈

第三段長七丈牽寬五丈八尺五寸共高

深七丈五尺計單長三千七十一丈二
尺五寸
第四段長十五丈三尺牽寬六丈三尺共
高深七丈七尺計單長七千四百二十
二丈三寸
第五段長九丈九尺牽寬四丈五尺五寸
共高深六丈七尺計單長三千一十八
丈一寸
第六段長十丈六尺牽寬三丈八尺共高
深六丈二尺計單長二千四百九十七
丈三尺六寸
以上埽工六段共長六十五丈三尺
共計單長二萬三千五百一十八
丈四尺内用
歲稭九百三十六萬二千四十觔一分每觔銀
九毫
購稭一千二百三十六萬八千九百六十一觔
五分每觔銀一釐四毫

苘麻二十萬觔每觔銀二分八釐八毫
購麻十一萬七千四百九十八觔四分每觔銀
二分八釐八毫
搬料壓土共添募夫四萬七千三十六名八分
每名銀四分
以上埽工共用工料銀三萬六千七
百六十七兩八錢八釐内照舊例
價應銷銀二萬六千十一兩三錢
五分以時價比較計不敷銀一萬
七百五十六兩四錢五分八釐
蘭陽汛十四堡二道靠壩搶鑲新埽六段
第一段長十九丈牽寬二丈七尺五寸高
深五丈一尺計單長二千六百六十四
丈七尺五寸
第二段長九丈三尺牽寬二丈七尺五寸
高深五丈六尺計單長一千四百三十
二丈二尺
第三段長十丈二尺牽寬二丈四尺高深

五丈七尺計單長一千三百九十五丈
三尺六寸
第四段長十丈牽寬二丈三尺五寸高深
六丈一尺計單長一千四百三十三丈
五尺
第五段長九丈九尺牽寬二丈五尺五寸
高深五丈六尺計單長一千四百一十
三丈七尺二寸
第六段長八丈五尺牽寬五丈七尺五寸
高深七丈九尺計單長三千八百六十
一丈一尺二寸

順隄埽搶鑲新埽四段

第一段長十一丈六尺牽寬六丈二尺五
寸高深八丈計單長五千八百丈
第二段長八丈牽寬六丈五寸高深七丈
九尺計單長三千八百二十三丈六尺
第三段長十丈四尺牽寬四丈一尺五寸
高深七丈九尺計單長三千四百九丈

六尺四寸
第四段長十六丈六尺牽寬四丈二尺五
寸高深七丈八尺計單長五千五百二
丈九尺
以上埽工十段共長一百一十三丈
五尺共計單長三萬七百三十六
丈七尺九寸内用
添辦秸一千三百萬觔每觔銀一釐四毫
購秸一千五百四十萬七百九十三觔九分六
釐每觔銀一釐四毫
歲麻五萬四千四百二觔五分每觔銀二分八
釐八毫
購麻三十六萬五百四十四觔一分六釐五毫
每觔銀二分八釐八毫
撅料壓土共添募夫六萬一千四百七十三名
五分八釐每名銀四分
以上埽工共用工料銀五萬四千一
百七十兩五錢一分八釐内照舊

例價應銷銀三萬三千九百九十四兩八錢九分以時價比較計不敷銀二萬一百七十五兩六錢二分八釐

蘭陽汛十五堡斜頭壩補鑲埽工四段

第一段長六丈二尺牽寬四丈五寸高深七丈五尺計單長一千八百八十三丈二尺五寸

第二段長八丈牽寬四丈四尺五寸高深七丈六尺計單長二千七百五丈六尺

第三段長四丈七尺牽寬四丈二尺五寸高深七丈八尺計單長一千五百五十八丈五寸

第四段長五丈四尺牽寬二丈一尺高深五丈四尺計單長六百一十二丈三尺六寸

斜二壩補鑲埽工四段

第一段長六丈牽寬三丈五尺五寸高深

七丈二尺計單長一千五百三十三丈
六尺
第二段長六丈六尺牽寬三丈六尺五寸
高深七丈五尺計單長一千八百六丈
七尺五寸
第三段長五丈五尺牽寬三丈二尺五寸
高深七丈計單長一千二百五十一丈
二尺五寸
第四段長四丈五尺牽寬二丈高深五丈
二尺計單長四百六十八丈
以上埽工八段共長四十六丈九尺
共計單長一萬一千八百一十八
丈八尺六寸內用
購稭一千九十二萬六百二十六觔六分四釐
每觔銀一釐四毫
購麻十五萬九千五百五十四觔六分一釐每
觔銀二分八釐八毫
撤料壓土共添募夫二萬三千六百三十七名

七分二釐每名銀四分

以上埽工共用工料銀二萬八百二十九兩五錢五分九釐內照舊例價應銷銀一萬三千七十一兩六錢五分九釐以時價比較計不敷銀七千七百五十七兩九錢

曹考廳屬

蘭陽下汛頭堡三道挑壩即舊挑水壩補還新埽四段

一段長十五丈牽寬四丈八尺高深六丈四尺計單長四千六百八丈

二段長十八丈牽寬五丈高深六丈五尺計單長五千八百五十丈

三段長十丈牽寬四丈八尺高深六丈五尺計單長三千一百二十丈

四段長十二丈牽寬四丈五尺高深六丈五尺計單長三千五百一十丈

魚鱗二壩補還新埽四段

一段長十五丈牽寬四丈高深五丈九尺
計單長三千五百四十丈
二段長十丈牽寬四丈四尺高深六丈二
尺計單長二千七百二十八丈
三段長十五丈牽寬四丈高深六丈二尺
計單長三千七百二十丈
四段長十丈牽寬四丈高深六丈計單長
二千四百丈
以上埽工八段共長一百五丈共計
單長二萬九千四百七十六丈內
用
歲稭四百三十三萬二千八百四十觔每觔銀
九毫
添辦稭四百萬觔每觔銀一釐四毫
購稭一千八百四十一萬八千八百三觔每觔
銀一釐四毫
淤草三十八萬七千四百八十五觔值刀工銀
八十八兩五錢六分八釐

宮柳九萬六千六百九十六觔不計錢糧
歲麻十萬三千六百一十觔每觔銀二分八釐
八毫
購麻二十九萬四千三百一十六觔每觔銀二
分八釐八毫
搬料壓土共添募夫五萬八千九百五十二名
每名銀四分
以上埽工共用工料銀四萬九千一
百九十二兩七錢九分七釐內照
舊例價應銷銀三萬二千二百五
十三兩二錢六分一釐以時價比
較計不敷銀一萬六千九百三十
九兩五錢三分六釐
以上北岸五廳埽工共八案共用銀三
十五萬四千二百四十九兩八錢
四分九釐
以上豫省南北兩岸十二廳通共實用銀
九十五萬五千八百三十四兩一

錢六分二釐

曹河廳屬

曹下汛六堡魚鱗二壩補鑲埽工五段

頭埽長十三丈一尺牽寬四丈高深六丈

一尺計單長三千一百九十六丈四尺

二埽長九丈二尺牽寬五丈四尺高深六

丈二尺計單長三千八十丈一尺六寸

三埽長八丈三尺牽寬五丈一尺高深六

丈一尺計單長二千五百八十二丈一

尺三寸

四埽長十丈一尺牽寬五丈二尺高深六

丈二尺計單長三千二百五十六丈二

尺四寸

五埽上段長七丈六尺牽寬五丈四尺高

深六丈一尺計單長二千五百三丈四

尺四寸

下段長六丈九尺牽寬五丈高深六丈二

尺計單長二千一百三十九丈

以上埽工五段共長五十五丈二尺共計單長一萬六千七百五十七丈三尺七寸内用

備防稭一千五百萬觔每觔銀一釐四毫

購稭四十八萬三千八百九觔八分八釐每觔銀一釐四毫

歲麻七萬八千三百三十四觔每觔銀二分八釐八毫

購麻十四萬七千八百九十觔四分九釐五毫每觔銀二分八釐八毫

搬料壓土共添募夫三萬三千五百一十四名七分四釐每名銀四分

以上埽工共用工料銀二萬九千五百三十三兩一錢八分九釐内照舊例價應銷銀一萬八千五百三十三兩六錢五分一釐以時價比較計不敷銀一萬九百九十九兩五錢三分八釐

曹下汛六堡蓋壩補鑲埽工七段
頭埽長七丈七尺牽寬四丈高深六丈一
尺計單長一千八百七十八丈八尺
二埽長八丈五尺牽寬四丈八尺高深六
丈二尺計單長二千五百二十九丈六
尺
三埽長十丈牽寬四丈八尺高深六丈一
尺計單長二千九百二十八丈
四埽長九丈七尺牽寬四丈五尺高深六
丈二尺計單長二千七百六丈三尺
五埽長十丈四尺牽寬四丈九尺高深六
丈一尺計單長三千一百八丈五尺六
寸
六埽長十丈五尺牽寬五丈二尺高深六
丈二尺計單長三千三百八十五丈二
尺
七埽長九丈八尺牽寬五丈九尺高深六
丈一尺計單長三千五百二十七丈二

寸

以上埽工七段共長六十六丈六尺

共計單長二萬六十三丈四尺八

寸內用

購稭一千八百五十三萬八千六百五十五觔

五分二釐每觔銀一釐四毫

購麻二十七萬八百五十六觔九分八釐每觔

銀二分八釐八毫

搬料壓土共添募夫四萬一百二十六名九分

六釐每名銀四分

以上埽工共用工料銀三萬五千三

百五十九兩八錢七分七釐內照

舊例價應銷銀二萬二千一百九

十兩二錢九釐以時價比較計不

敷銀一萬三千一百六十九兩六

錢六分八釐

糧河廳屬

單上汛二堡魚鱗三埽補鑲埽工四段

藏頭埽長十四丈五尺牽寬四丈五寸高
深六丈四尺計單長三千七百五十八
丈四尺
護崖頭埽長十丈牽寬四丈七尺高深六
丈四尺計單長三千八丈
護崖二埽長十丈三尺牽寬五丈六尺高
深六丈四尺計單長三千六百九十一
丈五尺二寸
護崖三埽長十丈二尺牽寬六丈八尺高
深六丈四尺計單長四千四百三十九
丈四寸
以上埽工四段共長四十五丈共計
單長一萬四千八百九十六丈九
尺六寸内用
備防稭一千萬觔每觔銀一釐四毫
購稭三百七十六萬四千七百九十一觔四釐
每觔銀一釐四毫
戧麻八萬三百九十五觔每觔銀二分八釐八

毫
購麻十二萬七百一十三觔九分六釐每觔銀
二分八釐八毫
撥料壓土共添募夫二萬九千七百九十三名
九分二釐每名銀四分
以上埽工共用工料銀二萬六千二
百五十四兩四錢二釐內照舊例
價應銷銀一萬六千四百七十六
兩三分八釐以時價比較計不敷
銀九千七百七十八兩三錢六分
四釐
單上汛三堡托壩補鑲埽工三段
頭埽長十丈牽寬四丈三尺高深六丈計
單長二千五百八十丈
二埽長十一丈八尺牽寬四丈八尺高深
六丈計單長三千三百九十八丈四尺
裹頭埽長十八丈八尺牽寬三丈八尺高
深六丈計單長四千二百八十六丈四

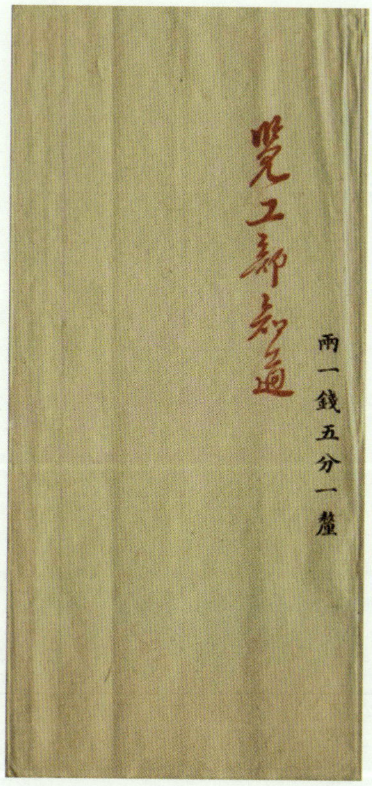

覽工部知道

兩一錢五分一釐

嚴烺　豫東黃河原估土方銀數由

奏　〇　又　單一件　初三日〇〇〇俱到

十二月初三日

三品頂戴署理河東河道總督臣嚴烺跪

奏為查核豫東黃河兩岸各廳道光五年原估增培接長添築隄堰幫戧並填補各工段落丈尺土方銀數謹循例繕具清單恭摺奏祈

聖鑒事竊照豫東兩省黃河南北兩岸延長一千餘里各廳隄堰幫戧每年估辦以資備禦而保安恬所有道光五年分原估加高培寬接長添補改築並填補各工疏計豫省兩岸十三廳共估例津二價銀二十萬八千一百餘兩東省曹河糧河二廳及曹考廳之曹上汛共估例價銀六萬五千三百餘兩前經臣於道光四年十月內奏蒙

恩准欽遵飭辦在案茲查豫省南岸開歸道屬

上南河廳鄭州上下汛及中牟上汛共工三十七段
共長五千六百四十一丈九尺中河廳中牟下汛共工二
十二段共長三千一百三十二丈下南廳祥符上下汛
及陳留汛共工八十二段共長一萬九百八十五丈蘭
儀廳蘭陽及儀封上汛共工五十四段共長六千九十
一丈四尺儀睢廳睢州上汛共工十八段共長三千五百
八十四丈睢寧廳睢州下汛共工二十四段共長三千六
百二十四丈商虞廳商邱及虞城上汛共工三十六
段共長六千三百八十九丈五尺歸河廳虞城下
汛共工二十八段共長四千七十二丈北岸河北道屬
黄沁廳唐郭武陟滎澤原武四汛共工四十三段共
長五千三百三十八丈衛糧廳陽武陽封邱三汛共工
一百段共長一萬三千七百八十九丈九尺祥河廳祥
符汛共工三十三段共長四千四百二十五丈下北河
廳蘭陽汛共工三十二段共長三千七百二十丈三尺
曹考廳蘭陽下汛及考城汛共工二十一段共長
三千二百九十五丈計擴者兩岸共用銀二十萬八
千一百八兩四錢九分九厘東省兗沂道屬曹考

七六五

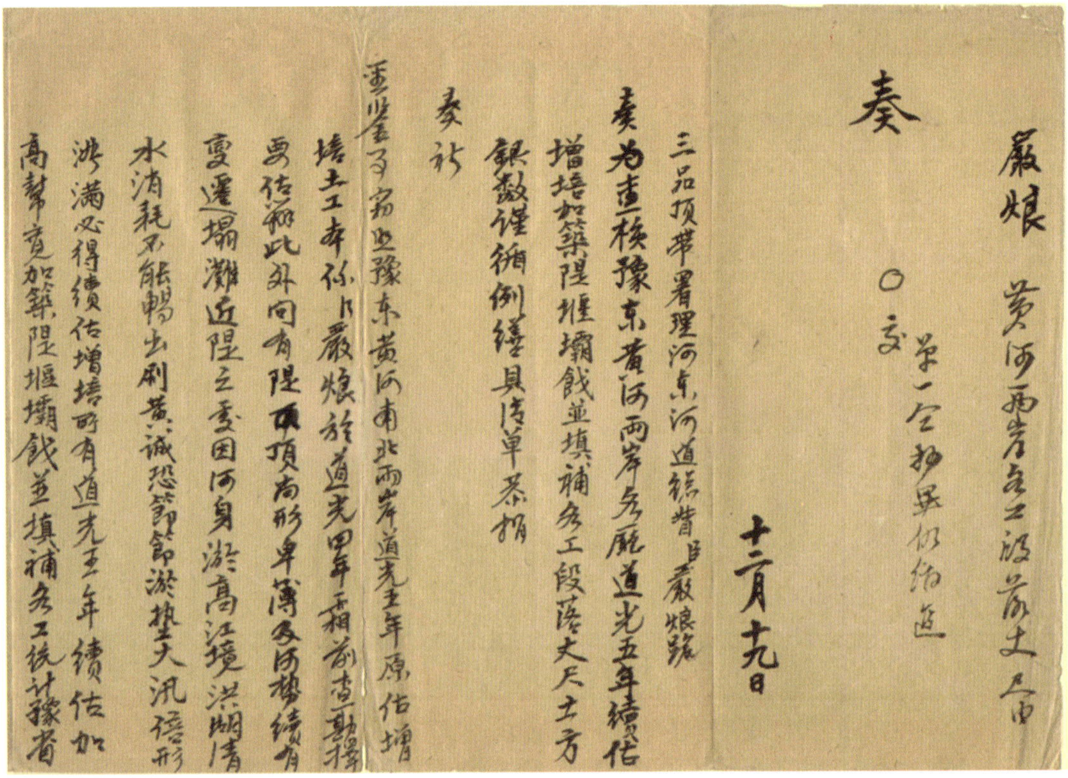

嚴烺 黄河兩岸各工添辦土工由

奏

○奏 第一件抄呈恭繕進

十二月十九日

三品頂帶署理河東河道總督臣嚴烺跪

奏為查核豫東黄河兩岸各廳道光五年續估增培加築隄堰壩戧並填補各工段落丈尺土方銀數謹循例繕具清單恭摺

奏祈

聖鑒事。竊照豫東黄河南北兩岸道光五年原估增培土工本係臣嚴烺於道光四年霜前查勘擇要估辦。此外向有隄頂尚形卑薄各河勢續有變遷塌灘近隄之處，因河身淤高，江境洪湖清水消耗，不能暢出刷黄，誠恐節節淤墊，大汛漲形漲滿，必得續估增培。所有道光五年續估加高幫寬加築隄堰壩戧並填補各工，統計豫省

十三廳共估例津二價銀十一萬九千四百六十
餘兩東省曹河糧河兩廳及曹考廳曹上汛
共估例津價銀二萬三千一百餘兩於道光五
年二月内經前河臣張井奏蒙
恩准
欽遵飭辦在案茲查豫省南岸開歸道屬上南
河廳滎澤汛及鄭州上汛共工五段共長四百二十
二丈九尺中河廳中牟下汛共工十七段共
長一千七百九十七丈下南河廳祥符上下
汛及陳留汛共工三十二段共長三千三百五十四
丈蘭儀廳蘭陽汛共工十六段共長一千三百
六十丈儀睢廳儀封下汛及睢州上汛共工十
一段共長一千七百三十九丈八尺睢寧廳睢
州下汛及寧陵汛共工十段共長六千七百五
十八丈商虞廳虞城上汛共工十七段長二
千六百五十五丈八尺歸河廳虞城下汛共工
二十三段共長三千三百七十五丈北岸河北
道屬黄沁廳唐郭武陟滎澤原武四汛共工五
十六段共長七千一百六十四丈衛糧廳陽武陽

封丘汛共工十三段共長一千九百六十八丈
祥河廳祥符汛共工二段共長三百九十二
丈下北河廳蘭陽汛共工兩段共長一百六十
五丈八尺曹考廳蘭陽下汛及考城汛共工四
十八段共長九千七十一丈計豫省兩岸十三
廳共用銀十一萬九千四百六十五兩五錢七
分八釐東省兗沂道屬曹考廳曹縣上汛共工
六段共長一千一百七十八丈曹河廳曹縣中下
二汛共工二十九段共長七千八百十五丈糧河
廳曹縣及單縣上下汛共工九十八段共長一
萬四千六百十五丈計東省北岸曹河糧河
兩廳及曹考廳曹上汛共用銀二萬三千一百
五兩二錢一分一釐以上各工於上年大汛前
照估全完經前河臣姚祖同查驗附
奏在案茲據開歸河北兗沂三道開具印摺詳
送前來臣覆核銀土方數均屬相符除另疏
題估外謹循例繕具清單恭摺具
奏伏乞

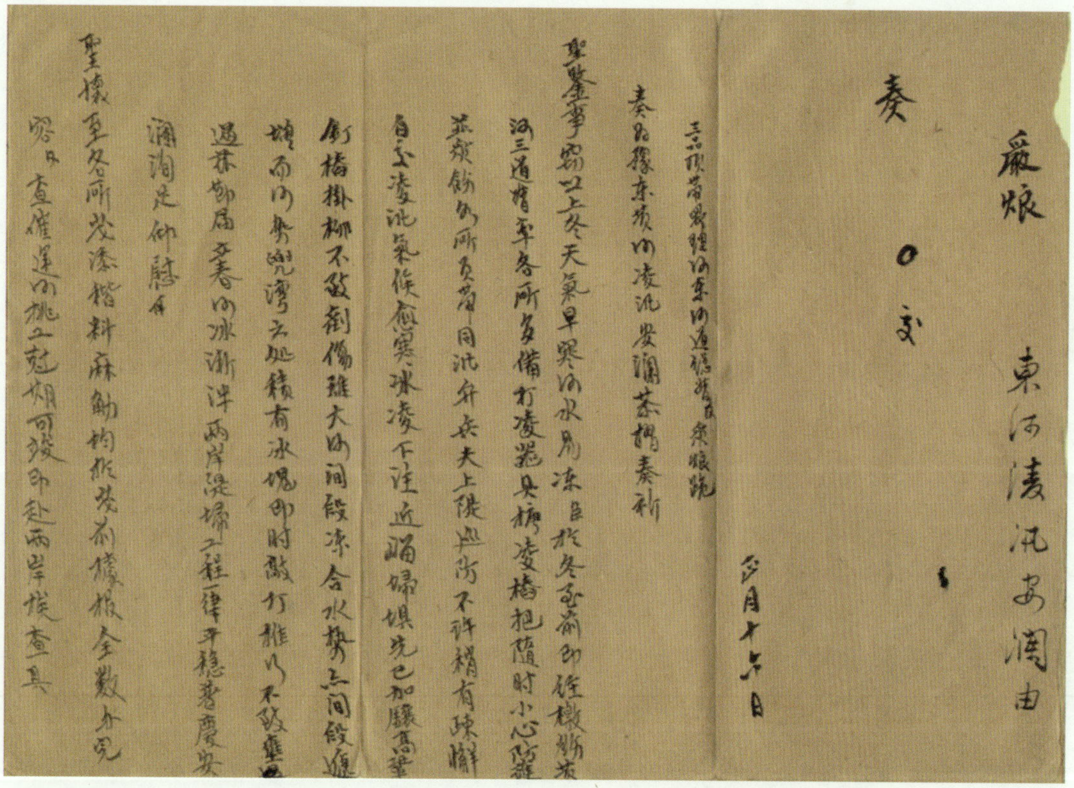
嚴烺
奏 東河凌汛安瀾由
O 覽
正月十六日

三品頂戴署理河東河道總督臣嚴烺跪
奏爲豫東兩河凌汛安瀾恭摺奏祈
聖鑒事。竊照上冬天氣早寒，河水凝凍，臣於冬至前即經檄飭黄河三道督率各廳多備打凌器具、撥凌椿把，隨時小心防護，並嚴飭各廳員督同汛弁兵夫上緊巡防，不許稍有疎懈。自交凌汛節候，愈寒冰凌下注，近臨埽壩，先已加廂高整，
創椿掛柳，不致剮傷。雖大河間段凍合，水勢亦間段通
塘，兩河各灣曲之處積有冰塊，即時敲打推行，不致壅
遏。茲節屆交春，河冰漸泮，兩岸堤埽工程一律平穩，普慶安
瀾，洵足仰慰
聖懷。至冬間所發添辦料麻，飭均依發前儹辦全數分完
竣。臣查催運河挑工，刻期可竣，即赴兩岸詳查具

奏堵築土工亦已飭令各道分別派員督同廳員辦務期遵照以資

程功式廓俾不任稍有草率所有豫東黄河凌汛安瀾

各緣由理合恭摺具

奏伏乞

皇上聖鑒謹

奏

道光七年正月十六日奉

硃批知道了欽此

正月初七日

七六七

嚴飭查驗東河歲料由

奏 ○六

二月十九日

三品頂帶署理河東河道總督臣栗毓美跪

奏為查驗豫東黄河兩岸十五廳歲搶各料一律

堅足並確切查修埽段分別估辦恭摺

奏祈

聖鑒事竊臣因黄河各廳歲搶各料久經報完必須

前往查驗並查鑲埽工段應親身勘估即于

督催運河挑工趕辦不竣自濟起身附摺

奏報在案查稭垛為修防第一要料必當驗收于

未用之前方足以杜牽混而昭核實臣先由東

省北岸查畢渡河至豫省南岸調查西上北渡

滎澤順堤而東周歷兩岸十五廳各垛堆分方

添料垛逐廳點數場合短少量驗丈尺覈算

六肩敦土並有殘缺之處倒者肩者修補麻觔亦深
自土數積土栽柳完整土額安妥以後河水清
尤屬多為工一律平穩其埽芟埽工或刷墊卑
矮或舊料朽腐倒子垂融分別加鑲拆鑲以禦
汛漲先撥竟沂同歸河北三道切實清諸示〃于查
料時撥循勢之遠近酌鑲做之緩急分別減准
飭廳照示不住以免緩之工亦鑲廂料以致工鉅
短少貽誤汛防並勒限桃汛前照依鑲完報候
查驗亦不住稍有草率延延至為案頓培土工
〃已于上年飭發做工章程行道派員分段承示
刻下春暖凍解業經飭令集夫次第興築〃
仍飭各道督同監修委員詳真查察如有
草率偷減即行嚴揭參究〃隨後巡防桃汛
再行逐加查勘總期照依堅築大汛以前務須一式完
工現因運河桃工接報一律完竣即應赴回驗
收並籌辦啟壩鋪水迎濟新漕各事宜〃拜摺後
即行回濟所有查過黃河各廳料物工程情形謹
繕摺具

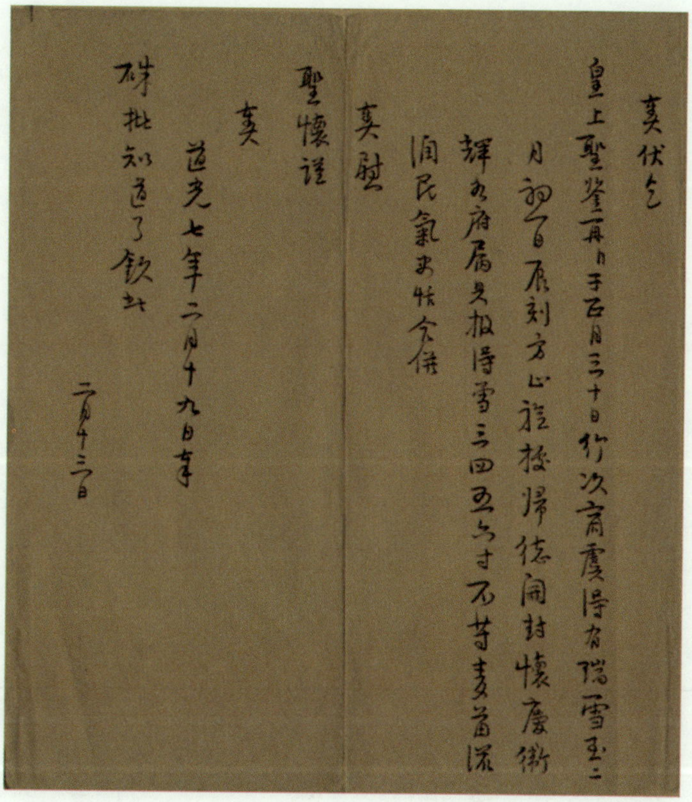
奏伏乞
皇上聖鑒再本年正月三十日行次甫震得有瑞雪至二
月初四日辰刻方止復據歸德開封懷慶衛
輝各府屬先報得雪三四五六寸不等麥苗深
潤民氣均欣合併
奏慰
聖懷謹
奏
道光七年二月十九日奉
硃批知道了欽此
二月十二日

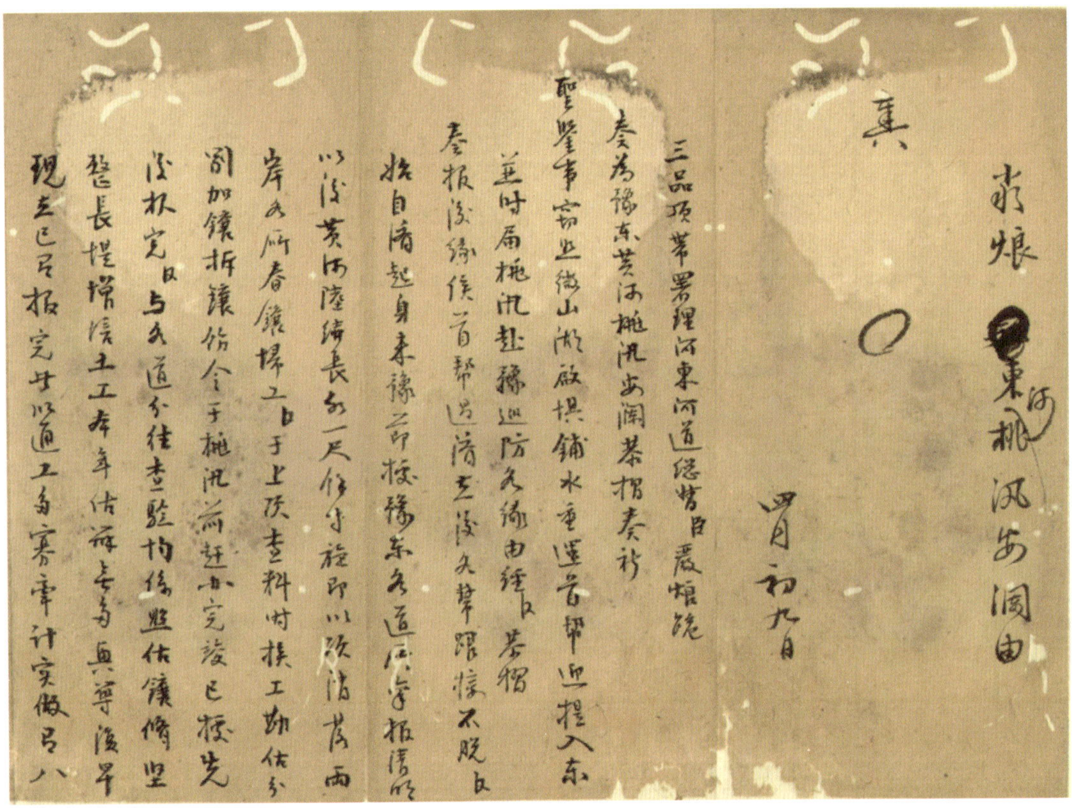
前粮 東河桃汛安瀾由

集 〇 四月初九日

三品頂戴署理河東河道總督臣嚴烺跪

奏為豫東黃河桃汛安瀾恭摺奏祈

聖鑒事竊照微山湖啟壩鋪水重運首幫迎提入東

並時屆桃汛赴豫巡防各緣由經臣恭摺

奏報後續俟首幫過濟並後各幫跟接不脫臣

始自濟起身來豫於節接豫東各道廳字報清明

以後黃河陸續長水一尺修守較即以致清黃兩

岸各所春鑲埽工臣于上年查料時按工勘估分

別加鑲拆鑲飭令于桃汛前趕辦完竣已據先

後報完臣與各道分往查驗均係照估鑲修堅

整長堤增培土工本年估辦土方與尋常異

現在已據報完廿以道工為寶需計實做土八

分工程四月中旬可以全竣又所運各處鑲試
尚屬飽滿查量已完之工丈尺亦尚豐足自仍
兩岸各道嚴密稽查不任稍有草率蓋看
各工河勢惟北岸祥河所祥符汛十三堡七壩舊
有工八段上年修備今春河溜北趨圍注該壩
跌將各舊埽先後刷蟄業經六段補還南岸下
南所祥符上汛黑堽工新三壩埽工二段迤下
新四壩上首順堤埽工二段俱係上年漫閘處
料物嗣經凌汛溜勢直趨先後刷淨現已搶及
堤壩趕即補還新埽五段均經河北開歸二道
勢力穩實抵禦得力又中河所中牟下汛八堡
蘭儀所儀封上汛八堡睢所睢州上汛頭堡並
七堡河勢南趨塌灘較緊土性又復純沙武陟壩
尚形單薄其舊埽業已進河蟄底分別幫厚
以資備防現經開歸道麟慶勢所切實查估
容俟勘核明確即于防險銀內給發趕辦俾免
臨時出險此外各廳工程一律平穩查自三月
初十日清明起至三十日止計二十日桃汛已過

豫東普慶安瀾，情形迨上紓

宸廑。惟查本年桃汛長水無多，而各廳清理所

存底水均較上年大至一二尺，測量河溜復

較淺，汛游墊大，餘其為去路不暢已屬顯

然。所有大汛防守事宜尤應倍加慎重，現與各

道通盤籌計，妥為預防，並考查遴派幹員隨

同道廳加謹防範。所有黄河桃汛安瀾緣由，

謹恭摺具

奏，伏乞

皇上聖鑒。謹

奏。

道光七年四月初九日奉

硃批：知道了。欽此。

四月初二日

七六九

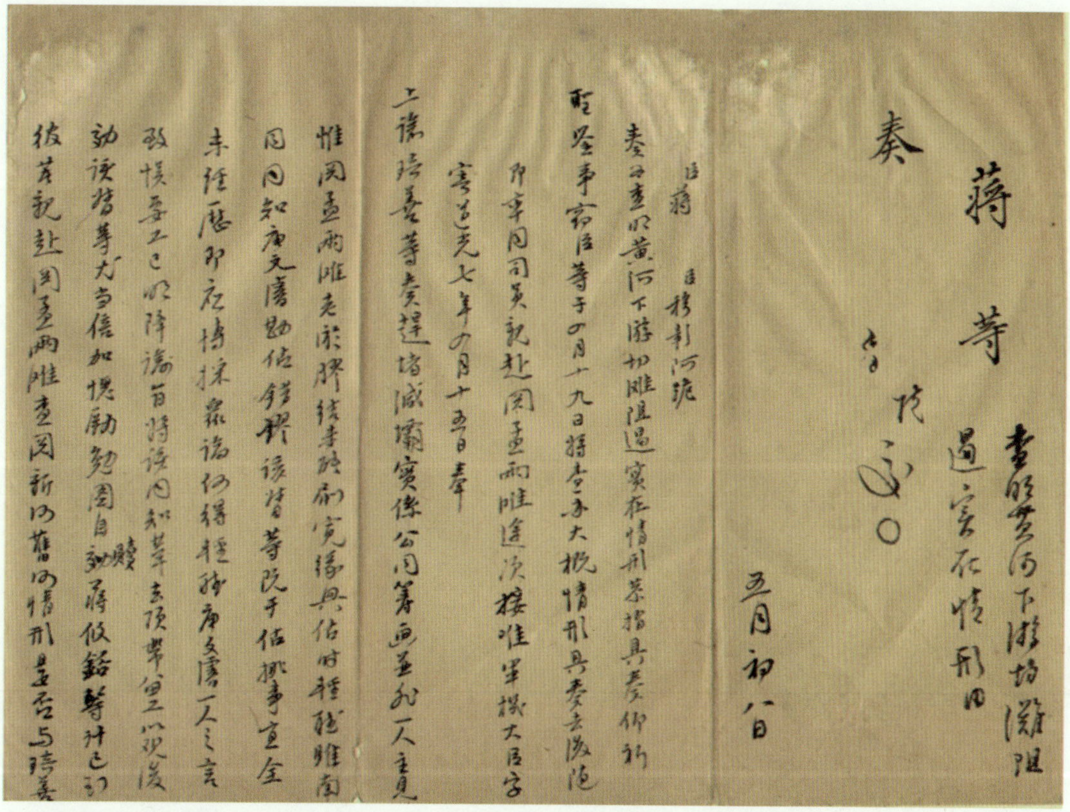

蔣 等
奏 查明黃河下游梗阻
過寬在情形由
旨 片 發
五月初八日

臣蔣 臣穆彰阿跪
奏爲查明黃河下游切難阻遏實在情形恭摺具奏仰祈
聖鑒事竊臣等于四月十九日將查看大概情形具奏去後隨
即率同司員親赴閩壟兩堆逐次稽唯軍機大臣字
寄道光七年四月十五日奉
上諭琦善等奏遵旨減壩實係公同籌畫並非一人主見
惟閘壩兩堆先前撐堤再將兩壩寬展與估時種種難向
因同知唐文睿勘估錯誤該督等既于估撥事宜全
未經歷即應博採衆論何得輕聽唐文睿一人之言
致誤要工已明降諭旨將該同知革去頂帶留工以觀後
效該督等尤當倍加愧勵勉圖自贖蔣攸銛等計已可
彼前親赴閘壩兩唯查閱新河舊河情形是否與琦善

等所奏相符並將現在跡漕情形據實覆奏等因欽此

臣等遵將周蘭兩睢新河舊河情形詳細察看復親

往高家堰一帶周歷履勘隨處採訪回浦後正在

檢查案卷逐加核對並擬酌籌妥辦理之際接准

逕據原任之慶文肅知照同接于九月二十八日

奉到

批摺據臣河工未能辦理得法殊欠指示實深愧悚不

知據姜晟并陳錫恩奏否動以手等因欽此臣等

初到清江時據姜晟等自知才識短淺辦理錯誤致

旨

恩施格外僅予薄懲感激涕零愧悔無及今復示

此

初議伊等奏至地日容臣等覆將現訊情節及原案卷

宗並逐日履勘查訪情形詳細參酌竊惟南河

清黃二水相爭數十年來南岸黃水節次漫

口及盛漲時上游開攔減洩之水總不免湖受其

淤歲積月累清水剛注東南堰工吃重而黃河

日漸淤高清水必須多蓄堰工亦不能不逐漸加高

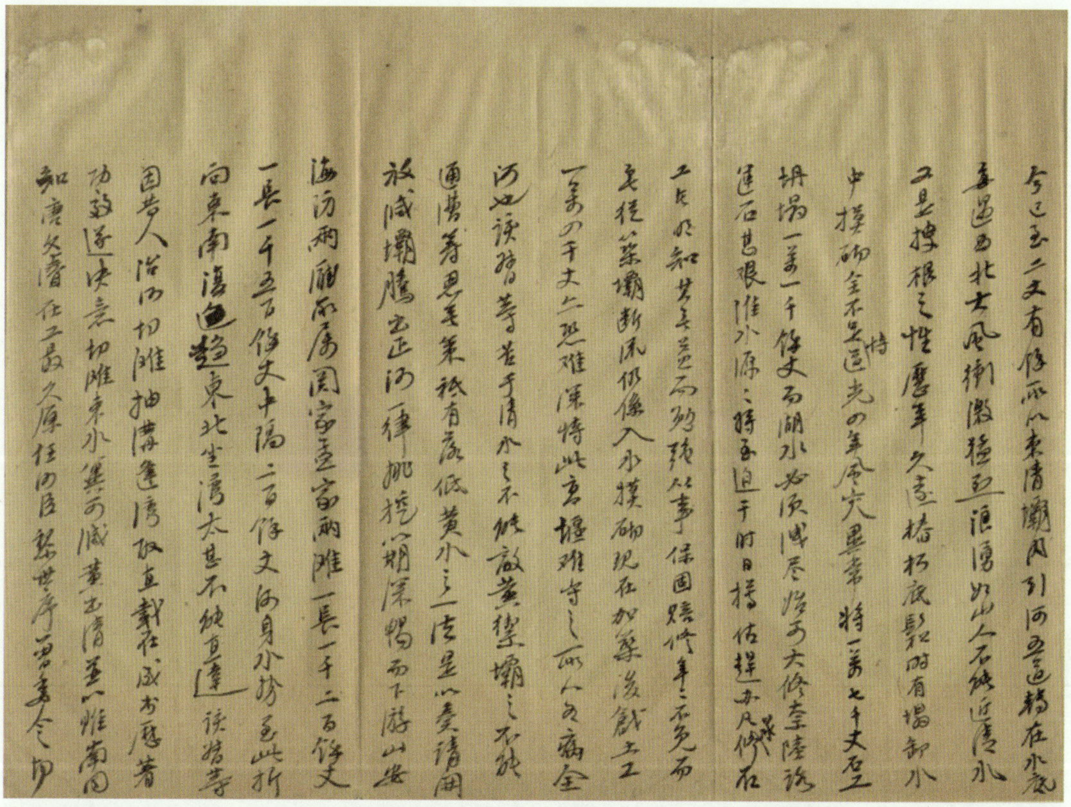

今已至二丈有餘，所以東清壩內引河與運河積存水底
易過西北大風衝激，猛至浪湧如山，人力難施，近清水
之是槐根之性，歷年久遠，椿杉底鬆，俱有搨卸。水
中積砌全不足恃，道光四年風災異常，特一萬七千丈石工
坍塌一萬一千餘丈，而湖水如潰，滙成汪洋，大修奎陸，該
建石甚艱，惟水源之特各迫于時日，椿估撐運，每尺修石
工尚不知其無慮而勢統此事，保固嗑修年年不免，而
長從以築壩斷流，仍係入水積砌，現在加築後戧土工
一萬四千丈，亦恐難深恃，此處堤難守之，所以為痛全
河也。該督等若于清水之不能敵黃，築壩之不能
通濟，籌思長策，祇有歲低黃水之一法，是以奏請開
放減壩，騰出正河，俾挑挖淤積深暢而下，歸山安
海河兩廳所屬圍家莊，當兩灘一長一千二百餘丈，
一長一千五百餘丈，中隔二百餘丈，河身亦較為此折
向東南，漫過遠東北，坐灣太甚，不能直達。該督等
因考人沿河切灘抽溝，導遠灣取直，載在成書，應著
功效，遂決意切灘束水，築而減黃出清，並以嗟南河
知盧久著，在工最久，原任河臣黎世序尊奉令卯

雖有動乃將委該員前往估計該員據引成
案力主兩雖並挑之說業奉批准派員領銀興
工勒限完竣臣等即根明亦已深漫無從測量
詢之土人皆云此次挑引河開面二十三丈底寬不過
不寬起土者至四十丈以外不易不遠
查乃僅六七十丈不嚴緊處夫役員方係
不敷工員無不賠墊隨即傳同道二
縣新河以後挑成以有勢順直兩岸埽工
化險為平向係大有裨益無如河自十餘里外之
有迅激斜注埽灣之勢乃從埽上搠截易搶取直以
舊河寬百餘丈至二百七八十丈之水欲逼而納之寬
二十餘丈騰挪之地不能驟寬轉成倒漾鑒
於去灘陰之搁黄壤堰大溜始順歸舊河今
新河日見淤淺舊河為無阻遏現用淤沙船往
來疏濬可望衝刷深通而目前難期遽效此切雖

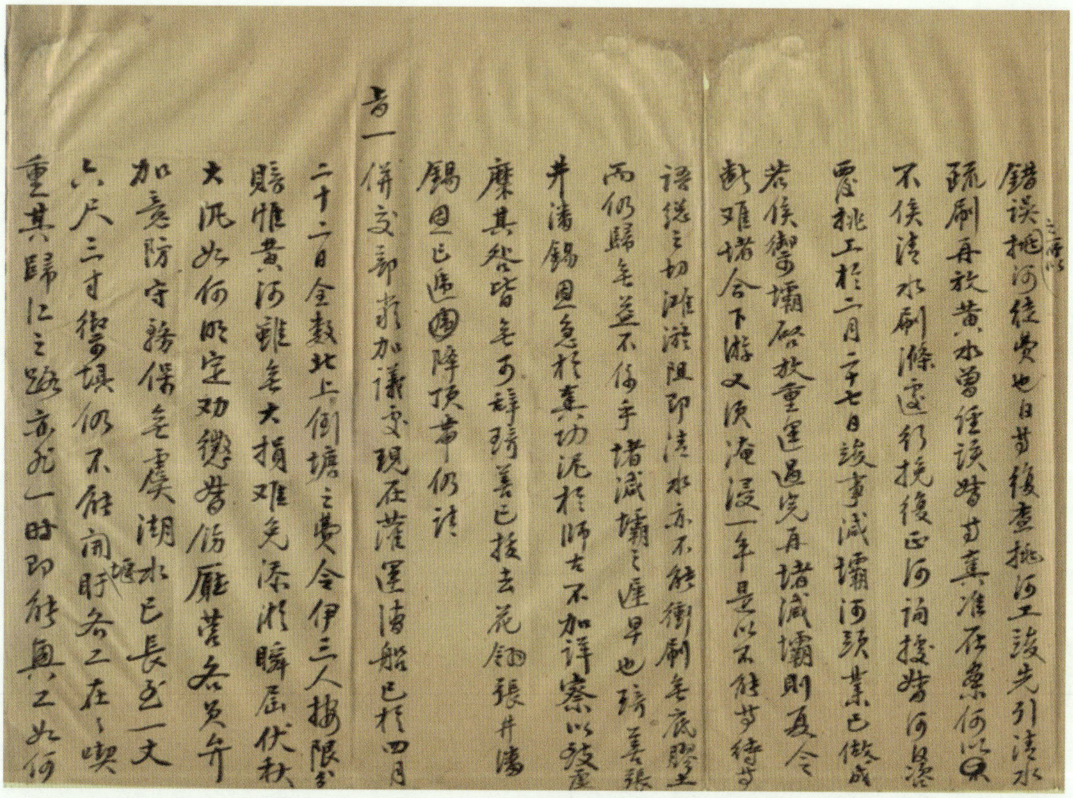

錯誤挑河徒費也日昔後查挑河工竣先引清水（之處以）
疏刷再放黄水曾經該督等奏准存案何以果
不俟清水刷滌遂行挽復正河詢據督河吳潞
覆挑工於二月二十七日竣事減壩河頭業已做成
若候禦壩啓放重運過完再堵減壩則夏令
勢難堵合下游又須淹浸一年是以不能守待等
語總之切灘淤阻即清水亦不能衝刷無底膠土
而仍歸無益不係乎堵減壩之遲早也琦善張
井濤錫恩急於奏功泥於師古不加詳察以致虛
糜其咎皆無可辭琦善已拔去花翎張井潘
錫恩已遵旨降頂帶仍請
旨一併交部嚴加議處現在灌運漕船已於四月
二十二日全數北上倒塘之費令伊三人按限分
賠惟黃河雖無大損難免添淤瞬届伏秋
大汛如何照定功懲咨飭廳營各員弁
加意防守務保無虞湖水已長至一丈
六尺三寸禦壩（堰）仍不能開啓各工在在喫
重其歸仁之路亦尤一時即能奠工如何

早為籌計事事宜須使不至為患於下
游誠如
聖諭臣等若不能置身事外亦非他人所能代謀
應請
飭令該督等虛衷商榷竭力補救隨時奏明妥
辦俟過伏秋汛再行察看同知唐文睿
硃
專委估工其寬深丈尺皆無準有案被
時該員若將所挑淤墊厚經費浩繁
之處切實聲明未嘗不可中止乃狃於從
前節次辦法視事輕率非尋常錯
誤可比前已革去頂帶戴罪自贖應請
旨即行革職仍留工效力以示懲儆又查總
局淮揚道鄒錫淳淮海道羅琦等委
員弁分辦要工計挑河二百數十里分三大
段因限期已迫估畢一段即派委一段未及
將工段之難易才具之短長通盤詳酌
以致末弁中有不能完工情急自戕者雖
查無勒減情弊實屬辦理失當應請

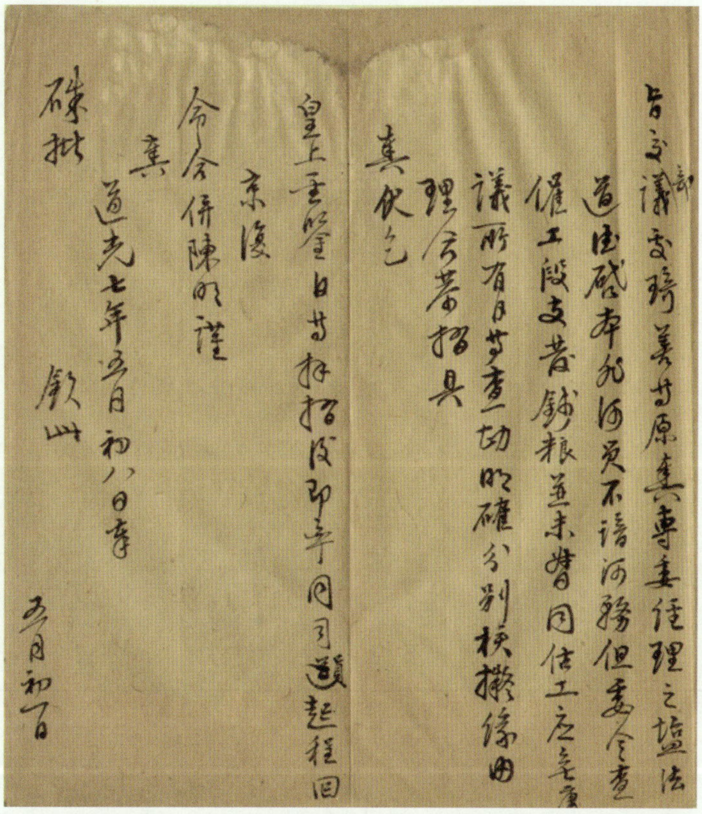

旨交部議琦善等原奏專委經理之鹽法

道張啟本非河員不諳河務但委令查

催工段支發錢糧並未會同估工之處

議所有目前查一切明確分別核擬緣由

理合恭摺具

奏伏乞

皇上聖鑒臣等擬摺後即率同司道起程回

京復

命合併陳明謹

奏

道光七年五月初八日奏

硃批　欽此

五月初八日

七七〇

道光七年五月初八日内閣奉
上諭蔣攸銛等奏查明黄河下游切灘阻遏情形一
摺前因南河堵合減壩黄水倒漾復將禦黄壩封
閉經朕特派蔣攸銛等前往江南將關孟兩灘新
舊河詳細察看並令親往高家堰周歷履勘茲據
奏稱清黄相為表裏因南岸黄水節次漫口不免
湖早受淤堰工愈形喫重前年高堰石工坍塌因
迫於時日撙估趕辦年年保固賠修仍係入水撲
砌現在加築後戧土工亦難深恃該督等因清水
不能敵黄祇有落低黄水一法請開減壩騰出正
河一律挑空下游山安海防兩廳所屬關孟兩灘
俱係膠淤該督等泥於逢灣取直成法並輕聽睢
南同知唐文睿兩灘並挑之説決意估辦而河自
十數里外已有迅激斜注埽灣之勢乃從埽上攔
截另挑取直以舊河寬百餘丈至二百七八十丈
之水欲迫而納諸僅寬二十餘丈膠淤之地不能
塌寬轉成倒漾迨折去灘際之攔黄壩堰大溜始
順歸舊河現用浚沙船往來疏濬可望深通難期

速致等語琦善等急於奏功泥於師古並未博採
衆論輕聽唐文睿一人之言不加詳察以致數百
萬帑金竟成虛擲咎無可辭琦善前已降旨拔去
花翎張井潘錫恩分別遞降頂帶仍著一併交部
嚴加議處現在漕船全數北上所有倒塘各費已
著落琦善等分賠轉瞬伏秋大汛仍責成該督等
虛衷商榷竭力補救督飭道將廳營加意防守具
堰盱各工時加保護並本年回空軍船及早歸次
倘有疎虞阻滯朕惟琦善等三人是問其在工人
員除鹽道德啟並未督同估工著無庸議外同知
唐文睿狃於從前節次辦法輕率僨事糜帑殃民
非尋常錯誤可比蔣攸銛等請將該同知革職留
工效力不足蔽辜唐文睿著革職再加枷號一個
月滿日發往伊犁效力贖罪淮揚道鄒錫淳淮海（充當苦差）
道羅琦未將工段難易通盤詳酌致河弁有未能
完工情急自盡情事雖無剋減情弊實屬辦理失
當鄒錫淳羅琦俱著交部議處欽此

七七一

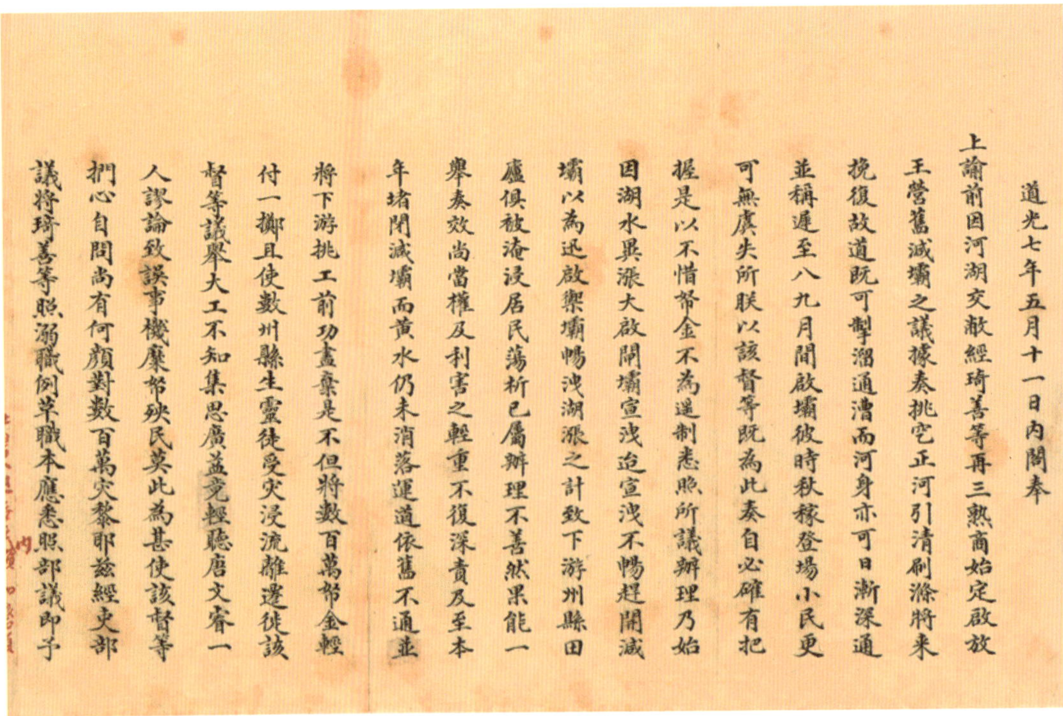

道光七年五月十一日内閣奉

上諭前因河湖交敝經琦善等再三熟商始定啟放

王營舊減壩之議據奏挑空正河引清刷滌將来

挽復故道既可掣溜通漕而河身亦可日漸深通

並稱遲至八九月間啟壩彼時秋稼登場小民更

可無虞失所朕以該督等既為此奏自必確有把

握是以不惜帑金不為遥制悉照所議辦理乃始

因湖水異漲大啟開壩宣洩迨宣洩不暢趕開減

壩以為迅啟禦壩暢洩湖漲之計致下游州縣田

廬俱被淹浸居民蕩析已屬辦理不善然果能一

舉奏效尚當權及利害之輕重不復深責及至本

年堵閉減壩而黄水仍未消落運道依舊不通並

將下游挑工前功盡棄是不但將數百萬帑金輕

付一擲且使數州縣生靈徒受災浸流離遷徙該

督等議舉大工不知集思廣益竟輕聽唐文睿一

人謬論致誤事機糜帑殃民莫此為甚使該督等

捫心自問尚有何顔對數百萬災黎耶兹經吏部

議將琦善等照溺職例革職本應悉照部議即予

褫革姑念琦善平日辦事尚屬認真河務本係兼

在山東道接任[illegible]知[illegible]

轄著即開缺加恩降為二品來京另候簡用張井

潘錫恩專司河務種種貽誤其咎更重惟此時若

遽將伊等罷褫轉得置身事外豈反令他人代為

補救乎張井潘錫恩俱著改為革職留任八年無

去頂帶仍留河營工

以觀後效

過方准開復此係朕格外加恩俾令戴罪自贖若

果能激發天良於伏秋大汛經臨全河悉保安瀾

今歲明年重運均能

回空毫無阻滯尚可少贖前愆倘河湖運道稍有

疎虞必當從重治罪決不寬貸其部議降三級調

用之淮揚道鄒錫淳淮海道羅琦俱著加恩改為

降四級留任不准抵銷欽此

七七二

嚴烺

揭估黄河兩岸隄埝提戧各工

由

奏

另○隨發

曾年言

三品頂帶署理河東河道總督臣嚴烺跪

奏爲勘估東黄河兩岸隄埝戧各工均估加高培厚

完整以防大汛異漲稍保無虞恭摺

奏祈

聖鑒事竊照豫東黄河本年底水較大來源之旺

早下游各廳去水又較多於上游恐大汛異漲

水勢較高各工不免吃重經臣奏奉

諭旨勅將應行籌備各事宜迅速估辦復經臣欽遵

飭道廳量隄埝土水丈尺均估加高核準方

行

奏在附片陳明在案查黄河兩岸大隄自道光

元年以後逐歲增培較之從前倍爲高厚矣

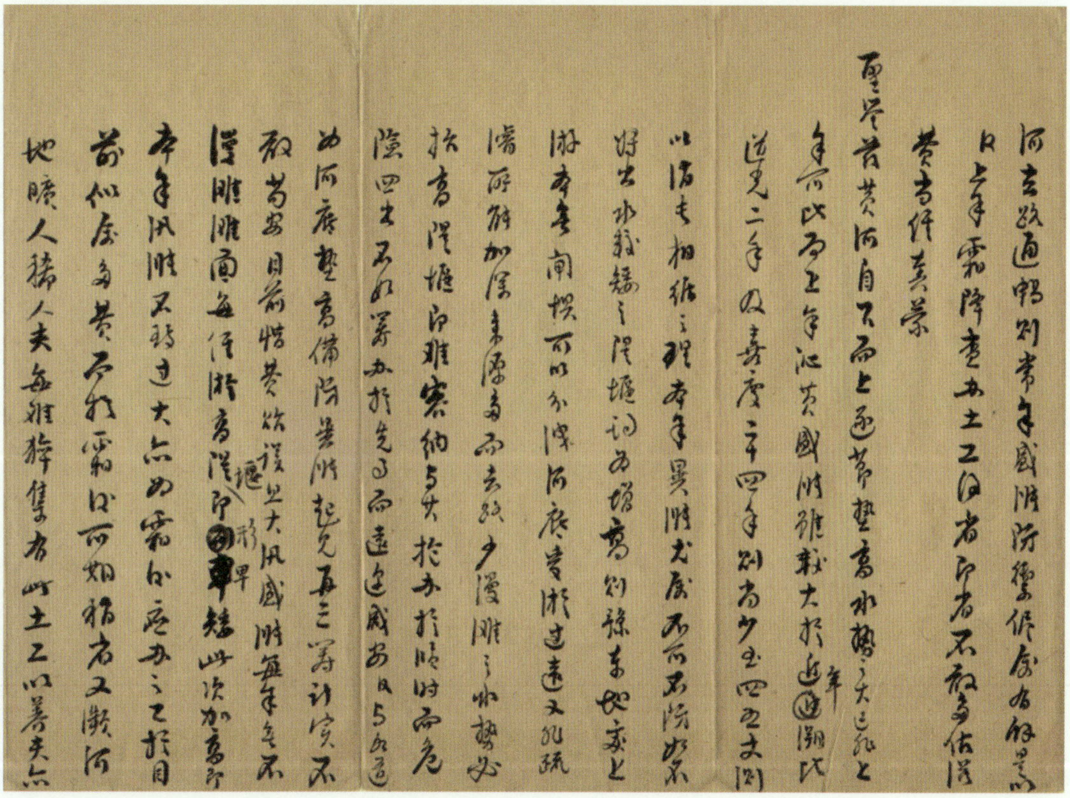

而籍資大風防護之用現據將隄埝埧戧土水
土尺丈逐段報量詳上下游形勢擇其土水較
者分別加高並幫築子埝其舊頂較窄不敷
加高者或先兩面幫寬或先一面幫頂隨並埧
臺加幫寬大子埝以備埽檐鑲埽並有隄埝較
高者隨估加石河勢擋道土性係沙因隄形
陡削水牢從前難防進並須幫寬包淤幫戧埧
底與加高之工一并估辦以資防守除取土較易
之工每方核照例價外其剝沙遷遠隔水隔隄
難高遠遠無定處難者每方於例價外酌加津
貼銀二分四厘八分四厘及一分八分四厘不等由河
南開歸道陳彥河北道王鳳生山東兗沂道
東吉開報其需當案以按月分攤過將逐加
復核分別刪減所估加高並幫寬添築等
工連埧補還刊寬刊還槽坑埝戧鉄須計南
北兩岸餘衛撲歸河二所減後外餘者十一所
共估例津二價銀九萬一千四百四十六兩零有
者有河第河兩所及南灘所之前上風共估例

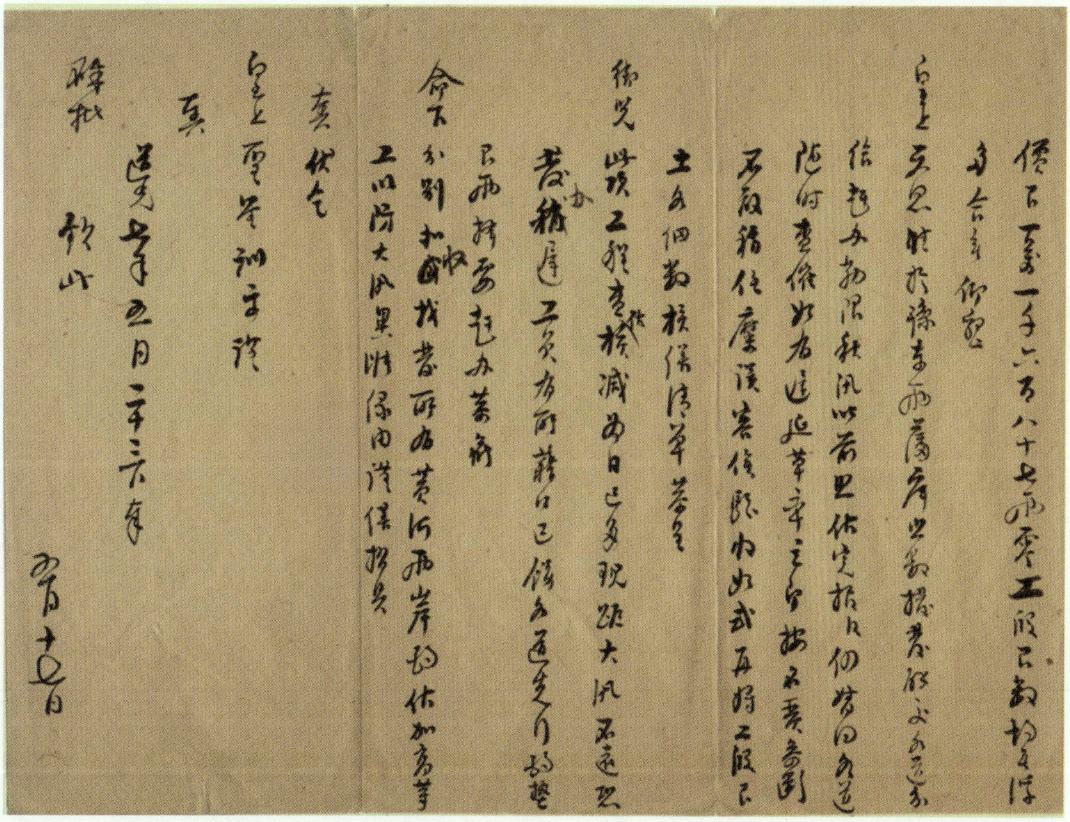

[illegible]

奏伏乞

皇上聖鑒訓示謹

奏

道光七年五月二十六日奉

硃批 欽此

七七三

特依順保 西寧蒙番相安情形

奏 ○ 閏五月三十日

奴才特依順保跪

奏為查明西寧黃河南北蒙番現在均屬和好情形恭摺具

奏仰祈

聖鑒事。竊奴才到任後，因青海各旗蒙古去歲被黃河迤南野番乘凍冰渡搶刼，雖經痛剿，究係南番情，誠恐尚有藏匿野番及蒙古逗遛內地，當經通飭沿邊文武暨青海兩翼蒙古盟長等查於本山後各隘嚴密稽查具報。去後，近據各文武及該盟長等報稱，河北現在實無藏匿野番，內地亦無逗遛蒙古。並據各旗蒙古王公連日陸續謁見，奴才逐一面詢，均稱河北現在

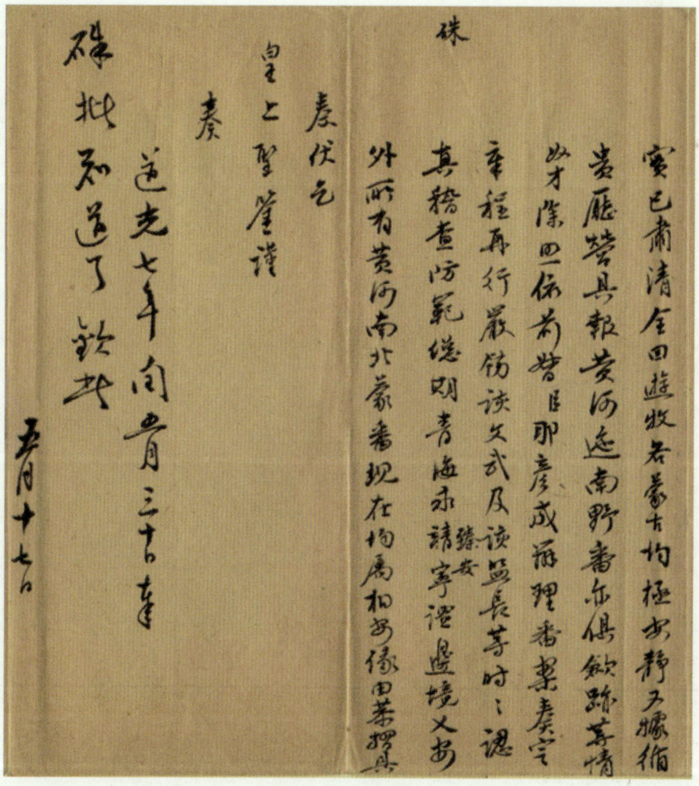

硃

寔已肅清全回遊牧各蒙古均極安靜又據循
貴廳營具報黄河迤南野番亦俱斂跡等情
奴才隨照依前督臣那彥成辦理番案奏定
章程再行嚴飭該文武及該盟長等時時認
真稽查防範總期青海永靖綏安寧謐邊境又安
外所有黄河南北蒙番現在均屬相安緣由恭摺具
奏伏乞
皇上聖鑒謹
奏
道光七年閏五月三十日奉
硃批知道了欽此
六月十七日

七七四

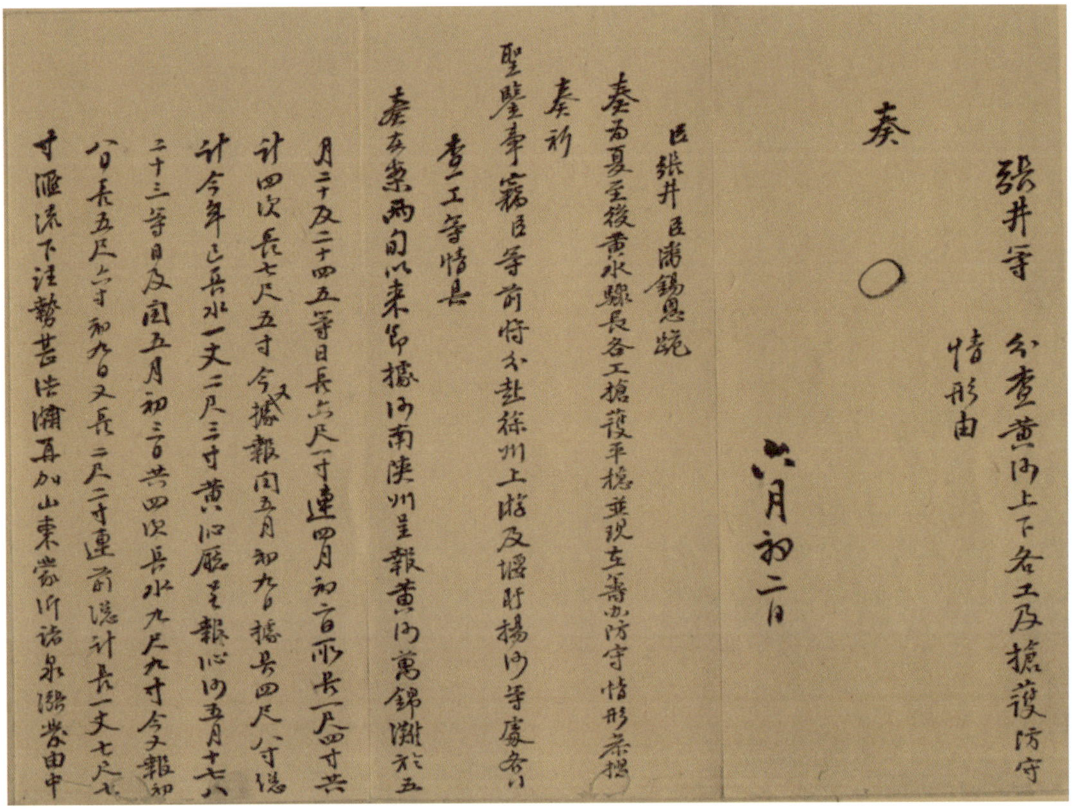

張井等 奏查黃河上下各工及搶護防守情形由

奏

〇

六月初二日

臣張井臣潘錫恩跪

奏爲夏至後黃水驟長各工搶護平穩並現在籌辦防守情形恭摺

奏祈

聖鑒事竊臣等前將分赴徐州上游及揚河等處各

查工等情具

奏在案兩旬以來節據河南陝州呈報黃河萬錦灘於五

月二十及二十四五等日長六尺一寸連四月初旬所長一尺四寸共

計四次長七尺五寸今又據報閏五月初九日續長四尺八寸總

計今年已長水一丈二尺三寸黃沁廳呈報沁河五月十七八

二十三等日及閏五月初三日共四次長水九尺九寸今又報初

八日長五尺六寸初九日又長二尺二寸連前總計長一丈七尺七

寸匯流下注勢甚洶湧再加山東省所諸泉滋漲由中

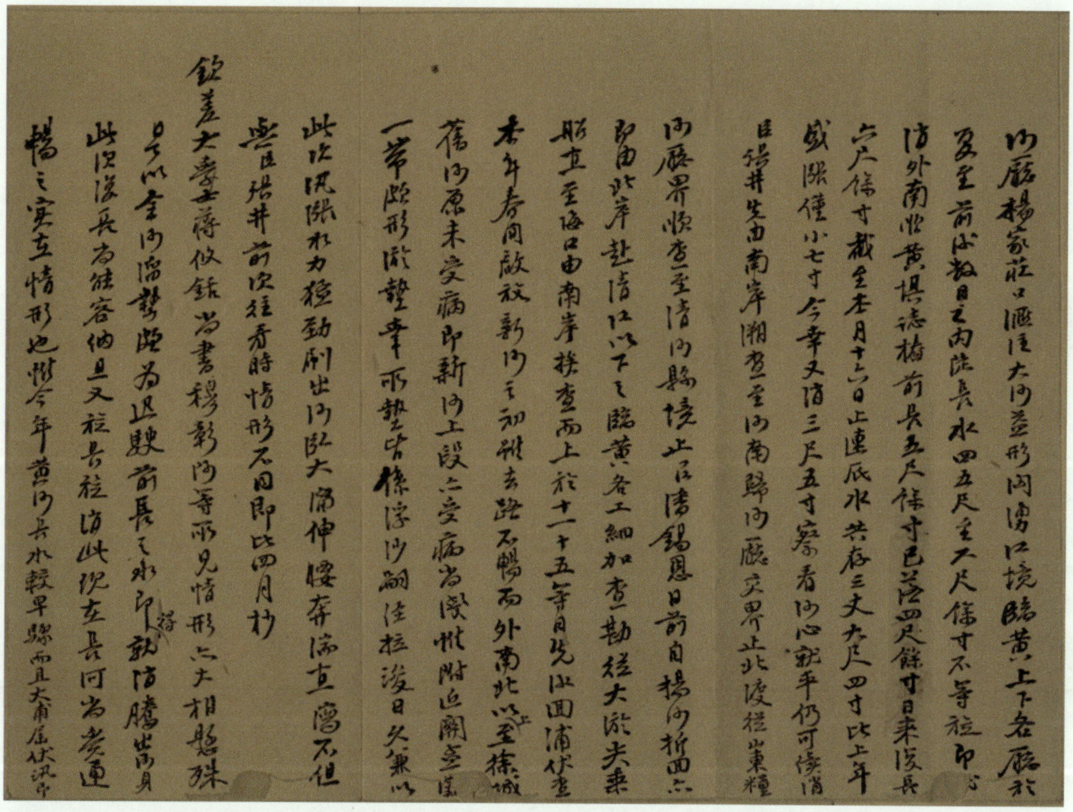

河廳楊家莊口滙注大河並形内湧江境臨黃上下各廳於
夏至前後數日之内陡長水四五尺至六尺係寸不等祗即六
河外南北黄堤德楨前長五尺係寸已落四尺餘寸日來復長
六尺係寸截至本月十六日止連底水共存三丈九尺四寸比上年
盛漲僅小七寸今年又消三尺五寸察看河心就平仍可漸消
臣揚井生由南岸溯查至河南歸河廳交界止北渡往山東糧
河廳界順查至清河縣境止臣清錫恩日前自揚河析回亦
即由北岸赴清江以下之臨黃各工細加查勘往大溜尖衝
段直至海口由南岸接查而上於十一十五等日先後回浦伏查
本年春間啟放新河之初雖去路不暢而外南北以上至禄城
舊河原未受病即新河上段亦受病尚屬附近關岔係
一帶既形淤墊幸兩岸皆條浮沙刷注極後日久兼以
此次汛漲水力猛勁刷出河路大溜伸腰奔溜直灣不但
與臣楊井前次往看時情形不同即比四月初
欽差大學士蔣攸銛尚書穆彰阿等所見情形亦大相懸殊
是以全河溜勢既爲迅駛前長之水即將就消騰出尚且
此次漲長爲能容納且又祗長祗消此次左長河尚處通
暢之實在情形也惟今年黃河長水較早歸而且大兩屆伏汛

已水勢陡漲此後每日方長防守倍關緊要臣等悉心體察

南岸李莊欽岱後營廳汛及沁防各縣汛遵守安瀾總使隄

上節節有人堡堡有守風雨晝夜時時比晴晝更須小心以期有

備無患其與豫東交界之蕭南豐北兩廳汛地綿長瀕臨

槽錯出一經成險漫灘處處可虞而蕭南豐北尤甚現飭

該道廳等相機擇要估築土格酌添防風秫稭串溝之水

並多備防險料物該道專管並隄分段駐守至南北兩岸險

面高堵及風暴廳險要各工段均須預先防護以保出槽漫

灘之水如宿南廳蔡汛之李家莊一帶隄工前因北面切

灘當去秋河勢北趨復於南卧單隄吃重自田家房起

小三堡工尾止加高補築縷隄一道長七百罕九丈朱家莊外

灘續塌沿隄根趕築土格一道長一百五十餘丈格頭接

築圍埽外拋碎石以資抵禦洋河風岳七堡迤西亦因當提

埽灘坍循灣側注節節生險自去十一堡迤上起隄身南圍

之處加直築越隄一道長九百八十餘丈再於越隄下段起

至河唇止築攔水挑堤一道長七十餘丈盤做裹頭雁翅

護埽外拋碎石睢南廳蕭汛之張里鋪舊埽從閑處所

於河水驟長溜趨剛出搶做新埽長[illegible]八十餘丈又子外南

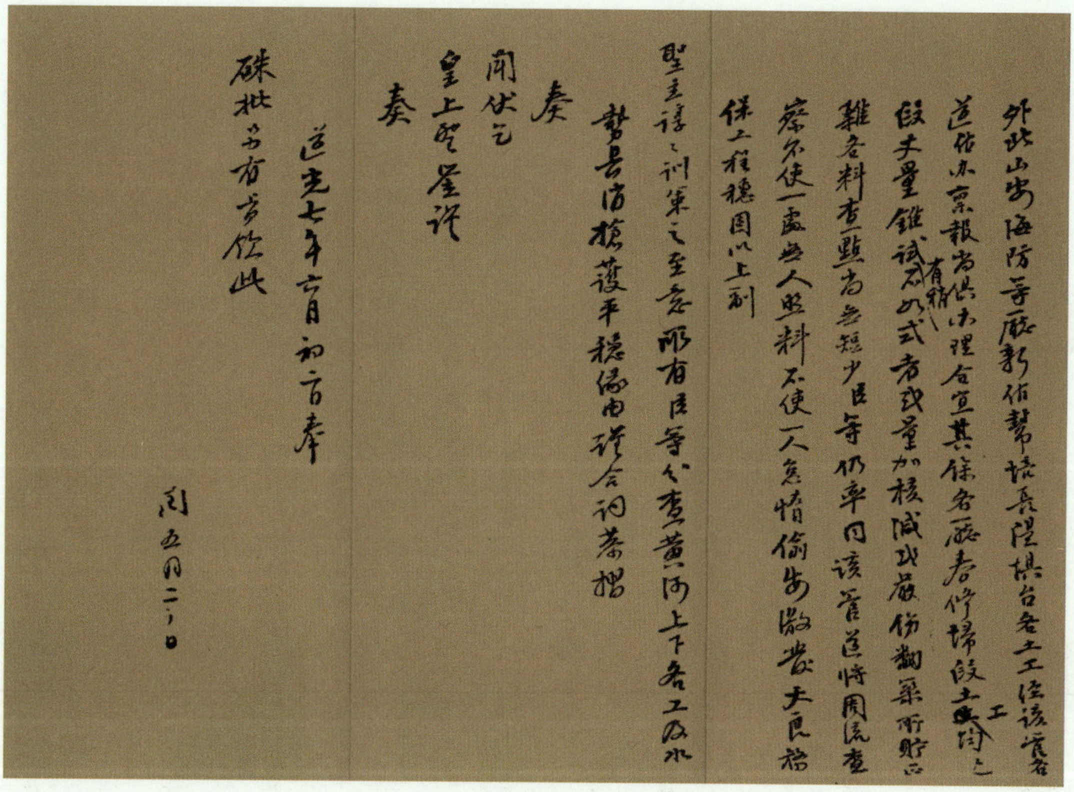
外此山安海防等廳新估幫培長隄填台各土工俱該管各
道估計稟報尚屬核實合宜其餘各廳春修埽段土工間之
段丈量錐試有稍不如式者或量加核減或嚴飭翻築所貯正
雜各料查點尚無短少臣等仍率同該管道將周流查
察不使一處無人照料不使一人怠惰偷安總期大局穩
保工程穩固以上副
聖主諄諄訓策之至意所有臣等分查黃河上下各工及水
勢長消穩護平穩緣由謹合詞恭摺
奏
聞伏乞
皇上聖鑒謹
奏
道光七年六月初六日奉
硃批另有旨欽此
閏五月二十日

七七五

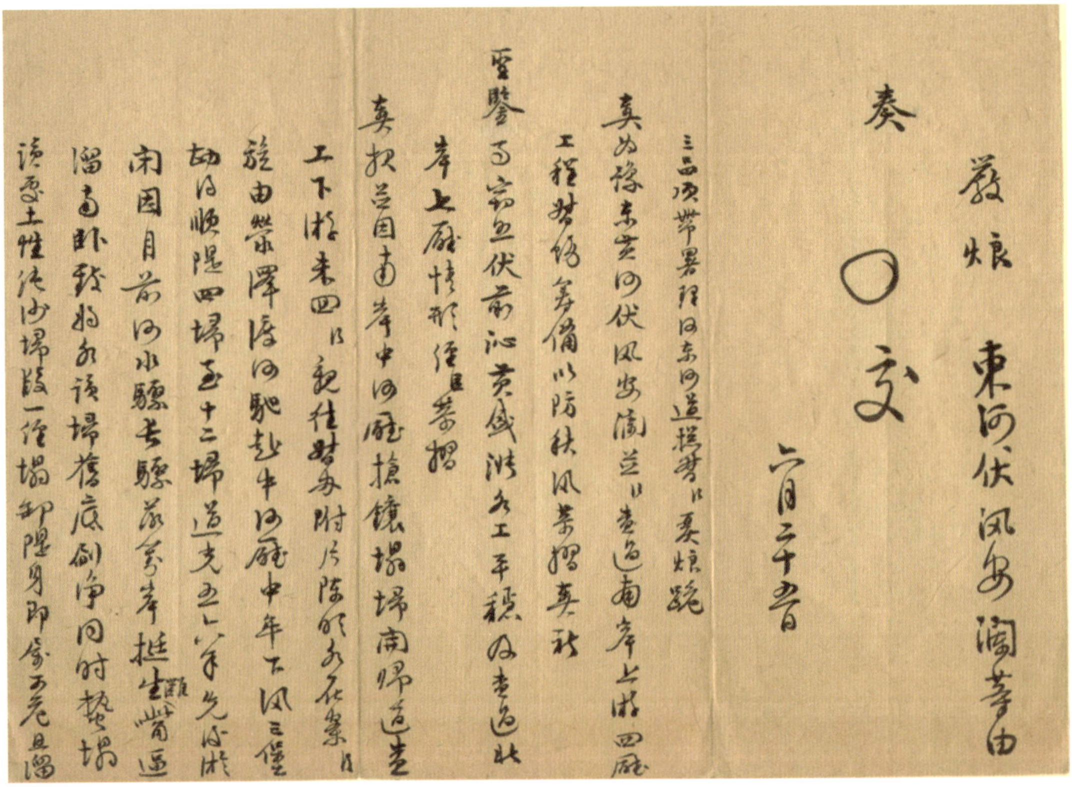
發報 東河伏汛安瀾等由

奏 ○交 旨二十四

三品頂帶署理河東河道總督臣奕烺跪

奏爲豫東黃河伏汛安瀾並親赴查勘南岸上游四廳

工程趕緊籌備以防秋汛恭摺具

聖鑒事竊照伏前汛黃盛漲各工平穩及查勘北

岸上游情形經臣恭摺

奏報並因南岸中河廳搶鑲埽壩南歸道告

工下游未四日親往督辦附片陳明在案自

該由滎澤經河驛赴中河廳中牟下汛三堡

勘得順隄四埽至十二埽道光五六年先後搶

辦因目前河水驟長驟落塌嶺生險

溜勢趨刷各該埽舊底刷透同時墊塌

該處土性沙埽段一律鑲卸隄身即險工處溜

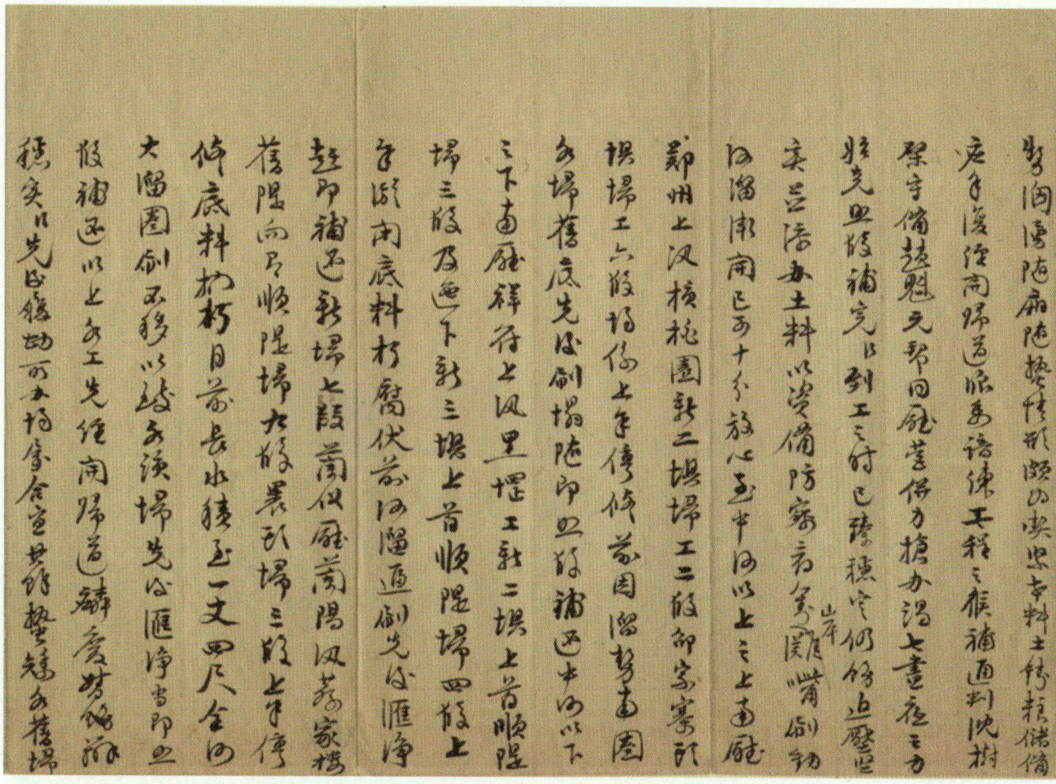
督同廳汛隨勢接修[illegible]與[illegible]料土修積儲備
應手。復經開歸道臨工督練，工程已獲補。通判沈樹
聲、守備蘇魁元帮同廳營併力搶辦，得以晝夜之力
將走失段補完，目到工之時已臻穩定。仍飭迎溜壓
要之處存土料，以資備防。嗣於（山岸）兜灣壩嘴刷動
河溜漸南，已有十分放心。至中河以上之上南廳
鄭州上汛楊橋園新二堡埽工二段，郭家寨頭
堡埽工六段，據修守等傳修；前因溜勢南園
各埽舊底先後刷塌，隨即照段補還。中河以下
之下南廳祥符上汛黑堽工新二堡上首順隄
埽三段及迤下新三堡上首順隄埽四段，上
年隨南底料朽腐，伏前河溜逼刷，先後滙淨
墊即補還新埽七段。蘭儀廳蘭陽汛蔣家樓
舊隄向有順隄埽九段，其頭埽三段，上年停
修，底料朽朽，目前長水搪至一丈四尺，全河
大溜圍刷不移，以致各該埽先後滙淨，當即照
段補還。以上各工先經開歸道鐸慶督飭廳
營實力[illegible]，而本摺會同[illegible]堅穩，各舊埽

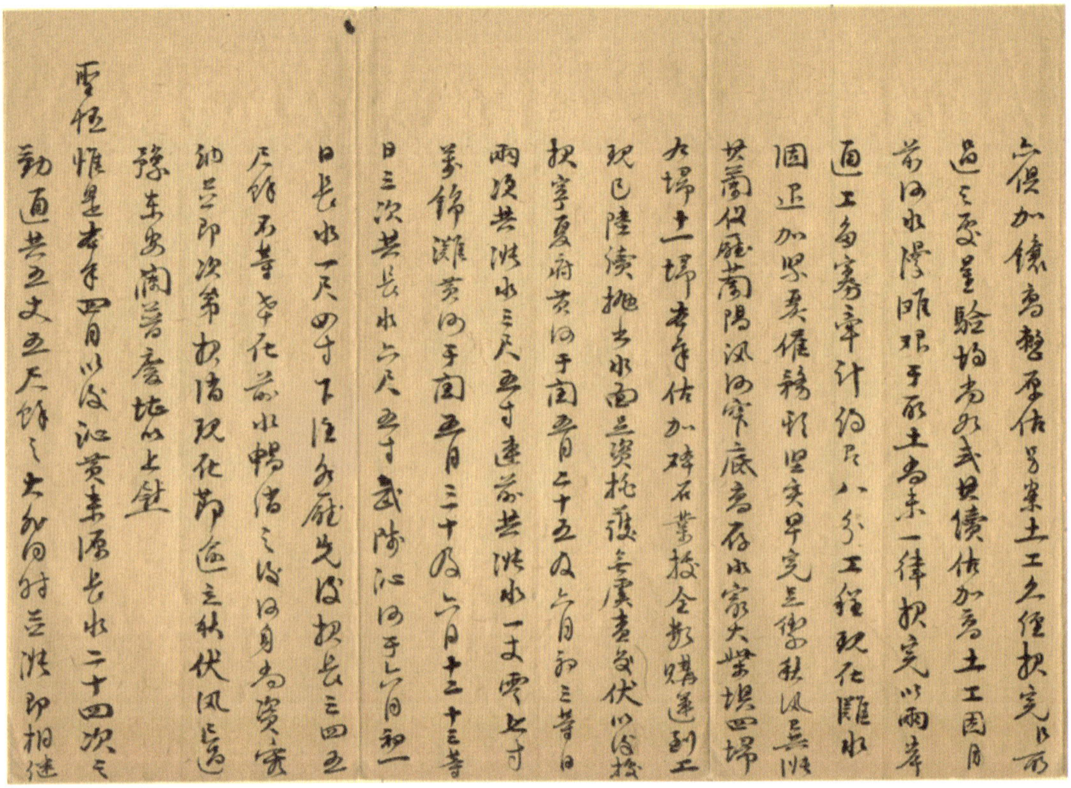

應俟加鑲高墊原估另案土工各經挑完已於兩
岸逐一丈量驗收均屬如式堅實估加高土工因目
前河水瀰漲取土維艱未能一律挑完以兩岸
通工而論牽計約只八分工程現在雖水
涸退加緊趕辦務期早完足禦秋汛異漲
其蘭儀睢蘭陽汛河窄底高存水處大堤壩四埽
大埽十一埽本年估加磚石業據全數購運到工
現已陸續拋出水面足資托護無虞查伏汛以後據
報寧夏府黃河於閏五月二十五及六月初三等日
兩次共漲水三尺五寸連前共漲水一丈零七寸
又萬錦灘黃河於閏五月三十及六月十二十三等
日三次共長水六尺五寸武陟沁河於六月初一
日長水一尺四寸下注各廳先後報長三四五
尺餘不等幸在前水暢消之後河身尚寬容
納是以次第報消現在節逾立秋伏汛已過
豫東安瀾普慶堪以上慰
聖懷惟是本年四月以後沁黃來源長水二十四次次
動逾共五丈五尺餘之大為向所無洪即相繼

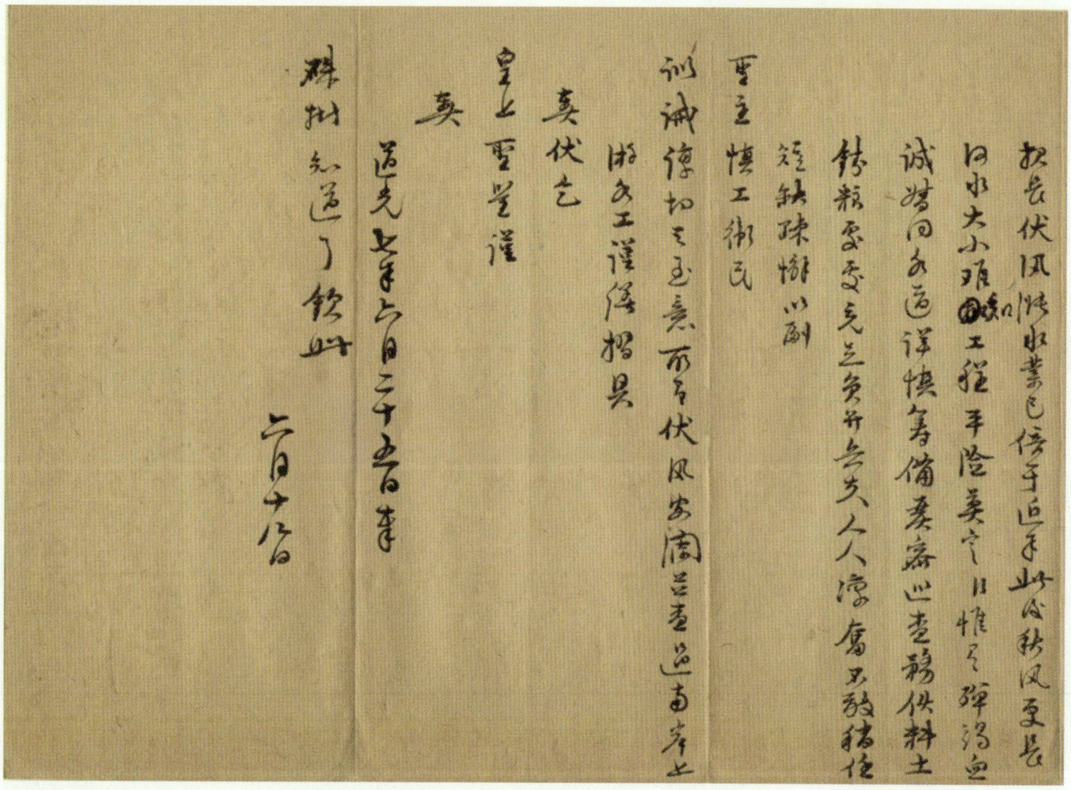
秋長伏汛洪水業已停平，近年此後秋汛更長，
向來大小難知工程平穩異常，且惟是彈壓
誠將向來道詳慎籌備，奏派巡查，務使料土
錢糧悉受免其虚無失，人人深屬不致稍任
疏懈，以副
聖主慎工衛民
訓誡諄切之至意。所有伏汛安瀾並查過南岸上
游各工謹繕摺具
奏伏乞
皇上聖鑒謹
奏
道光七年六月二十五日奉
硃批：知道了。欽此。
六月十四日

七七六

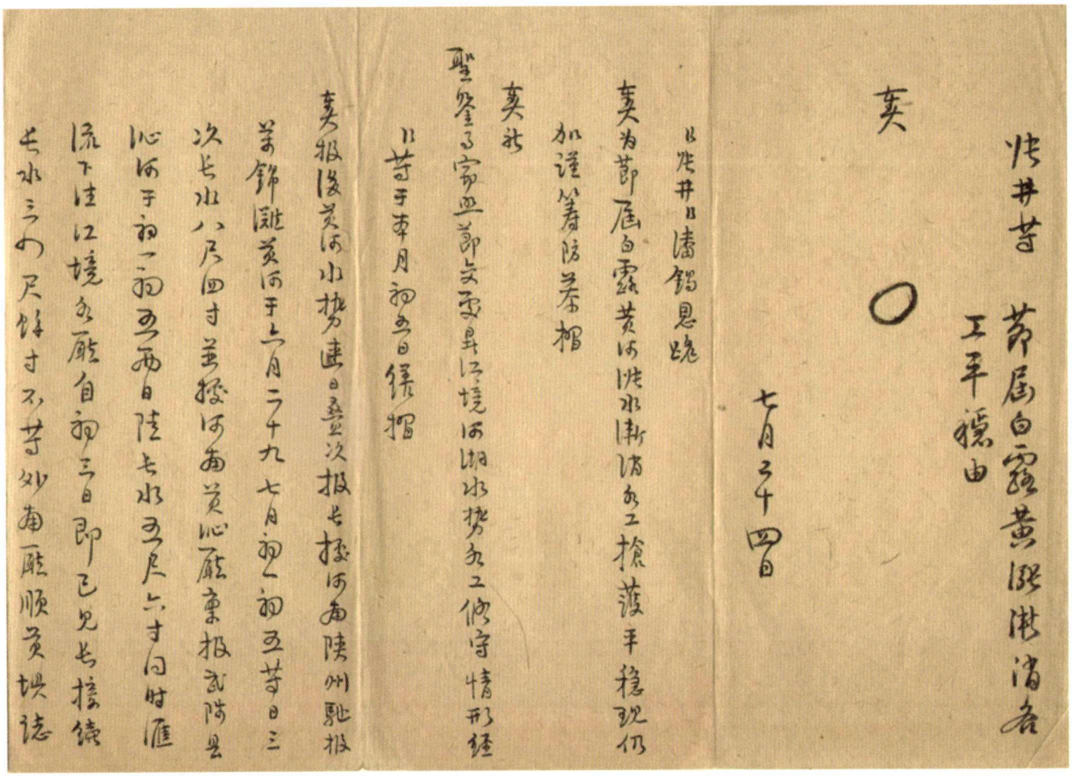
張井奏 節届白露黃河湖汛消落各工平穩由
奏 ○ 七月二十四日
臣張井、臣潘錫恩跪
奏為節届白露黃河洪水漸消各工搶護平穩現仍加謹籌防恭摺
奏祈
聖鑒事。竊照節交白露，江境河湖水勢各工修守情形，經
臣等于本月初五日繕摺
奏報。後黃河水勢連日疊次報長，據河南陝州馳報
等飭馳黃河于六月二十九、七月初二、初五等日三
次長水八尺四寸，並據河南黃沁廳稟報，武陟縣
沁河于初二、初五兩日陸長水五尺六寸，同時匯
流下注江境。各廳自初三日即已見長，接續
長水三四尺餘寸不等，外南廳順黃壩誌

椿積存四丈三寸較上年盛漲已大二寸徐屬
上游各廳灘面積高已有出槽上灘之處其
自桃南北以下則普律漫灘直抵堤根勢尤浩
瀚查歷年汛漲以道光二年之水爲最大是年
甘肅寧夏未報長水白露以前萬錦灘長水
十四次沁河長水十九次本年寧夏報長水三
次萬錦灘報長十五次沁河報長十六次合計來
源已共長水七丈九尺四寸較比道光二年已大
至九寸江境下游雖自歷年淤墊頗高而來源寔
屬過于旺盛當河水驟長之際大雨傾盆各工
在在吃重如宿北廳古城汛管家莊山安廳
東汛孫家莊海防廳童營汛唐家堡工
尾或舊有埽工或新開舊工皆因水長溜至均存
灘舊埽場尽潰及堤坡均即趕鑲新埽共鑲
廳迎溜刷墊埽段不一而足幸料物均備充
足復經各道分投馳赴督飭廳營隨時加廂高
厚其漫灘水至堤根亦擇其積水寬深最扼風
浪處所均鑲防風以資抵禦自十一日以後天氣

放晴河水亦漸消落各工均臻穩定洪澤湖水章
淮源來之高堰誌樁仍存水七丈六尺二寸下游
揚河揚糧兩廳河湖水勢亦各消長照此情形
高郵東岸各壩竟可不放下河各州縣秋禾
雜糧次第收穫民情極為歡悅查此次黃沁
兩河因伊洛大雨並漲以致江境水勢連日
積長不消而大溜東趨異常猛迅幸上下游南
北兩岸堤工本年先經加幫足資捍衛維屬分
地各開挑淤以堅守不放俾大河溜勢全力攻刷
現據各處勘量中段積淤經此次盛漲後
間有加深而全埂淤形勢較前暢順現已節交
白露順黃壩誌樁存水三丈五尺九寸河湖
各工一律平穩洵堪仰慰
聖懷惟現距霜降尚有四十餘日汛期方長且秋水
洶漲搶險正河防喫緊之時料物雖經寬備
而應用多存少派防已臻周密尤恐日久懈生日
弁惟有督飭道將實力稽查盡心籌備慎益加
慎務保安瀾以仰副

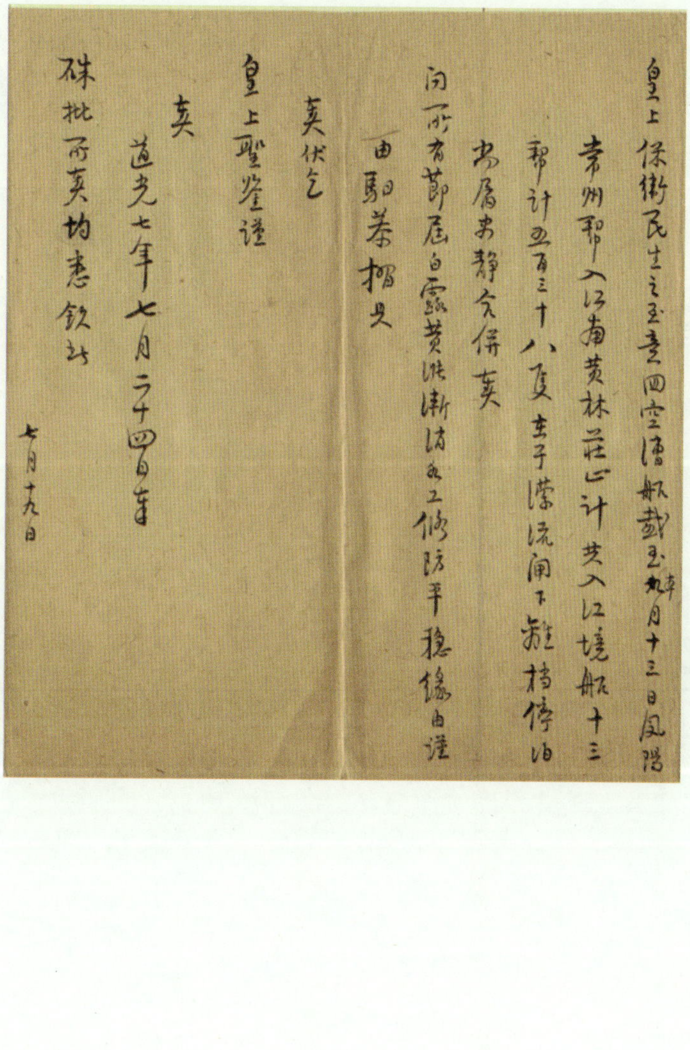

皇上保衛民生之至意。回空漕船截至本月十三日，鳳陽

常州幫入江南黃林莊已計共入江境船十三

幫，計五百三十八隻。其在濛流閘下難於停泊

尚屬安靜。合併奏

聞。所有節屆白露，黃洪漸消，各工修防平穩緣由，謹

由驛恭摺具

奏伏乞

皇上聖鑒。謹

奏

道光七年七月二十四日奏

硃批：所奏均悉。欽此。

七月十九日

七七七

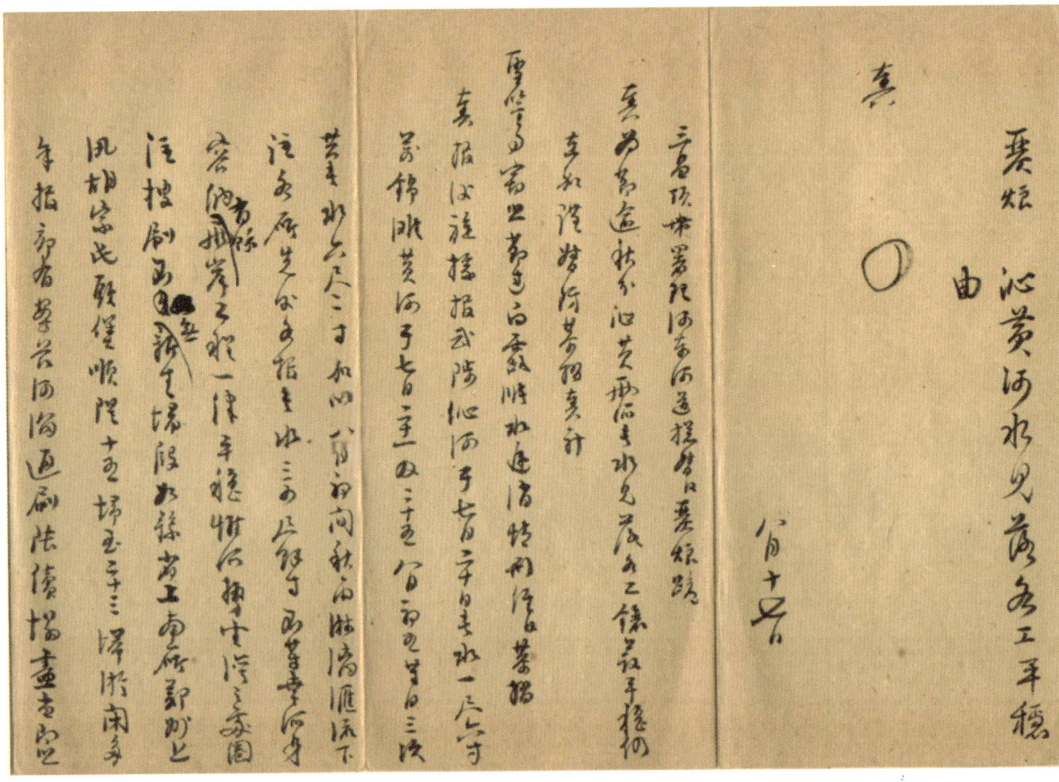

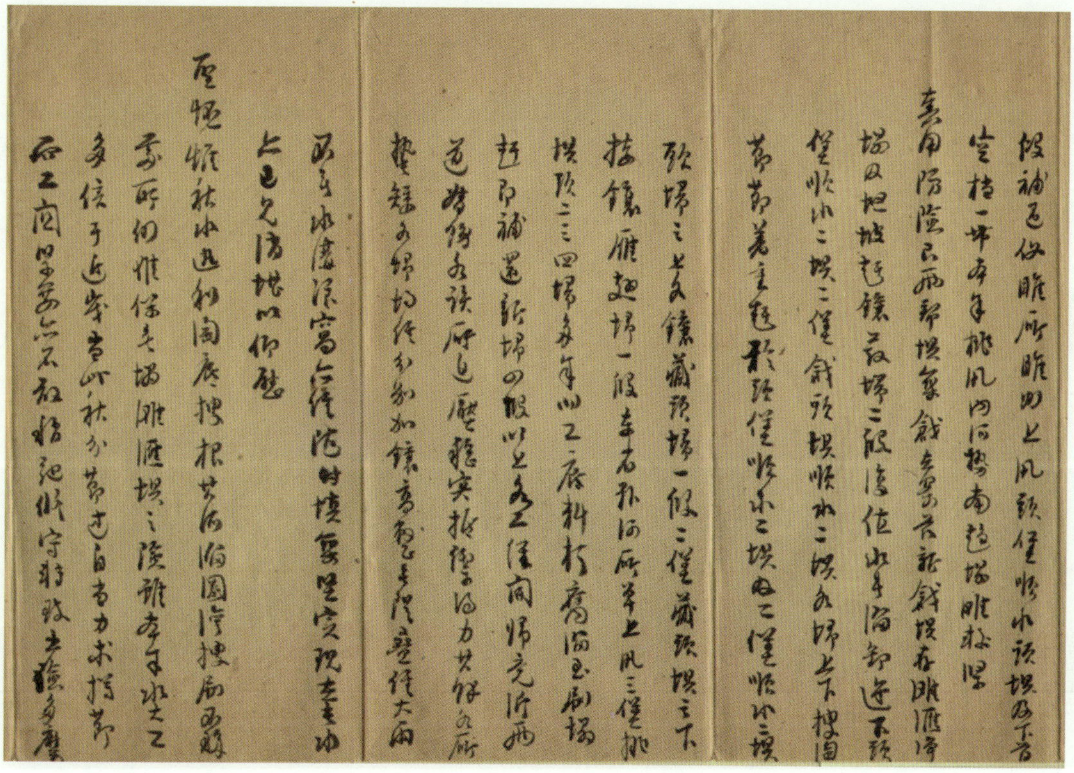

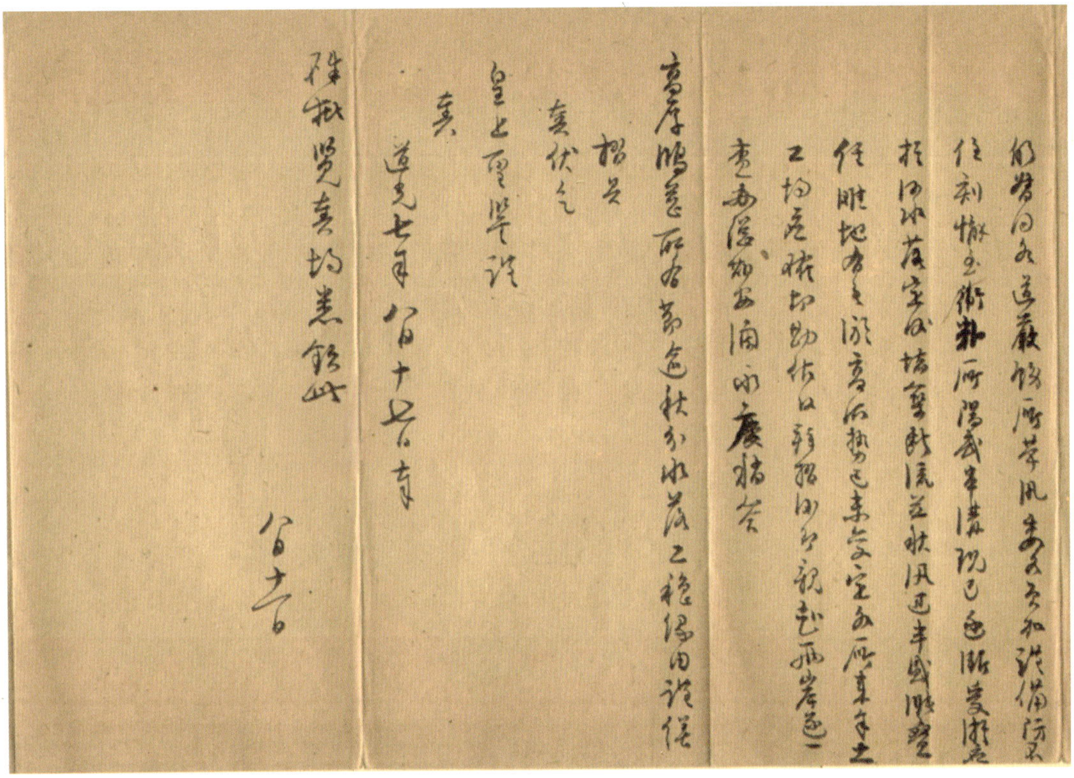

[illegible]

高厚鴻慈，所有節逾秋分水落之後緣由，謹繕摺具奏，伏乞皇上聖鑒。謹奏。

道光七年八月十六日

硃批：覽奏均悉。欽此。

八月十六日

七七八

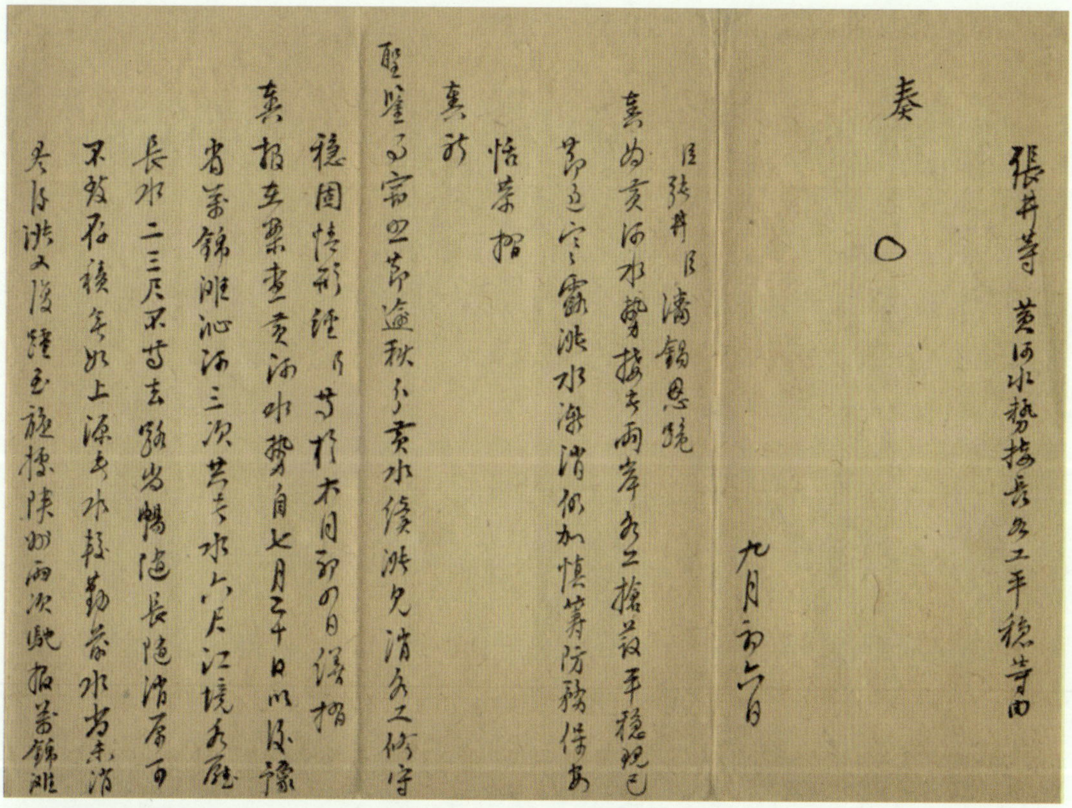
張井等 黃河水勢接長各工平穩等由

九月初六日

奏 〇

臣張井 臣潘錫恩跪

奏爲黃河水勢接長兩岸各工搶護平穩現已

節逾霜降水漸消仍加慎籌防務俾安

恬恭摺

奏祈

聖鑒事竊照節逾秋分黃水續漲兩岸各工修守

穩固情形經臣等於本月初四日繕摺

奏報在案查黃河水勢自七月二十日以後豫

省萬錦灘沁河三次共長水六尺江境各廳

長水二三尺不等去路尚暢隨長隨消原可

不致存積無如上源來水較勁當水尚未消

盡又漲又復續至旋據陝州兩次馳報萬錦灘

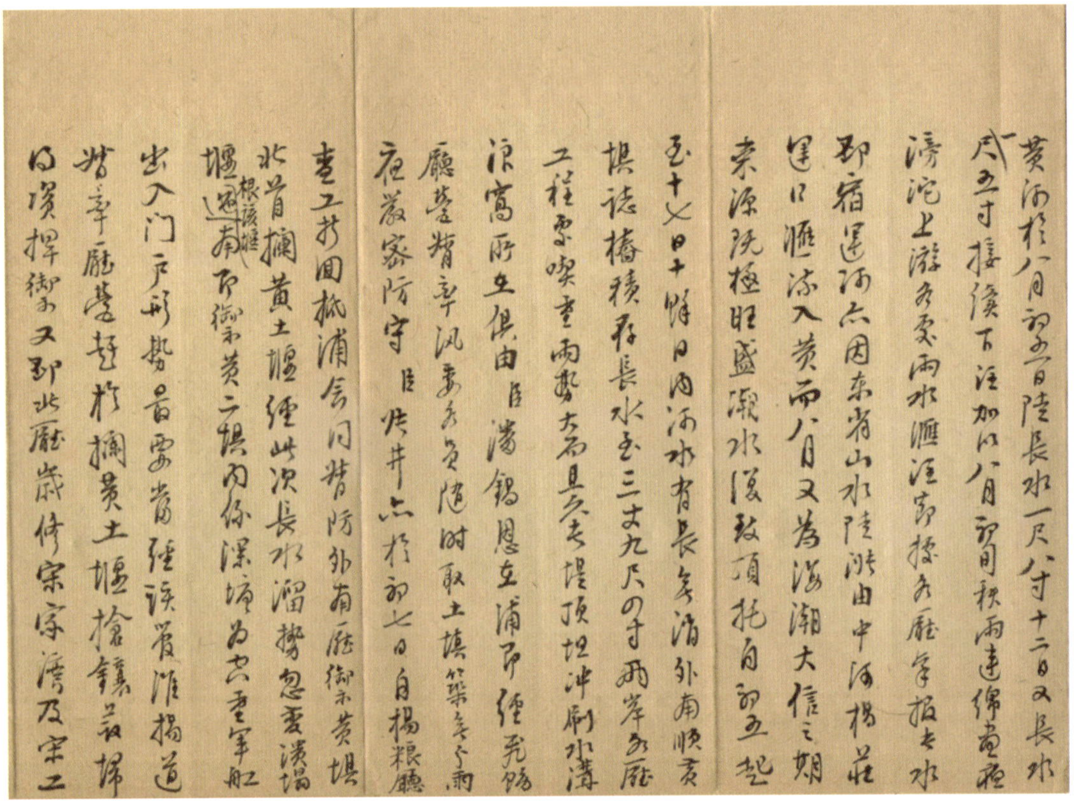

黄河於八月初五日陸長水一尺八寸，十二日又長水一尺五寸。接續下注，加以八月初間秋雨連綿，豫省濟沁上游各處雨水匯注，節據各廳稟報長水。即宿遷河亦因東省山水陸續由中河楊莊運口匯流入黄，而八月又為海潮大信之期，來源既極旺盛，瀉水復致頂托。自初五起至十七日十餘日內，河水有長無消，外南、順黄堤誌樁積存長水至三丈九尺四寸，兩岸各廳工程要喫重，雨勢大而且久，堤頂坦沖刷水溝浪窩所在俱有。臣潘錫恩在浦即經飭廳營督率汛弁多員隨時取土填築，各廳夜嚴密防守。臣[illegible]井亦於初七日自楊糧廳查工，於回抵浦會同督防外南廳御黄堤北首攔黄土壩，經此次長水溜勢忽變，淘塌壩根護埽過南，下御黄二堤內係深塘，為空重軍船出入門户，形勢最要。當經諭飭淮揚道督率廳營趕於攔黄土壩搶鑲並簽埽，以資捍禦。又即此廳歲修宗家灣及宋工

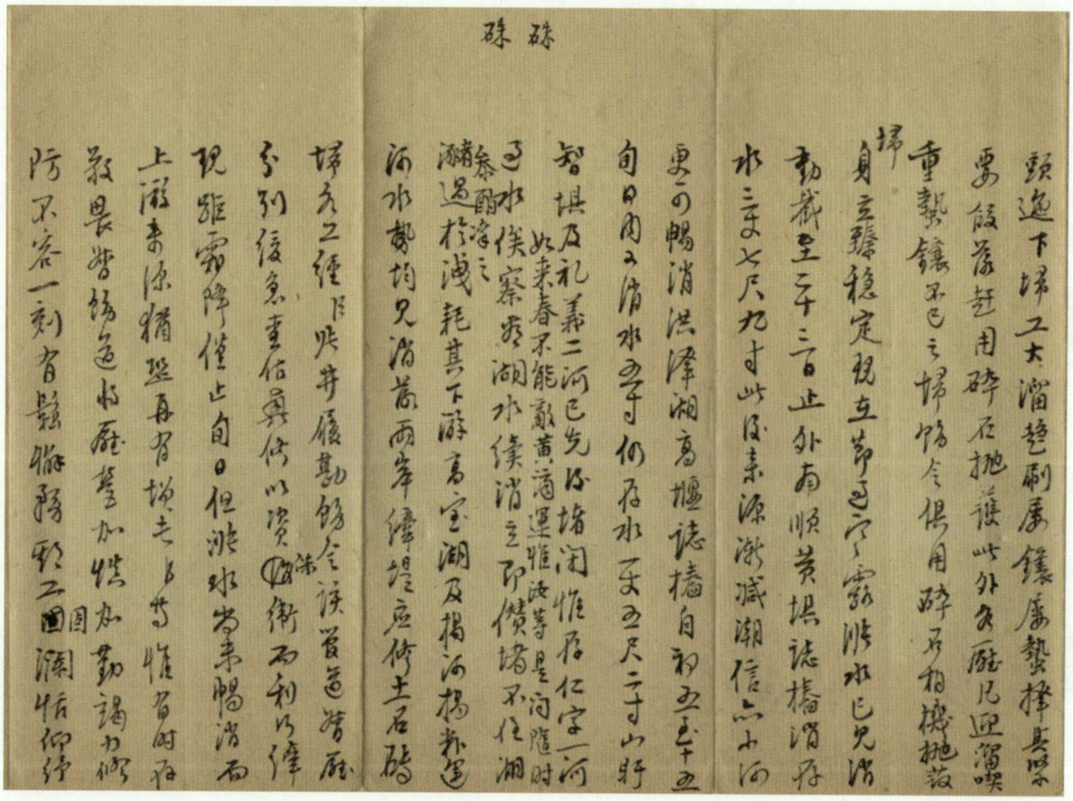
頭迤下埽工大溜甚刷底鑲底埽搶長[illegible]
要段落並用碎石拋護此外各廳凡迎溜喫
重埽鑲不已之埽悉令俱用碎石相機拋護
埽身立臻穩定現在節已寒露漲水已見消
動截至二十三日止外南順黃壩誌樁消存
水三丈七尺九寸此係來源漸減湖信亦小河
東之暢消洪澤湖高堰誌樁自初五至十五
旬日間又消水五寸仍存水一丈五尺二寸山盱
智壩及禮義二河已先後堵閉惟存仁字一河
如來春不能敵黃濟運難資等是河隨時
已水僕察看湖水續消之即債堵不任湖
奏酌濟之
瀦過於淺耗其下游高寶湖及揚河揚粮運
河水勢均見消落兩岸縴堤應修土石磚
埽各工經臣先後勘飭令該管道廳
分別緩急查估冀修以資捍衛而利漕
現雖霜降後止自但漲水當未暢消而
上游來源猶恐再有增長臣惟有時存
敬畏督飭道將廳營加緊夫勤謹力備
防不容一刻稍懈務期工固瀾恬仰紓

宸廑。所有節過空處河湖水勢亦消，撩設無工平穩情形，謹繕摺具

奏，伏乞

皇上聖鑒。再，回空漕船接報截至本月十九日止，共入江南黃林莊境四十二幫，計一千九百廿一隻，在於桃源宿遷境內挨次停泊，俱屬安靜，合併附陳。謹

奏。

道光七年九月初六日奉

硃批：知道了。欽此。

八月二十五日

七七九

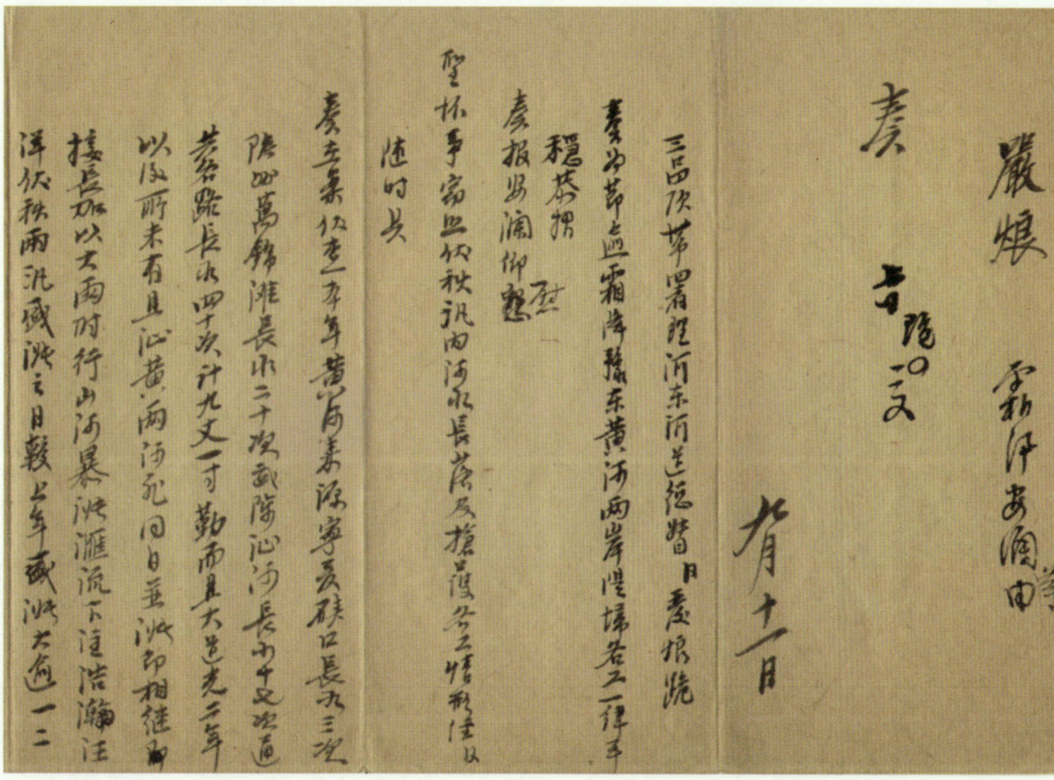

嚴烺 霜汛安瀾由

奏

十一月

三品頂戴署理河東河道總督臣嚴烺跪

奏為節逾霜降豫東黃河兩岸隄埽各工一律平穩恭摺

奏報安瀾仰慰

聖懷事竊照伏秋汛內河水長落及搶護各工情形迭經隨時具

奏在案伏查上年黃河[illegible]口長水三次陝州萬錦灘長水二十次武陟沁河長水十五次通落暨兩處長水四十次計九丈一寸勤雨且大道光二年以後所未有且沁黃兩河先同日並漲即相繼而接長加以大雨附行山河暴漲匯流下注浩瀚汪洋伏秋兩汛盛漲之日較上年盛漲大過一二

尺餘寸兩岸普律漫灘隄根積水至一丈內外
雖屢歷年秋汛水落之候來源仍有報長險
存水尚比上年盛漲為大以致兩岸隄埽各工
舊險新生層見疊出在在吃重鑲修夠未刻停
時值霜降下北岸並搶險處蒙
皇上天恩准將隄埧預行搶築穩於隄根普律加
高是以河水疊漲捍禦無虞兩岸居民咸臻安
堵其岸深若將防險錢糧復蒙
聖慈不惜帑金俾備充足得以應手鑲修無虞短絀
兩省督臣及廣司隨時撥款接應並派地方現任
佐雜各員協同防守以致蒇事
聖訓時日告誡該員等防不敢稍懈在工部委員等
甚幸真夫雖風雨泥濘中皆晝夜梭巡一律平
穩尤有幸者北岸衛糧廳所屬貳十九堡灘唇刷塌
河水岸溝北注切近大隄之坡隄河廳所屬貳
陽封封邱三汛隄長六十餘里土性純沙一經
全河北卧刷及隄根維不致踏該廳衝之處
撤而危險四出搶護萬難計非數十萬金

不能沿隄保固雖經臣 擇要於大隄南北築埧草
戧以備蟄至修守復於溝口及中間簽樁編
柳以冀流緩淤停而河溜難以預期臣不慄
慄危懼乃蒙
聖德感孚
河神默佑順隄河築埧鑲埽挑溜閘行隄根
陡漲刷動柳埧編底後溝內受淤厚至丈
許霜後即可築埧戧流以艱鉅不測之工所費
不過數萬竟能化險為平實為通工意計所
不及本月初五日節屆霜降普慶安瀾臣
即恭詣蘭陽惠安觀虔除
聖教祀謝
神庥遠近官民無不感頌
皇仁同深欢喜臣 欽感之餘莫名悚畏現在大河
長水雖未落盡而次第暢消溜勢較減實
屬可以放心仍飭各道率同廳營照舊巡防
候交冬令方准下隄臣 俟下北撥工十分穩
定後敬

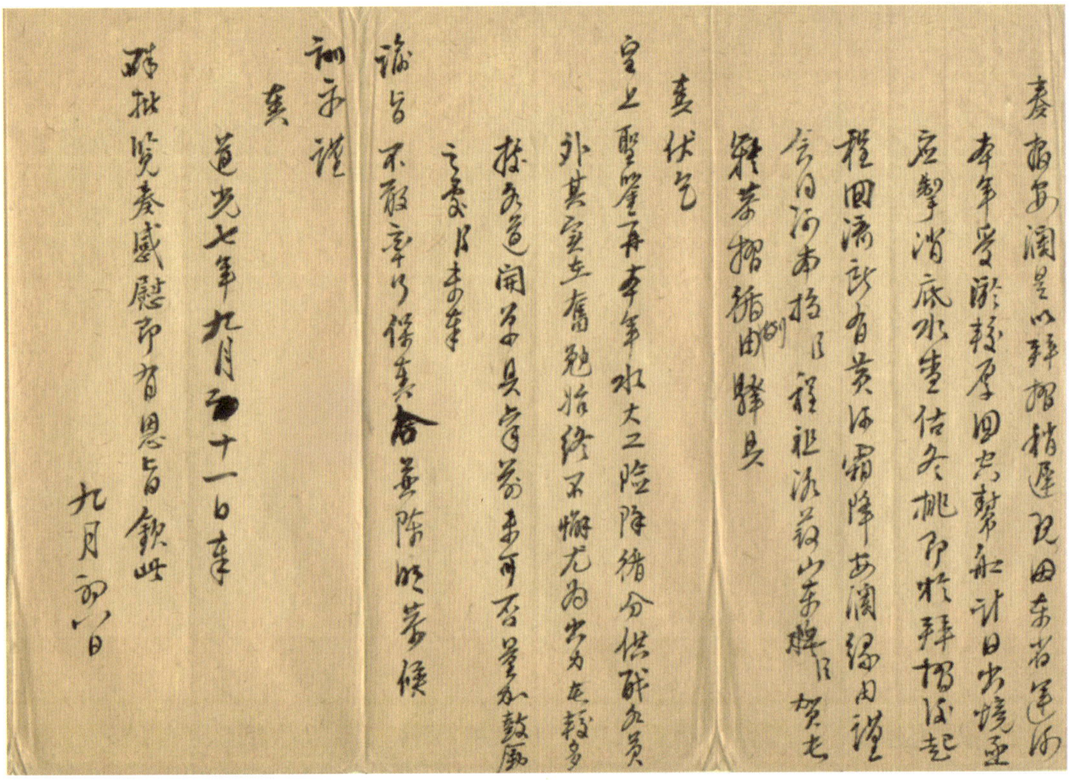

奏報安瀾是以拜摺稍遲現因秦省運河

本年受淤較厚因先勢剏計日出境亟

應挈消底水並估定挑即於拜摺後起

程回濟所有黃河霜降安瀾緣由謹

會同河東總督臣程祖洛山東撫臣賀長

齡恭摺循例由驛具

奏伏乞

皇上聖鑒再本年水大工險除備分供職各員

外其實在奮勉始終不懈尤為出力者較多

擬分道開單具奏籲懇可否量加鼓勵

之處臣未敢

諭旨不敢率行保奏合并陳明等候

訓示謹

奏

道光七年九月二十一日奏

硃批覽奏感慰即有恩旨欽此

九月初八日

七八〇

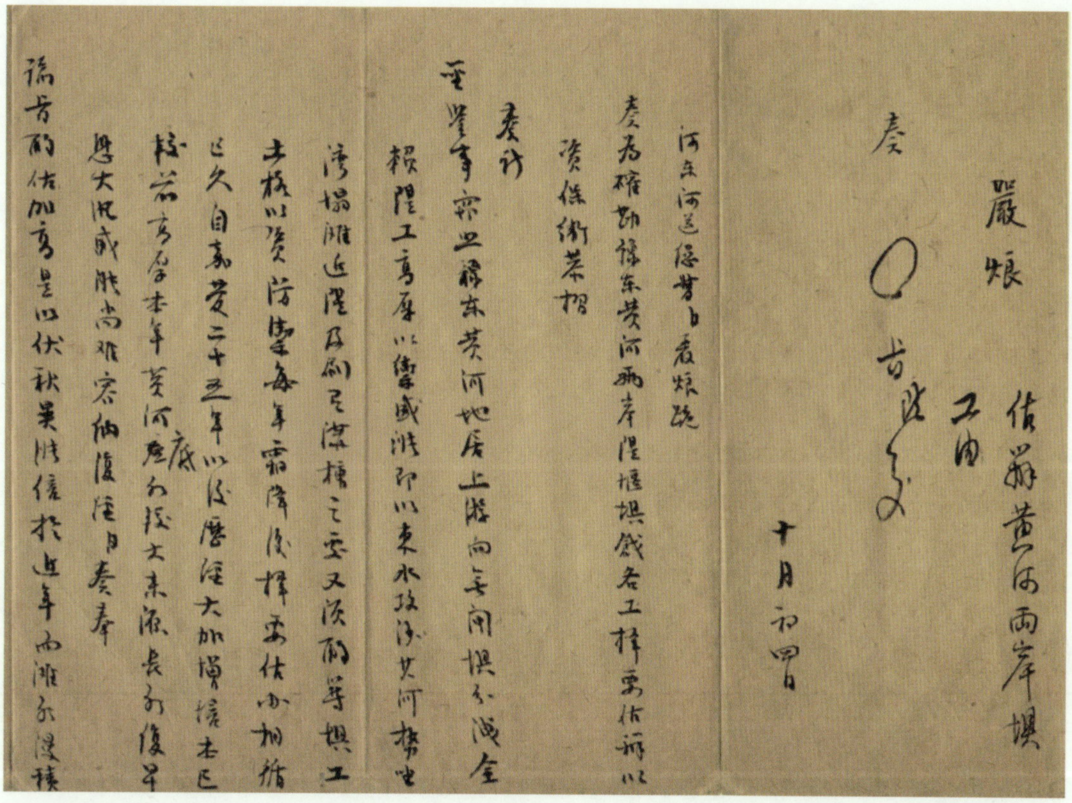

嚴烺
估辦黃河兩岸堤
工由
奏
〇旨[illegible]
十月初四日

河東河道總督臣嚴烺跪
奏為確勘豫東黃河兩岸隄堰歲搶工程妥估辦理以
資保衛恭摺
奏祈
聖鑒事竊照豫東黃河地居上游向無閘壩分減全
賴隄工高厚以禦盛漲即以束水攻沙其河勢溜
溜埽雖近隄身而已深積之要又須酌築壩工
土格以資防禦每年霜降後擇要估辦加培
已久自嘉慶二十三年以後屢經大加增培本已
稽[illegible]本年黃河底[illegible]太未減長[illegible]復早
恩大汛盛漲尚非容納復經臣奏奉
諭旨酌估加高是以伏秋異漲僅於近年兩灘分浸積

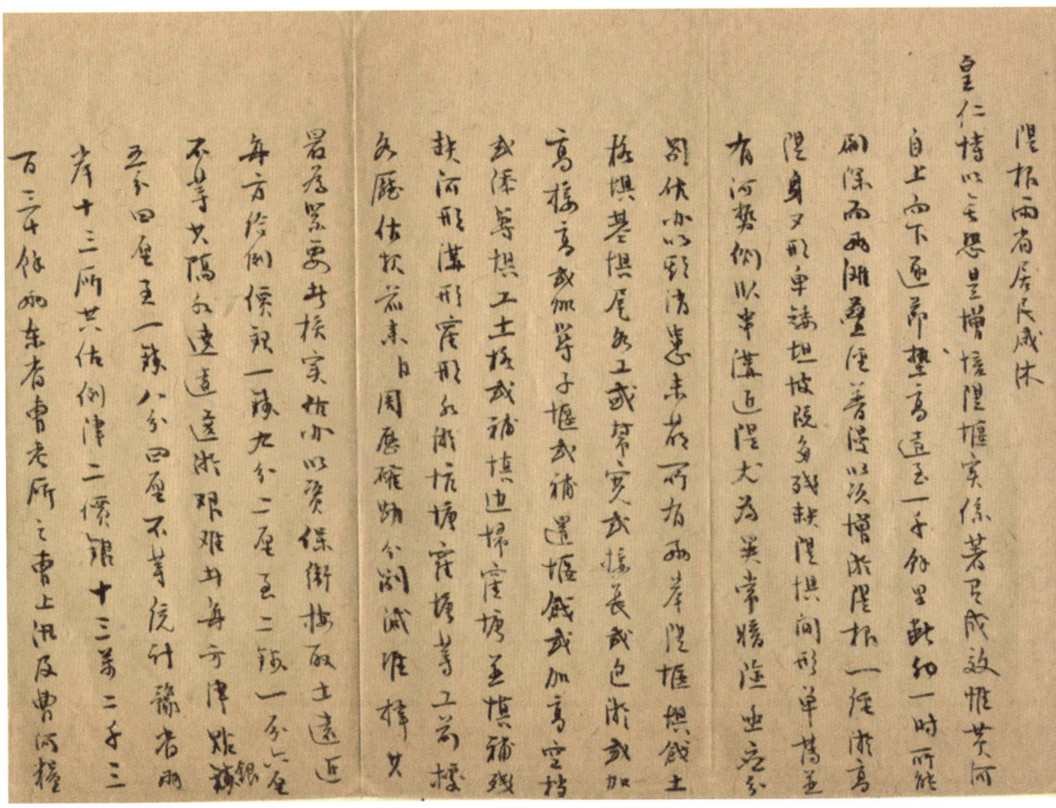

隄根兩旁居民咸沐
皇仁特以長恩呈增培隄堰實係著民咸效惟黃河
自上而下迤邐墊高逺至一千餘里數紀一時所能
兩保兩廂淤墊隄著隄以次增淤隄根一律淤高
隄身又形卑矮坦坡殘多殘缺隄根間形單薄并
有河勢例以卑溝通隄大為異常險溢也查分
別核亦以聽清患未有所有兩岸隄堰擬戧土
格堤甚堤尾或工或帮寬或接長或包淤或加
高接高或加幫子堰或補還堰戧或加高空襠
或深築堤工土格或補填迎埽窪塘並填補殘
缺河形溝形窪形分段坑塘窪塘等工前接
各處估計並未日周歷確勘分別減准核其
最為緊要者核實估亦以資保衛接取土遠近
每方估例價銀一錢九分二厘至二錢一分六厘
不等其隔水遠運遠淤艱難者每方津貼銀
五分四厘至一錢八分四厘不等統計需用兩
岸十三所共估例津二價銀十三萬二千三
百二十餘兩東省曹考所之曹上汛及曹河樓

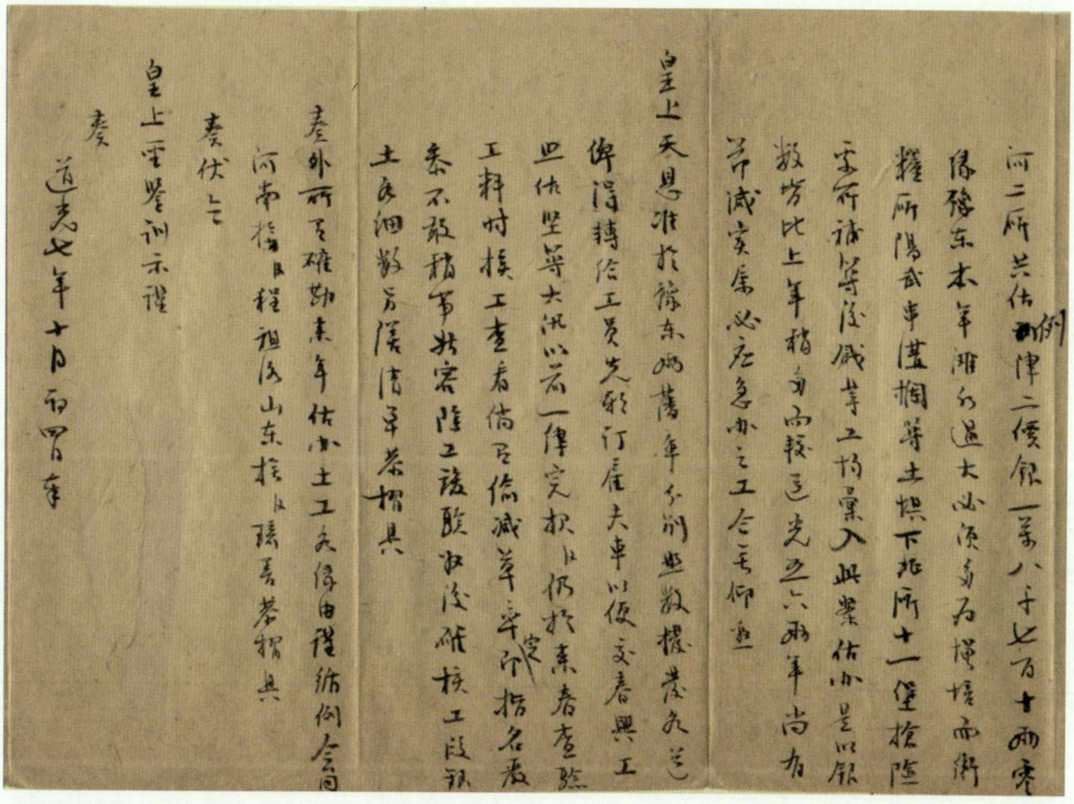

河二所共估例津二價銀一萬八千七百十兩零
係豫東本年湖分過大必須多爲擇堤而衛
糧所陽武串溝摑等土堤下北所十一堡搶險
雲所補築隄戧等工均業入奏案估辦是以銀
數皆比上年稍多而較之先五六兩年尚有
節減實屬必應急辦之工合無仰懇
皇上天恩准於豫東兩屬本年分例無數撥發九五
錢得轉給工員先於司庫支車以便及春興工
照估堅築大汛以前一律完竣臣仍於來春查驗
工料時核工查看倘有偷減草率定即指名嚴
參不敢稍事姑容除工竣該廳汛後照核工段銀
土方細數另繕清單恭摺具
奏外所有確勘來年估辦土工天係由豫循例會同
河南撫臣程祖洛山東撫臣琦善恭摺具
奏伏乞
皇上聖鑒訓示謹
奏
道光七年十月初四日

硃批

欽此

九月二十八日

七八一

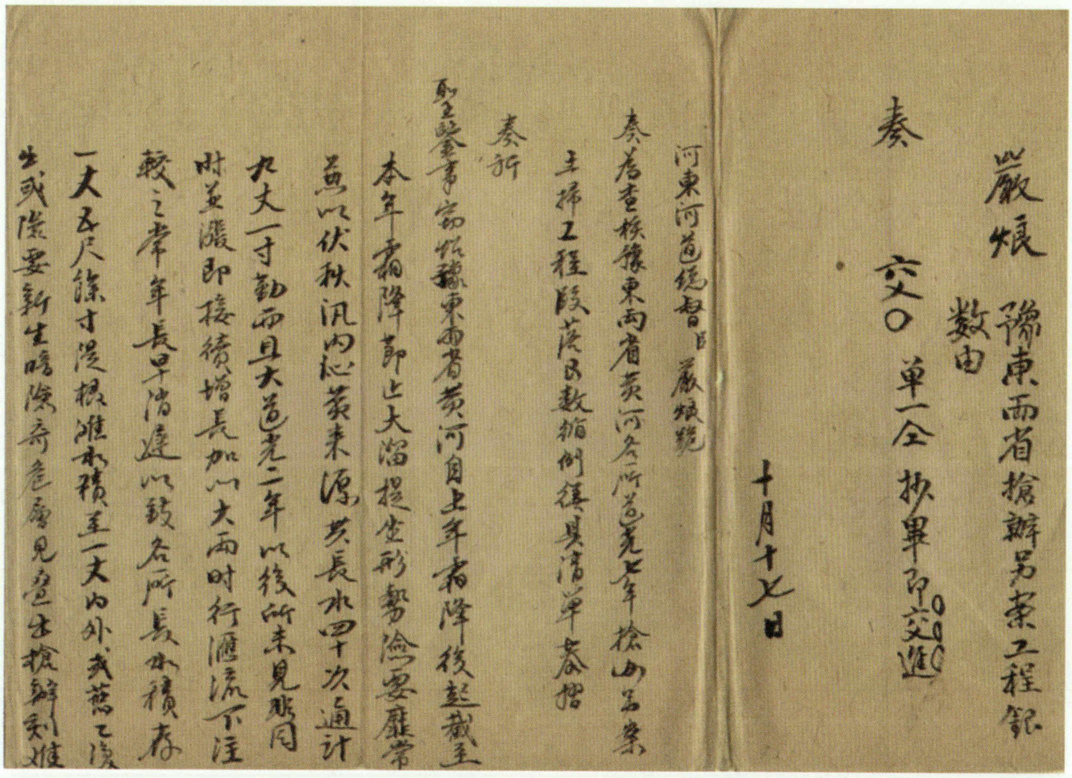

嚴烺 豫東兩省搶辦另案工程銀
數由
奏 交〇 單一仝 抄單即交〇〇進
十月十七日

河東河道總督臣嚴烺跪
奏爲查核豫東兩省黃河各廳道光七年搶辦另案
土埽工程段落丈數銀數繕具清單恭摺
奏祈
聖鑒事。竊照豫東兩省黃河自上年霜降後起截至
本年霜降節止大溜提坐形勢險要靡常
兼以伏秋汛內沁黃來源共長水四十次通計
九丈一寸勢猛且大道光二年以後所未見同
時並漲即接續增長加以大雨時行滙流下注
較之常年長早消遲以致各所長水積存
一丈五尺餘寸浸根堆水積至一丈內外或藏已淡
生或險要新生險工奇危屢見迭出搶辦剩堆

修守經臣隨时督率廳護平穩內豫省南岸開
歸道屬上南河廳所核鄭州上汛胡家屯頭堡順隄
補埽九段又該汛桃園新二壩補埽二段郭
家寨頭壩補埽六段中河所中牟下汛三堡順隄
四埽至十二埽補埽九段又該汛八堡至九堡大隄南面
加帮三堡順隄十三埽至十七埽補埽五段
四堡順隄補埽四段下南河所祥符上汛黑堽
工新二壩上首順隄補埽三段新三壩上首順
隄補埽四段又該汛黑堽工新三壩補埽三段新
四壩上首順隄補埽二段蘭儀所蘭陽汛蔡
家樓舊隄補順隄埽九段畏頭埽三段又儀封
上汛八堡西順水頭壩至八堡東順水二壩空檔
內加幫雞嘴戧壩順水二壩至順水壩空檔內
加帮雞嘴戧壩四堡挑水壩補埽十段儀
睢廳睢州上汛頭堡加帮順水頭壩自順水頭壩起
至順水二壩止築做新戧壩並於頭堡新戧壩
鑲埽二段順水二壩頭埽迤上鑲埽一段二堡
戧頭壩二埽迤下接埽一段順水二壩頭

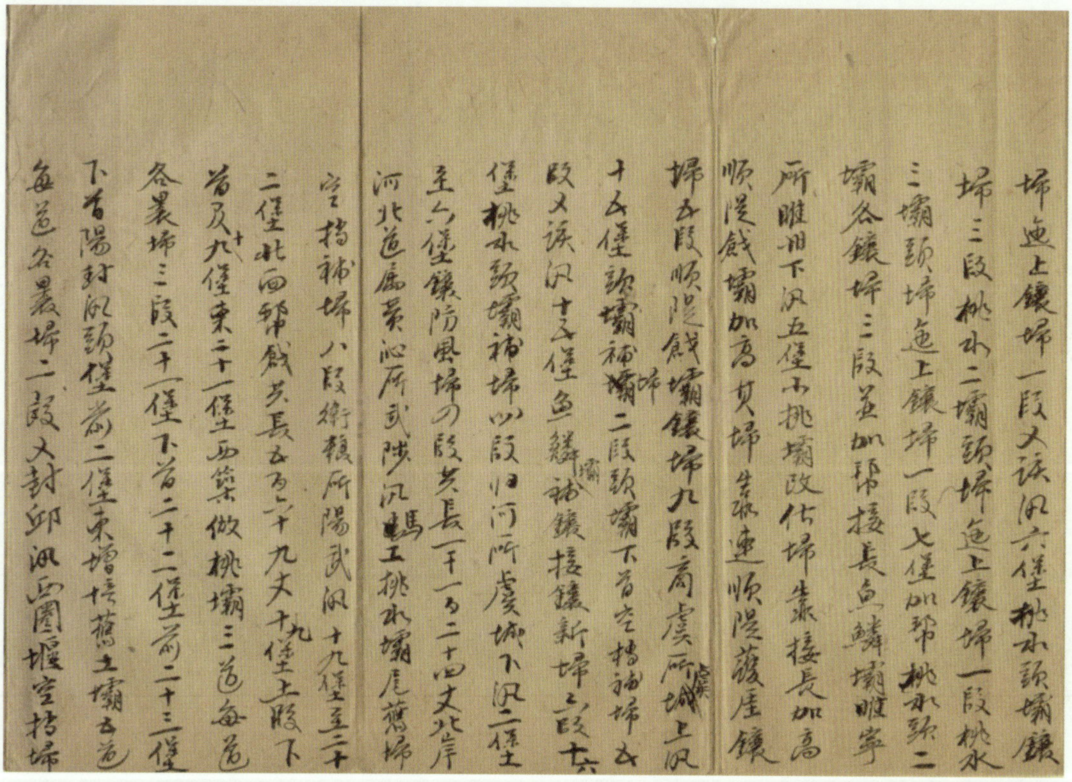
埽迤上鑲埽一段，又該汛六堡挑水頭壩鑲
埽三段，挑水二壩頭埽迤上鑲埽一段，挑水
三壩頭埽迤上鑲埽一段，七堡加幫挑水頭二
壩各鑲埽三段，并加幫接長魚鱗壩，雎寧
所雎汛下汛五堡下挑壩改作埽壩，接長加高
順隄戧壩加高，貼埽壩連順隄護崖鑲
埽五段，順隄戧壩鑲埽九段，商虞所虞城上汛
十五堡頭壩補埽二段，頭壩下首空檔補埽五
段，又該汛十五堡魚鱗壩補鑲接鑲新埽二段，十六
堡挑水頭壩補埽四段，归河所虞城下汛二堡
至六堡鑲防風埽四段，共長一千一百二十四丈，北岸
河北道屬黃沁所武陟汛馬工挑水壩尾舊埽
空檔補埽八段，衛糧所陽武汛十九堡至二十
二堡北面幫戧，共長五百六十九丈，十九堡上段下
首及十九堡東二十一堡西築做挑壩三道，每道
各裹埽三段，二十一堡下首二十二堡前二十三堡
下首陽封汛頭堡前二堡東增培舊土壩五道，
每道各裹埽二段，又封邱汛西圍堰空檔埽

迤下接連舊土壩補埽四段土壩護埽以下
補埽三段祥河所祥符汛十三堡七壩補埽八段
又該汛十五堡以上順隄五埽至十四埽補埽
十段十六堡第二道挑壩補埽四段下北河所
蘭陽汛十一堡迤西二道挑壩二埽以下空檔
補埽三段十一堡順隄頭埽迤上補埽七
段又該汛十一堡邁埽上首順隄補埽五段十
五堡二道挑壩補埽四段又該汛十一堡埽靠
下首接連東隄頭補埽八段並旋上首接埽
一段十三堡西挑壩補埽二段曹考所蘭陽下
汛頭堡頭道挑壩補埽五段二道挑壩補埽
五段東省曹考所曹上汛二十一堡土壩東面
並土壩下首至二十二堡下首順隄鑲防
風埽三段共長六百二十六丈曹河所曹中汛
十四堡上段下首起至十六堡上段止鑲防
風埽十七段共長八百丈又該汛十六堡中段工頭起
至十八堡工尾止越堤一道十九堡至二十堡
上首止鑲防民埽十八段共長八百卅丈又

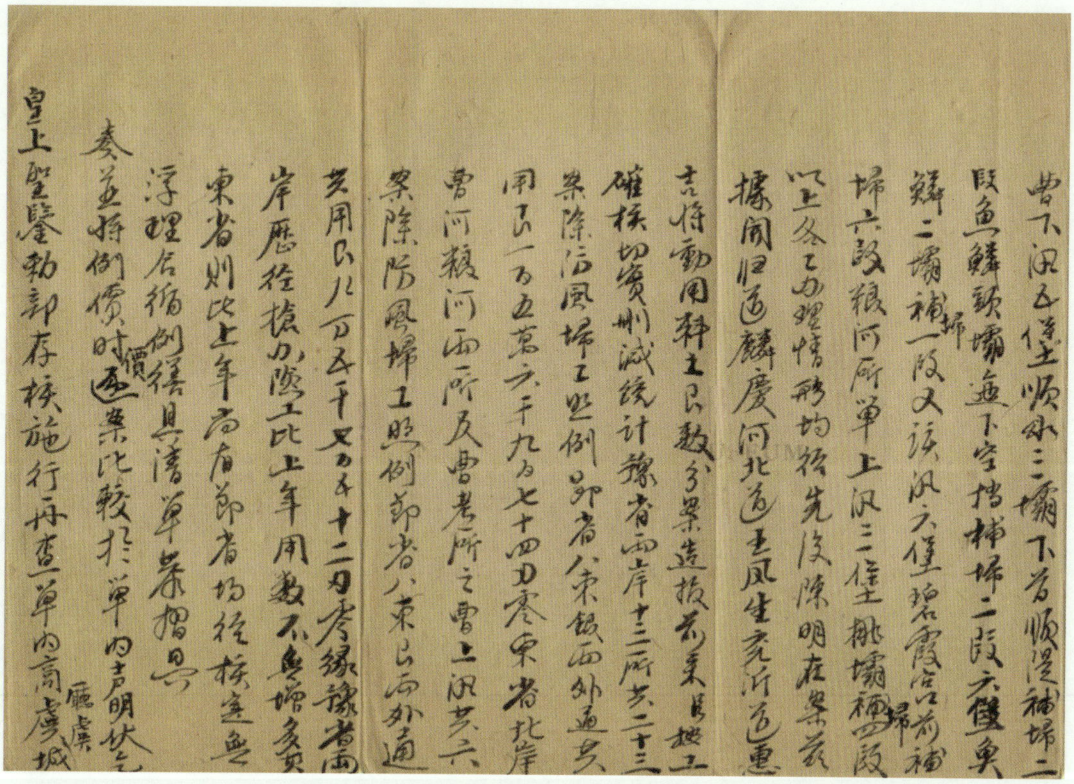
曹下汛五堡土坝外三坝下首顺堤补埽二
段，鱼鳞头坝迤下字号补埽二段，六堡鱼
鳞二坝补埽一段，又该汛六堡碧霞宫前补埽
埽六段；粮河厅单上汛二堡挑坝补埽四段，
以上各工均据情形均经先后陈明在案。兹
据开归道麟庆、河北道王凤生、兖沂道惠
吉将动用料土银数分案造报前来，臣拙工
确核，切实删减，统计豫省两岸十三厅共二十三
案，除防风埽工照例部省八六银两外，通共
用银一百五万六千九百七十四两零；东省北岸
曹河、粮河两厅及曹考厅之曹上汛共六
案，除防风埽工照例部省八六银两外，通
共用银八万五千又四百十二两零。缘豫省南
岸历经抢办险工，比上年用数不无增多；
东省则比上年尚有节省，均经核实无
浮。理合循例缮具清单恭折具
奏，并将例价、时价逐案比较于单内声明，伏乞
皇上圣鉴，敕部存核施行。再查单内商虞厅虞城

上汛十八堡挑水壩補埽四段因迤下右挑水二
三壩情將拒郭冉內挑水壩改為挑水頭壩以
順名目其下南岸祥符上汛里堤工執二壩上
首順堤補埽三段內頭二兩段埽各分上下段蘭
儀所蘭陽汛蔡家樓舊堤補順堤埽九段內九
埽分上下段儀封上汛四堡挑水壩補埽十段
內頭二兩埽各分上下段曹河所曹下汛五
堡順水三壩下首順堤內頭埽分下上段六堡魚
鱗二壩六埽分上下段衛糧所陽武陽封二汛
原做挑壩加幫土壩內另慎墊備形原奏未經
分晰聲叙並將部駁理合聲補叙陳明謹
奏

道光七年十月十七日奉
硃批工部知道單併發欽此

十月十七日

七八二

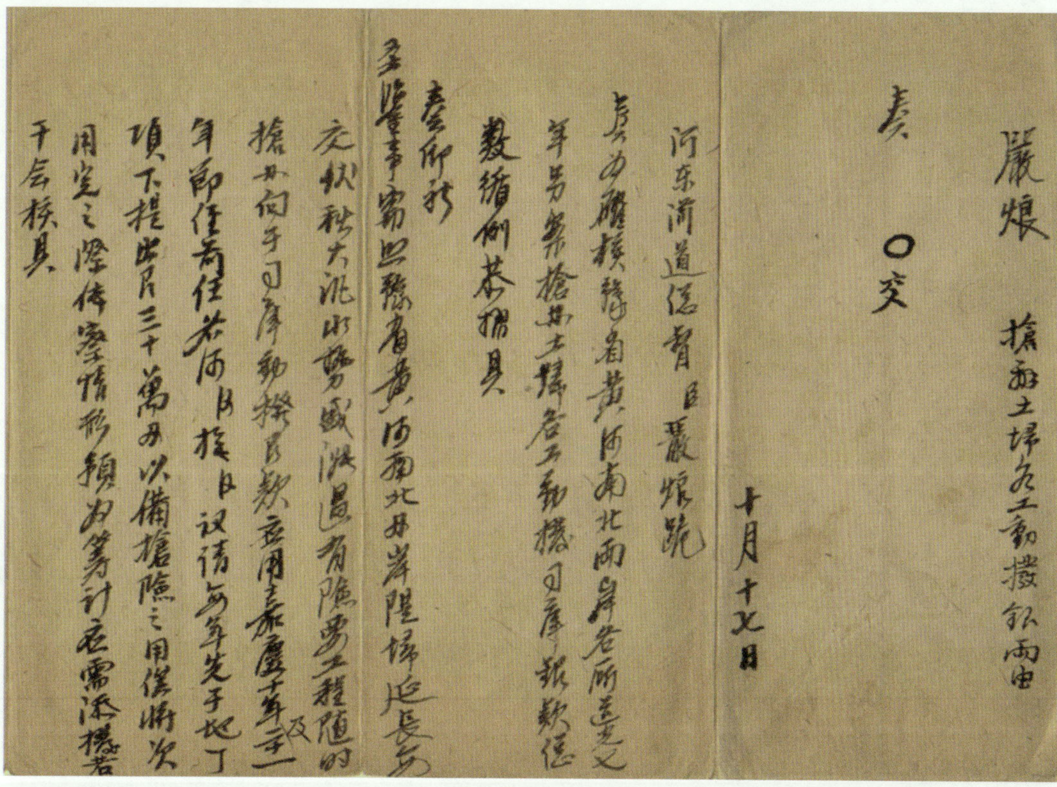
嚴烺　搶辦土埽各工動撥銀兩由
奏　○交
十月十九日
河東河道總督臣嚴烺跪
奏爲酌擬籌備黄河南北兩岸各廳道光元年另案搶辦土埽各工動撥司庫銀款總數循例恭摺具
奏仰祈
聖鑒事竊照豫省黄河南北兩岸隄埽延長多處伏秋大汛水勢盛漲遇有險要工程隨時搶辦向于司庫動撥銀款應用嘉慶十年及至一年節經前任東河臣援臣議請每年先于地丁項下提出銀三十萬兩以備搶險之用俟辦次用完之際係察情形預爲籌計應需添撥若干會摺具

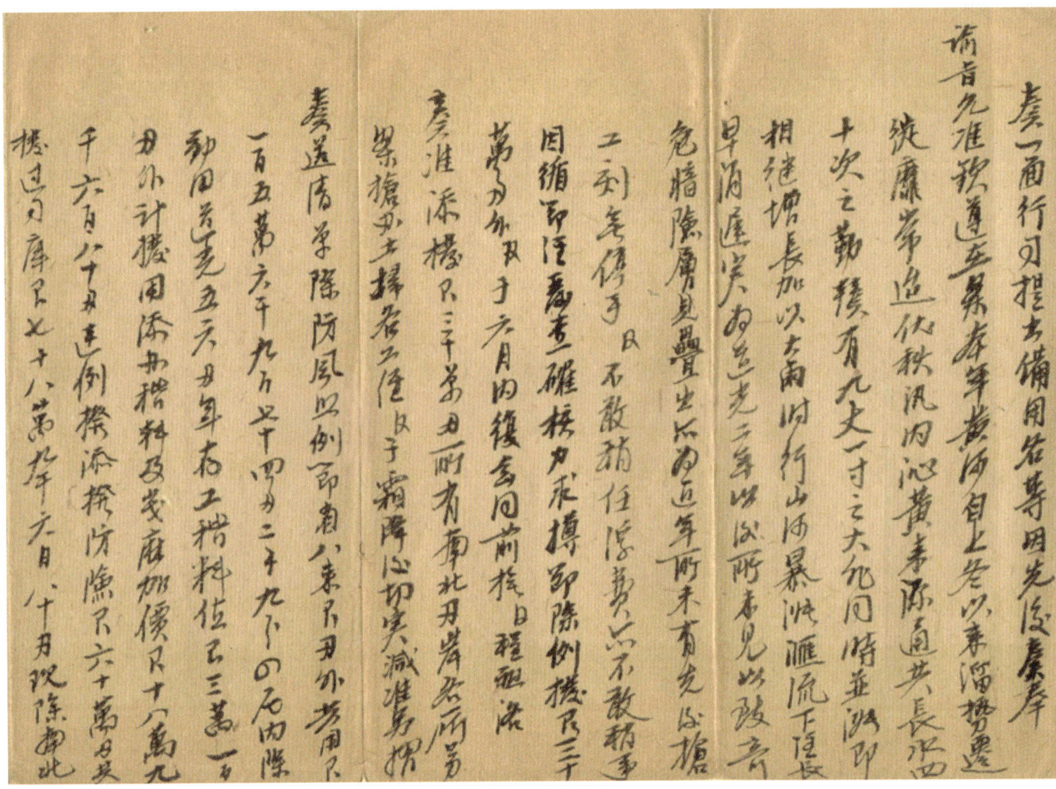
奏一面行司提出備用各款因先後奏摩
請旨允准欽遵在案本年黃河自上冬以來溜勢還
張麥汛迨伏秋汛內沁黃來源過旺長水四
十次之勤積有九丈一寸之大兼因時並漲即
相繼增長加以大雨時行山河暴漲匯流下注長
早消遲實為道光二年以後所未見以致搶
危牆險處疊出亦為近年所未有危險搶
工到處紛修 臣 不敢稍任浮費亦不敢稍事
因循節經奏明雖極力求撙節除例撥銀三千
萬兩外又于六月內續發同前撥 程經路
奏准添撥銀三千萬兩所有南北兩岸各廳另
案搶辦土埽各工經 臣 于霜降後切實減準另摺
奏送清單除防風照例節省八條銀兩外共用銀
一百五萬六千九百五十四兩二千九分四厘內除
動用道光五六兩年存工楷料估銀三萬一百
兩外計撥用添辦楷料及發廳採買銀十八萬九
千六百八十兩零照例撥添撥防險銀六十萬兩零
撥過司庫銀七十八萬九千六百八十兩現除撥此

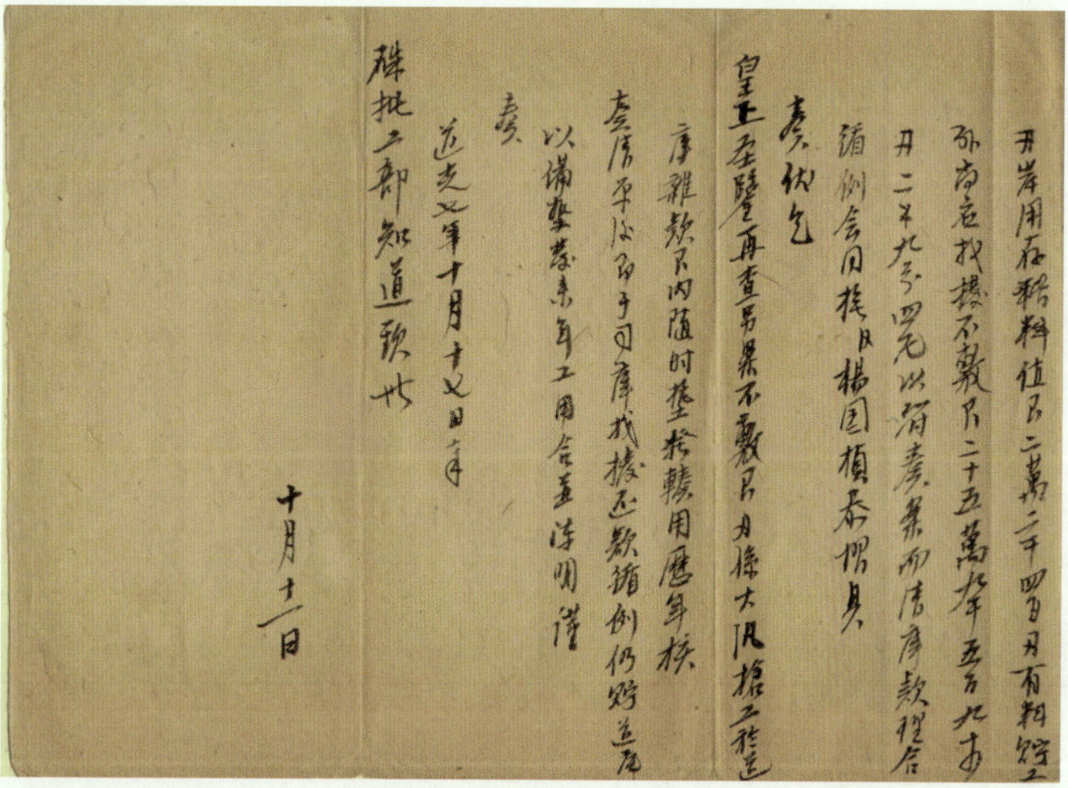
丹岸用存稭料值銀二萬二千四百兩，有料堤工
外，尚應找撥不敷銀二十五萬九千五百九十兩
丹二千九百四兩。嗣以前奏業而清庫款，理合
循例會同核明具
奏。伏乞
皇上聖鑒。再查另案不敷銀兩係大汛搶工，額定
庫雜款銀內隨時墊發，轉用歷年核
奏清單以留存于司庫，找撥還款，循例仍照道庫
以備墊發來年工用，合並陳明，謹
奏。
道光七年十月十七日奉
硃批：工部知道。欽此。
十月十一日

七八三

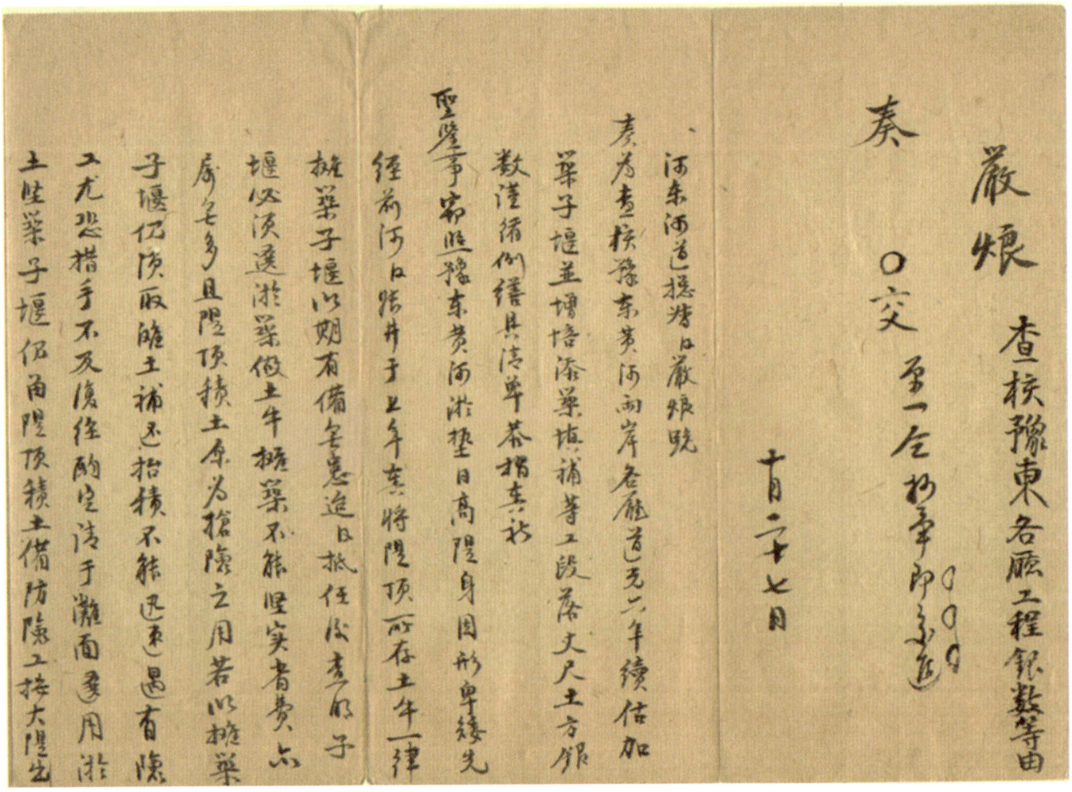

嚴烺 查核豫東各廳工程銀數等由

奏 ○交 第一台初五印○○○

十月二十七日

河東河道總督臣嚴烺跪

奏為查核豫東黃河兩岸各廳道光六年續估加築子堰並增培添築堆補等工段落丈尺土方銀數謹循例繕具清單恭摺奏祈

聖鑒事竊照豫東黃河淤墊日高隄身因形卑矮先經前河臣張井于五年奏將隄頂所存土牛一律攤築子堰以期有備無患迨臣抵任後查明子堰必須遠淤築做土牛攤築不能堅實者費亦屬不多且隄頂積土原為搶險之用若以攤築子堰仍須取離土補還不能迅速遇有險工尤恐措手不及復經酌定請于灘面遠用淤土壁築子堰仍留隄頂積土備防險工接大隄生

水高下估加子堰高一二尺不等其舊隄埝頂薄窄
不敷加築及殘缺堤處現形卑矮並舊頂雖寬而
土性沙鬆情形緊要之處均分別幫寬加高舊堤
築雞嘴戧堤進埽補抗窪殘缺等工除進埽鑲
易之處無方核估外價分其進埽艱難無方約
加津貼銀三分〇厘八分〇厘及一分八分〇釐不
等統計南北兩岸豫省十三廳共估銀八萬〇
千三百餘兩東省曹河糧河及曹考廳之曹
上汛共估銀一萬一千八百餘兩經臣於上年五月
內奏奉
俞旨欽遵飭辦在案茲查豫省南岸開歸道屬
上南河廳蘭陽鄭州上下及中牟上汛共工五十
八段長一萬〇百五十七丈三尺六寸中河廳中
牟下汛共工三十段長六千六百一丈下南河
廳祥符上下及陳留汛共工一百五十〇段長一
萬九千十二丈蘭儀廳蘭陽及儀封上汛共
工五十六段長七千二百七十〇丈六尺五寸儀
睢廳儀封下及睢州上汛共工二十段長七千

二百二十六丈六尺睢寧廳睢州下及寧陵汛
共二百七十一段長一萬六百八十四丈八尺商虞廳
商邱及虞城上汛共二百七十三段長一萬五千
三百二十三丈五尺歸河廳虞城下汛共二百
五十四段長八千五百六十丈北岸河北道屬
黄沁廳武陟滎澤原武三汛共二百九十九段
長一萬四千二百十七丈衛糧廳陽武陽封
封邱三汛共二百九十六段長一萬六千六百三
十六丈三尺祥河廳祥符汛共二百三十二段長
四千五百六十四丈下北河廳祥符陳留蘭陽
三汛共二百二十三段長七千三百七十九丈曹考
廳蘭陽下及考城汛共二百七十三段長一萬四
千一百九十三丈計豫省兩岸共用石八萬
四千三百八十九兩七錢二分三厘東省兗沂
道屬曹考廳之曹縣上汛共二百四十九段長八
千五百七十丈四尺曹河廳曹縣中下二汛共
二百五十五段長一萬五千一百六十三丈糧河
廳曹汛及單縣上下汛共二百九十八段長一萬

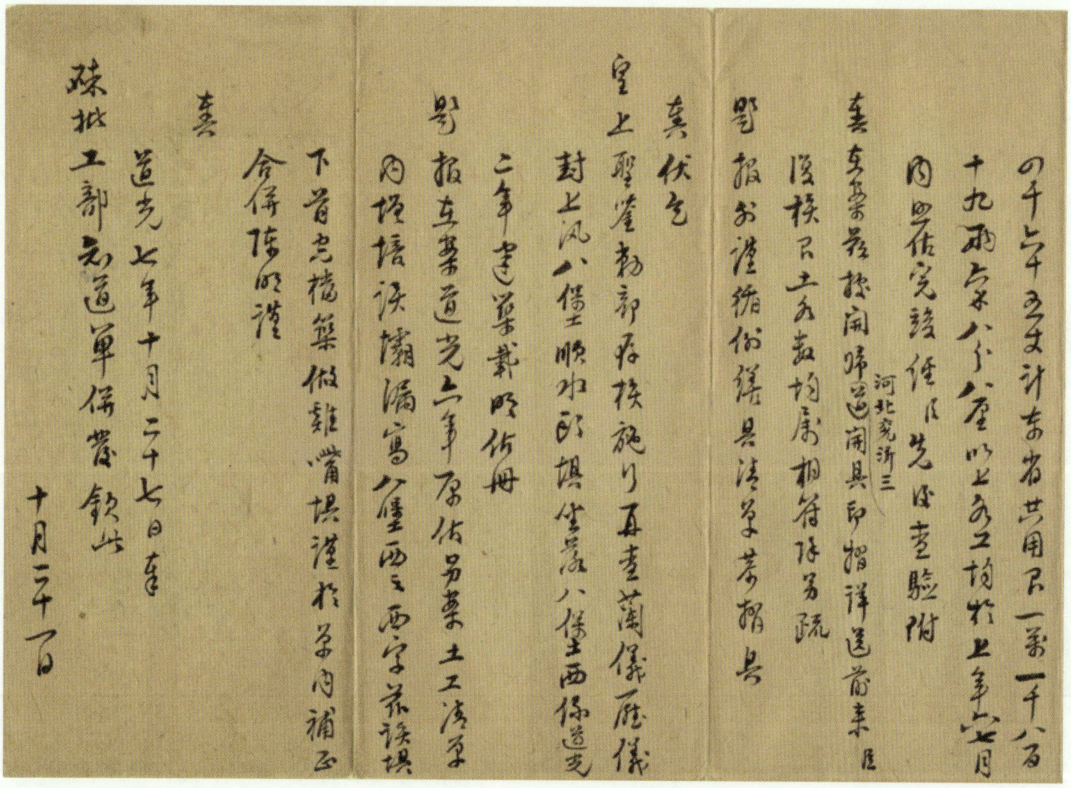

四千六百五丈計共用錢一萬一千八百十九兩零八分八釐以上各工均於上年六七月內已估完竣經臣先後查驗附奏在案茲據開歸道開具印摺詳送前來臣河北兗沂三復核另工段均屬相符除另疏題報外謹循例繕具清單恭摺具奏伏乞

皇上聖鑒飭部存核施行再查蘭儀封上汛八堡順水所填坐灣八堡西係道光二年建築戧咀作坦題報在案道光六年原估另案土工清單內填墻誤漏寫八堡西之西字致誤填下首光堤築做雞嘴埧謹於單內補正合併陳明謹

奏

道光七年十月二十七日奉

硃批工部知道單併發欽此

十月二十日

七八四

嚴焜　豫東凌汛安瀾由

奏　○

十二月二十七日

河東河道總督臣嚴焜跪

奏為豫東黃河凌汛安瀾恭摺奏祈

聖鑒事竊照本年凌汛未屆天氣早寒河水漸凍

經臣預飭黃沁兩道廳員備齊凌樁把及打凌器

具並令各廳常同汛弁兵夫上隄巡防自冬

至疊經風雪氣候愈寒大河間段凍合旋被下

北曹考等廳岸於十二月十二等日河水陡長二

天七寸至二尺九寸不等幸各廳迎溜埽段先

已鑲高釘樁掛柳不致刷傷其塊凌處所積存

冰塊隨敲碎推行順流東注並無壅遏之慮惟

霜後所存長水本未全消溜勢提坐側注兩

年間有舊埽蟄陷補鑲新埽之處內豫省南岸

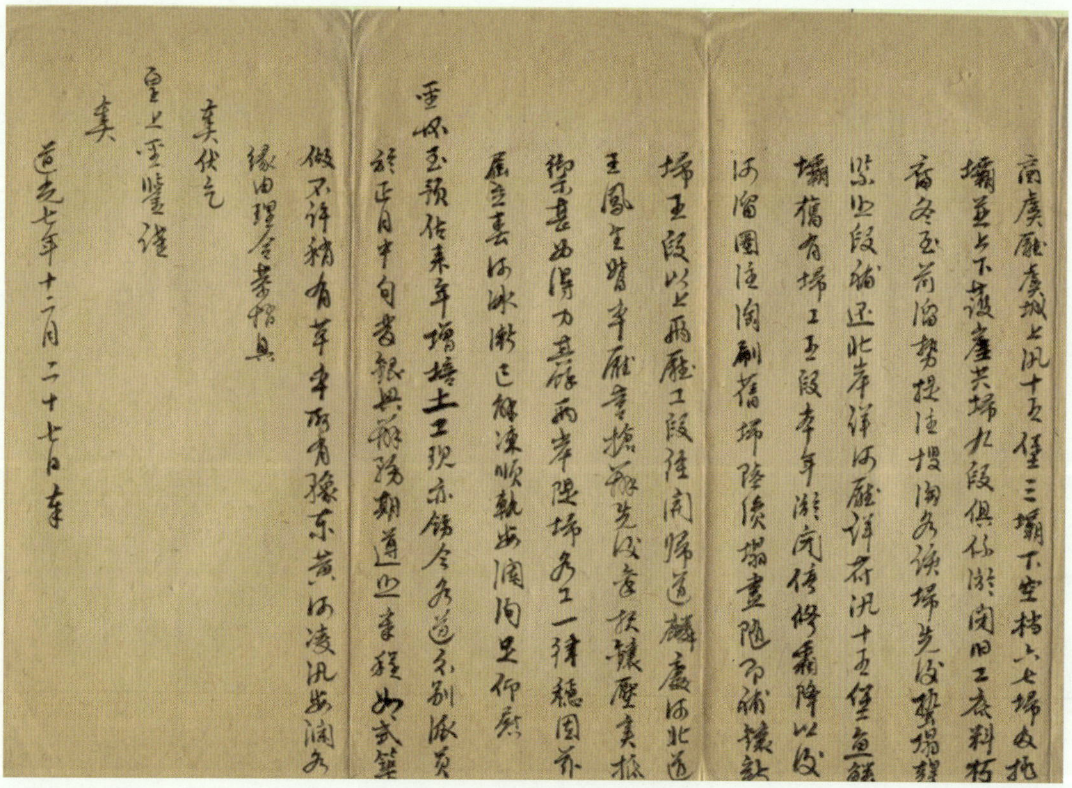

商虞廳虞城上汛十五堡三壩下空档六七埽及挑
壩並上下護崖共埽九段俱係漸閃旧工衣料朽
腐冬至前溜勢提注搜淘各該埽先後蟄塌
然此段補还北岸祥河廳祥符汛十五堡魚鱗
壩舊有埽工五段本年漸完停修霜降以後
河溜圈注淘刷舊埽陸續塌盡隨即補鑲
埽五段以上兩廳工段係開歸道麟慶河北道
王鳳生督率廳營搶辦先後查收鑲壓真拯
禦甚為得力其餘兩岸陸埽各工一律穩固并
屆立春河冰漸已解凍順軌安瀾洵足仰慰
垂念至預估來年增培土工現亦飭令各道分別派員
於正月中旬發銀興辦務期逐一查驗如式築
做不許稍有草率所有豫東黃河凌汛安瀾各
緣由理合恭摺具
奏伏乞
皇上聖鑒謹
奏
道光七年十二月二十七日奉

硃批知道了 欽此
十二月二十日

七八五

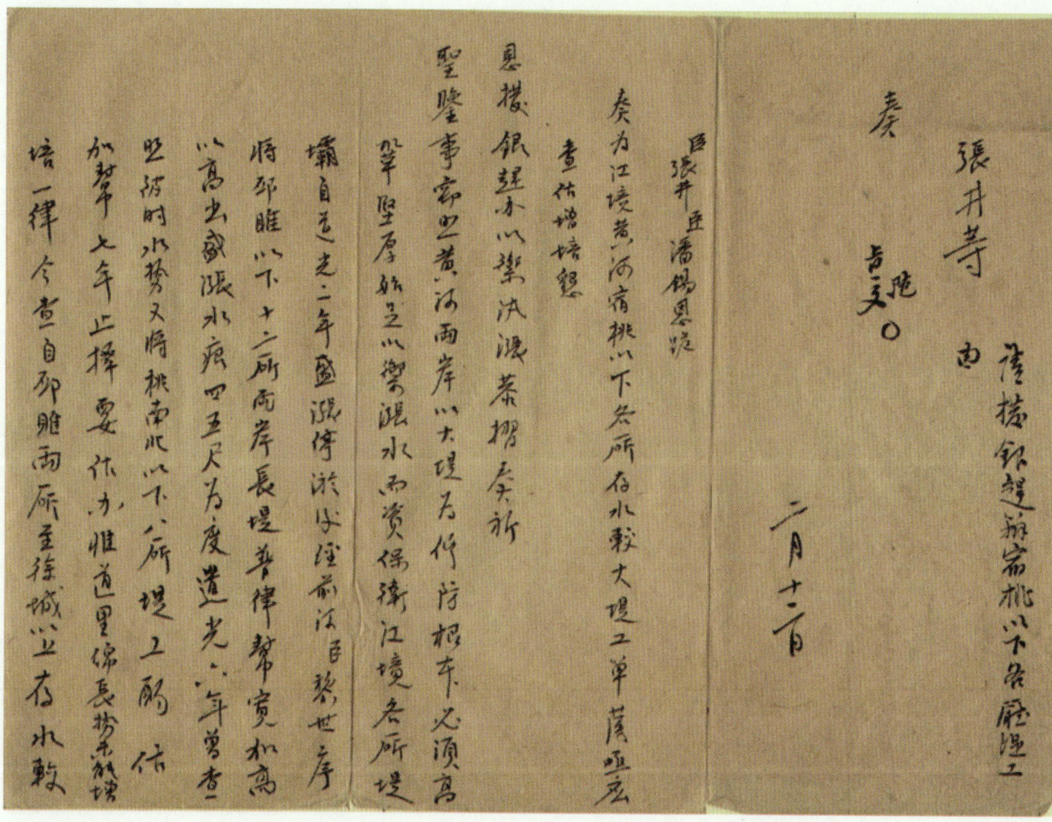

張井等　由

請撥銀堤辦宿桃以下各廳堤工

奏

旨　隨

二月十二日

臣張井、臣潘錫恩跪

奏為江境黃河宿桃以下各所存水較大，堤工單薄，亟應

查估增培，懇

恩撥銀趕辦以禦汛漲，恭摺奏祈

聖鑒事。竊照黃河兩岸以大堤為保障根本，必須高

厚堅實，始足以禦漲水而資保衛。江境各所堤

埽自道光二年盛漲停淤後，經前河臣黎世序

將邳睢以下十二所兩岸長堤普律幫寬加高，

以高出盛漲水痕四五尺為度。道光六年曾查

照彼時水勢，又將桃南北以下八所堤工酌估

加幫。七年止擇要估辦，惟道里綿長，未能增

培一律。今查自邳睢兩所至徐城以上存水較

小自宿桃以下至外南北山安海防則水勢漸
大再下至海安海阜境内則又遞減是上下游
兩處通順受病獨在中段以現在情形而論外
南北山安海防四所最為高仰其毗連以上各
所河身亦間有淤墊臣等前請於下游多做埽
壩原冀逼溜刷淤、挈清水勢得遂遠氣長功勁
難必則中河堤高之處水勢必至指高亟籌抵
禦之方自以加培大堤為最要查外南順黃壩
誌樁六年冬底存水二丈九尺七年盛漲即長
至四丈三寸除去底水實計長水一丈一尺之
寸上年冬底存水二丈三尺比七年底水已長
四尺即也上年盛漲誌樁已底存水四丈四尺
餘寸計堤頂高出水面不過一二三尺倘或逾
於上年漲水勢必平堤普漫處處堪虞近年素
守上游南堤刷淤鋼沛即雖底淤既有明驗自
洪十分喫重斷不敢輕議另減今宿南北以下
八所河身俱積年淤墊之區所存底水既大堤
填築單薄亟應估辦增培不容稍緩臣等前

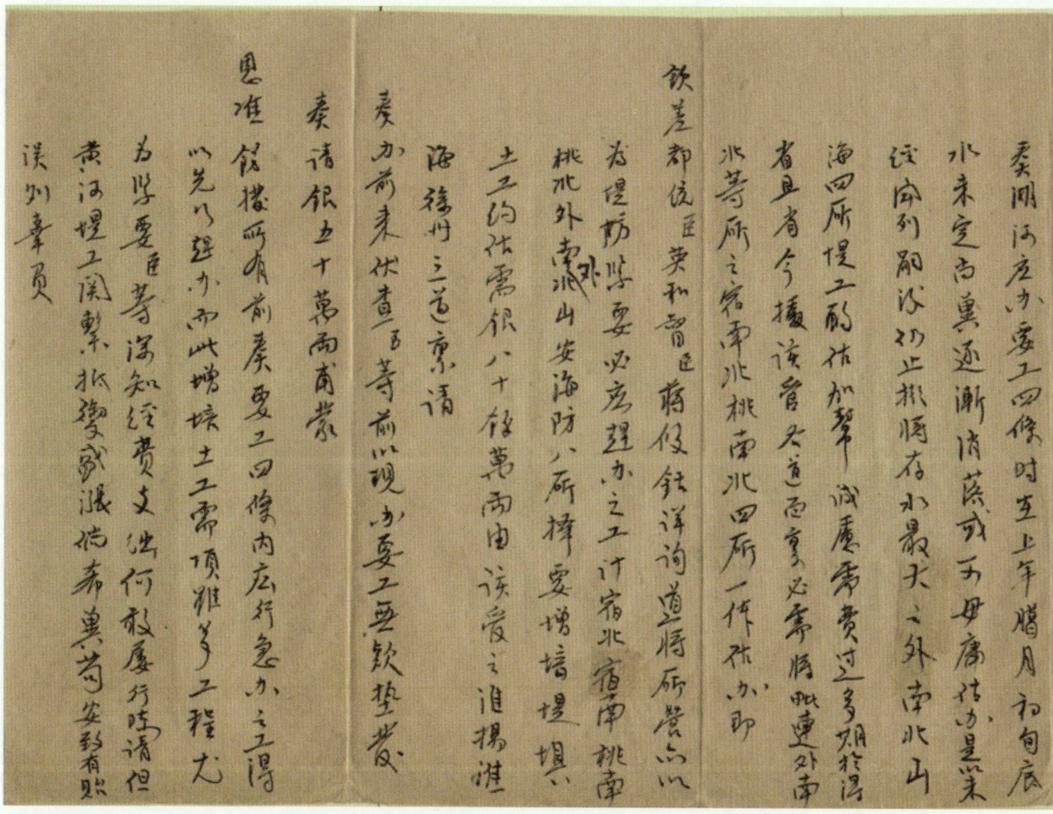

奏明河廳辦要工四條，時在上年臘月初旬，底
水未定，而冀逐漸消落，或可毋庸估辦，是以未
經開列。嗣後初止擬將存水最大之外南、北山
海四所堤工酌估加幫，誠慮需費過多，[illegible]於
省，且省今據該管各道面稟，必需將毗連外南
北等所之宿南北、桃南北四所一併估辦，即
欽差都統臣英和、會同臣蔣攸銛詳詢道廳，將所營亦以
為堤防緊要，必應趕辦之工，計宿北、宿南、桃南、
桃北、外南、外北、山安、海防八所，擇要增培堤填，
土工約估需銀八十餘萬兩，由該管之淮揚、淮
海、徐州三道來京請
奏辦前來。伏查臣等前以現辦要工無款墊發，
奏請銀五十萬兩，荷蒙
恩准飭撥，所有前奏要工四條內應行急辦之工，得
以先行趕辦，而此增培土工需項雖多，工程尤
為緊要，臣等深知經費支絀，何敢屢行陳請，但
黃河堤工關繫非輕，誠恐稍涉遷就，希冀苟安，致有貽
誤，則辜負

恩慈，並淤墊處所疏浚，毋庸督臣蔣攸銛再回籌商。惟有據實瀝陳，仰懇

皇上天恩，俯准敕部於就近藩庫撥銀七十五萬兩，迅速解存河庫，俾得遴派妥員，分投趕辦，勒限汛前完報驗收，不任稍有疏誤。其有不足，容臣等於歲搶修案內另行籌款。再此項工需至為緊要，急而淮運庫現無存款，應請毋庸議撥。至前借撥存庫之龍江關銀十五萬兩，可否就款抵撥，以濟急需，應候部臣核議。所有黃河各廳增培堤埧工程亟應趕辦緣由，謹會同大學士兩江總督臣蔣攸銛合詞恭摺具

奏，伏乞

皇上聖鑒訓示。謹

奏。

道光八年二月十二日奉

硃批：欽此。

二月初七日

七八六

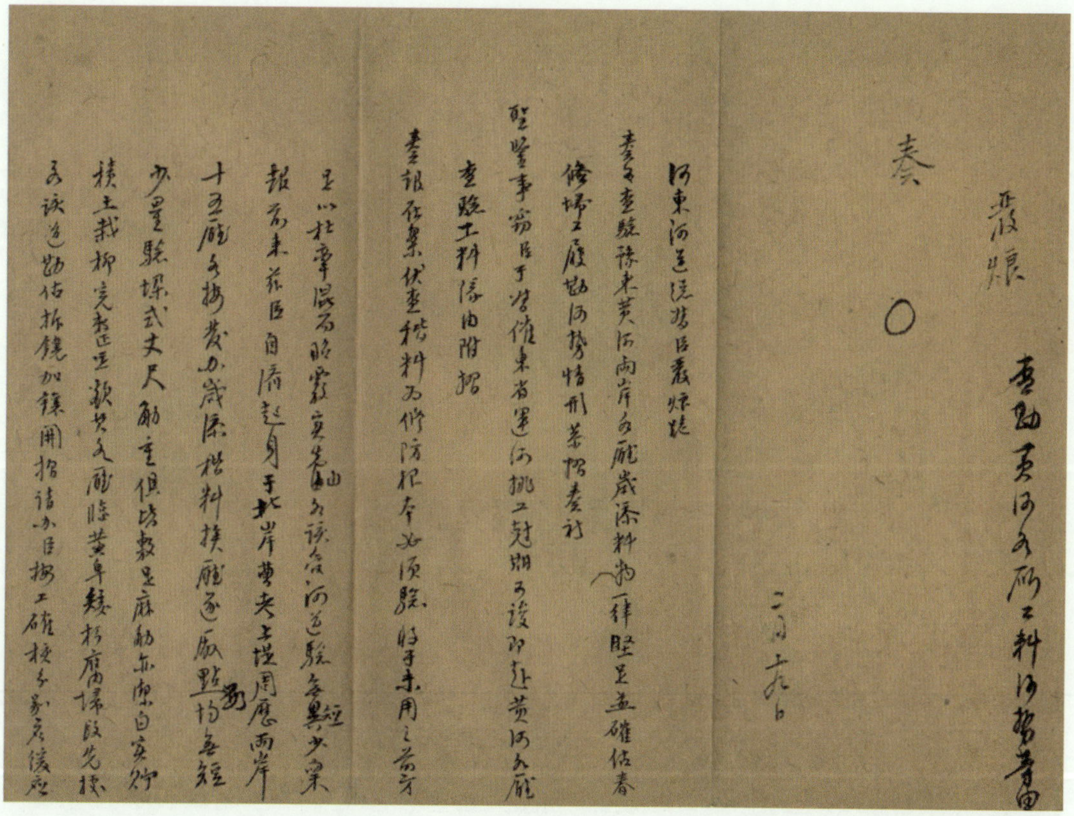
查勘黃河各廳工料河勢奏[illegible]

奏 ○

二月十九日

河東河道總督臣[illegible]跪

奏為查驗豫東黃河兩岸各廳歲添料物一律堅足並確估春

修埽工廳勘河勢情形恭摺奏祈

聖鑒事竊臣于將豫東省運河挑工勘明後隨即赴黃河各廳

查驗工料緣由附摺

奏報在案伏查稭料為修防根本必須驗明于未用之前方

足以[illegible]事[illegible]照數實存[illegible]各該河道驗無短少

報前來茲臣自濟起身于北岸黃夫上提周歷兩岸

十五廳各按[illegible]歲添稭料挨廳逐廳點驗均無短

少量驗垛式丈尺斤重俱堪數足麻斤亦係自[illegible]

楡土栽柳完[illegible]款[illegible]各廳臨黃[illegible]埽段先[illegible]

各該道勘估拆鑲加鑲[illegible]請[illegible]臣[illegible]工[illegible]

修造一歲淮勤限桃汛前照估購完報驗不任遲延等事
旨據稟稱河勢循順大局尚無變遷之處惟北岸黄沁
廳祠黄堰一工地居上游首受出山之水溜勢往撲趨
向無定自上年秋汛以後河勢南趨埽工險閉之處
凌汛河復北卧該工更須添埽時見蟄動當飭加工
防守並臣加工查料宣進作去該舊埽被溜刷塌目下時
秋大汛難以猝辦除寓西不等隨飭河北道督率該廳
將現已塌陷之五堤頭二三埽並六堤頭二三埽以次補還
新埽六段以資抵禦祥河廳祥符汛十五堡挑水堤上
年修之舊埽六段交春以來河勢下重先後蟄塌
亦即飭令與段補鑲惟該工十四五堡並鑲等堤
一帶片段過長大汛鑲修最為要緊上年霜降後
自冬徂春狀修工作未停今挑水堤舊埽又復遇塌
然均尚穩定實屬河溜搜坐竟切不能外移臣與道廳
再四籌商不惟有修與岡仪廳無損及下北廳十一堡
工擇要拋護碎石庶可以為固工節費之計現經
特同道廳確切勘估另摺
奏辦其餘兩岸各工咸臻平穩節查現在各廳所存之水

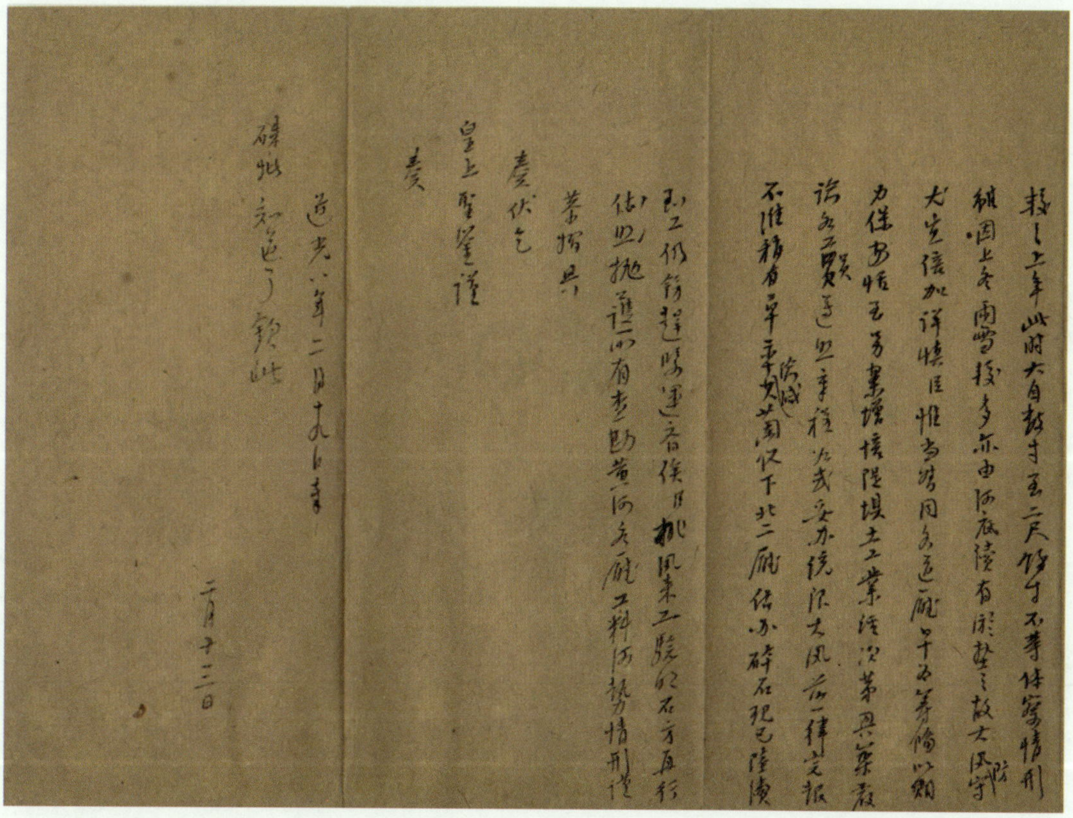
較之上年此時大自數寸至二尺餘寸不等體察情形
總因上冬雨雪較多亦由河底淤有刷整之故大汛防守
大堤工倍加詳慎臣惟當跟同各道廳員等倍加竭
力保護督飭上游衆屬搶護隄埽土工業經次第興築在
諭各工所需之土料將及早妥辦惟限大汛前一律完竣
不准稍有草率貽誤其蘭儀下北二廳估辦碎石現已陸續
到工仍飭趕緊運齊俟日後風暴工險即石方應行
估辦拋護之處有裨黄河各廳工料河勢情形謹
恭摺具
奏伏乞
皇上聖鑒謹
奏
道光八年二月十九日奏
硃批知道了欽此
二月十三日

七八七

嚴烺

奏

桃汛安瀾由

三月二十日

河東河道總督臣嚴烺跪

奏爲豫東黄河桃汛安瀾恭摺奏祈

聖鑒事。竊照運河挑工完竣，啓壩補水，迎濟新漕，並時届桃

汛，赴豫東防各緣由，經臣

奏報後，自濟起身，節據黄河各道廳禀報，清明以後大河陡

長水二尺餘寸，雖即以次消落，兩岸各廳春修埽工，臣於上次查

勘時，接工勘估，分别飭辦，已據先後報完。臣與各道分往查驗，

均係照估鑲修堅整。長隄增幫土工，早經集夫興築，以適工

多寡，牽計多有七分成數。臣所過之處，披已完啟，處處量丈

尺，均尚整足，雖試其底能滿水式，仍由道督各廳撙查，

不任稍有草率。臣於兩岸適中之下北廳儀祥河營所

察看上下河勢大局，尚爲暢順，惟上南廳鄭州下汛十二堡

坐灣溜灘雖距隄切近於順三壩下首添築順壩三道又改
睢所睢州上汛五堡溜勢側卧埽灘甚堅情形較為吃重
應補還挑水七壩一道並加幫挑水一壩以資備究俾免
臨時出險所需方價即於防險銀內核實趕辦毋庸另請分
釐此外如睢寧所睢州下汛五堡亭挑壩埽工四段六堡
挑水壩埽工三段俱係灘面之工春汛以來河溜遠趨舊
埽腐底先後刷淨補還新埽七段經朔埽工一律保護督
飭穩實於攀甚為得力其餘各工一律平穩自二月二十一日清
明起至三月十一日止計二十日桃汛已過豫東黃河普慶安恬
洵足上紓
宸廑惟本年桃汛長水無多而各所所存底水較上年大
至一二尺不等自是河底積有淤墊積觸大汛盛漲一應防守
事宜尤須倍加詳慎現與各該道督飭廳營預備並將遵
冰辭及隨同查所周察所有黃河桃汛安瀾緣由謹恭
摺具
奏伏乞
皇上聖鑒謹
奏

道光八年三月二十日奉

硃批知道了

三月十三日

七八八

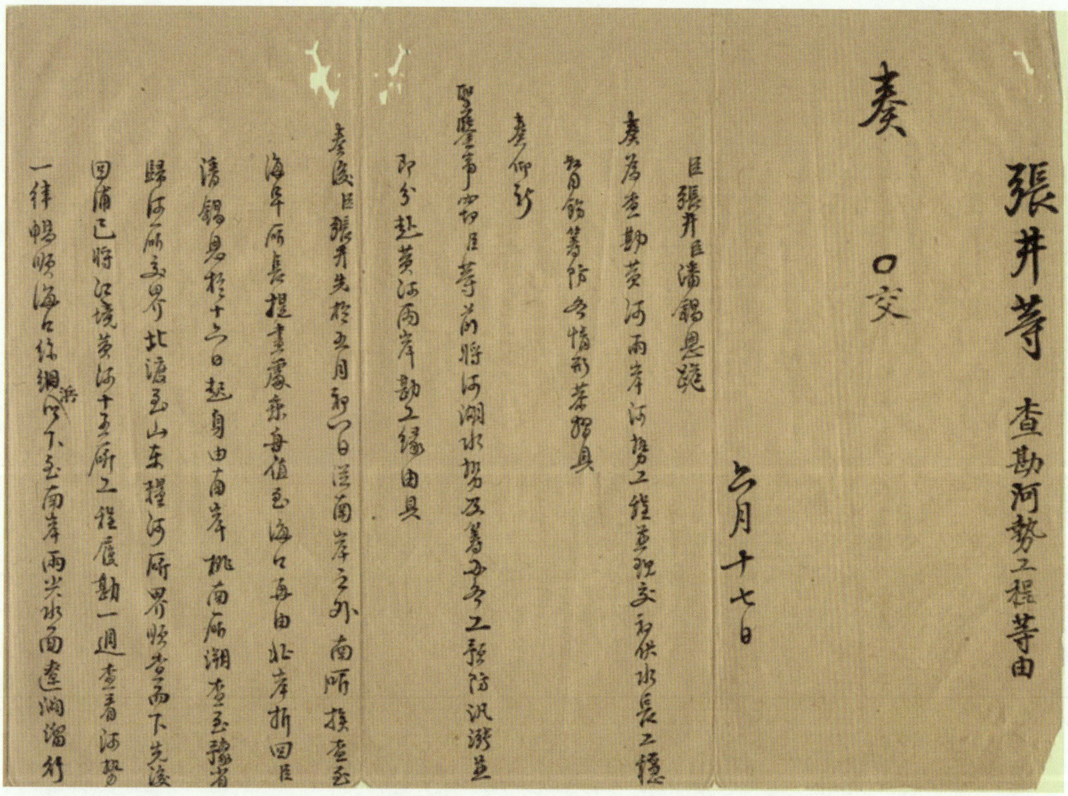
張井等 查勘河勢工程等由

奏

口交

六月十七日

臣張井、臣潘錫恩跪

奏，爲查勘黃河兩岸河勢工程並現交初伏水長工穩

恭摺具

奏，仰祈

聖鑒事。竊臣等前將河湖水勢及籌辦各工預防汛漲並

即分赴黃河兩岸勘工緣由具

奏。嗣後臣張井先於五月初八日從南岸之外南廳接查至

海阜廳長堤查履來每值至海口，再由北岸折回。臣

潘錫恩於十六日起身，由南岸桃南廳湖查至豫省

歸河廳交界，北渡至山東糧河廳界，順查而下，先後

回浦，已將江境黃河十五廳工程履勘一週。查看河勢

一律暢順，海口條綱洪以下至南岸兩尖水面查遠洄溜行

極爲迅疾，惟灘面寬遠，水勢稍爲散漫，應俟霜後水落
時再行詳勘，挑灘挂堤，以資收束。至南岸各所臨黃埽
形勢，以舊日上游蕭南所碭山汛之梁家屯地方河勢坐
灣，自東北折向西南，上年秋汛至今久而不變，現仍塌
灘，距堤僅百餘丈，河形已成倒句，氣勢通長，如或
大汛長水，安恐其能久不變。該處在[illegible]縣之上，距豫省
睢河所交界僅止數里，土性沙鬆，形勢險要，已將該廳
迎面大堤先行擇要應設法籌備防禦，現飭該
管徐州道、睢徐道勘擬具稟，再由臣等酌核飭
辦。下游海阜所七巨港、海安所五工及大口二十二堡前
因河勢坐灣圈注，漫灘逕抵堤根，當即分別鑲築埽壩，
鑲做埽段。今勘明所做壩埽均屬得力，惟五工及大口二十二子
堡所做接長之埽，僅有應向段落酌做圍壩數道，並
估案不獨葦架相機先做，致等之挑護，仍須特料物以
備添埽鑲之用。此外尚有睢南所王家營、泥池家
房、宿北所吳河汛杜家莊各地方，向無埽工，但因淤灘
趨注，讓做新埽，以資抵禦。復查各所普鑲埽工，查照
歷次核計用過料數，每歲相沿，仍照工程之平險酌

蒙係西河撥備防所有增培長堤埧台土工料款
天恩俯准撥項發下節經嚴飭儘價臣等於查工之便先
就已完各段量驗錐試尚無偷減與混尚有兩理未
能如式及取土稍近之處并分別捧提飭遵仍責成該
所抑令翻築據由該管道覆驗不任稍有草率查
黄河水勢兩月來仰叨
聖主福庇經係清多長少上下各所均報落低水數寸至
尺餘即外面北一帶水滿較甚之處亦已消動低水因
因來源未長兼因下游去路較為通暢但臣等深維盛漲
消息之理豈保久蓄驟漲及為人所不及備防是以預
先諄飭道所尤宜加緊防範旋據河南武陟縣禀報
沁河於五月初七日長水一丈八寸二十四日又長水四尺
八寸陝州呈報萬錦灘黃河於五月二十四日長水一尺
五寸二十五日又長水一尺五寸計沁黃兩河共長水九尺
六寸江境各廳水勢五月下旬接續報長三四尺餘寸不
等外面所恃黃埧砥禦截至本月入伏後初五日止各
水三丈六尺二寸各工修防俱臻平穩洪澤湖水由山盱
三河減洩落水一尺七寸旋因上陽倒灌水自五月初一至初

五寸，共長水一丈一尺五寸。洪湖於二十六日以後長水三寸，
高堰誌樁現存水一丈五尺六寸，智信兩壩當毋庸啟放。
揚糧所屬東岸歸江各路前經添放人字河壩及穩家
山壩後，上游水勢旺長無多，以後隨後再有增長，
亦可啟放凡家鋪新河暢瀉歸江，俾上游高、郵各壩
仍可堅守不致，以保下游民田。邳宿運河初未涸劉堤
等工原因新僧分洩，前經趲辦完竣，適遇大汛，河山
水陸長六尺，亦於五月二十七日啟通邑以並將
駱馬湖尾閭等壩同時開放，其各湖越壩亦酌
量拆展，平減湖河以利銅沛船艘通行。現在已交伏汛，
一切修防事宜，臣等查照向章嚴飭所屬督飭該管
多集料錢，督同營員道隨時隨處加意籌備，務期工程穩固，仰副
皇上慎重河防，訓誨策勵之至意。所有臣等查勘河勢工程並
現在水長籌防各緣由，謹恭摺具
奏。伏乞
皇上聖鑒。謹
奏。
道光四年六月十七日具
硃批：覽奏俱悉。欽此。
六月初六日

七八九

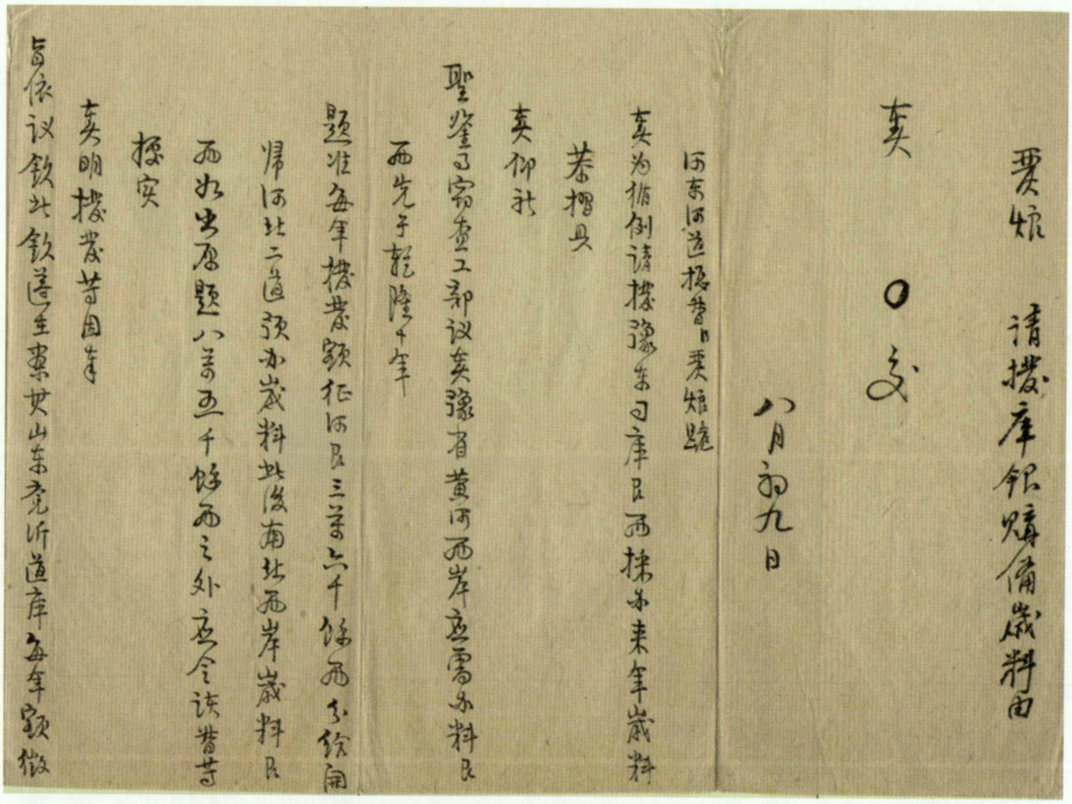
栗毓美　請撥庫銀購備歲料由
奏　○　文
八月初九日

河東河道總督臣栗毓美跪
奏為循例請撥豫東司庫銀兩採辦來年歲料
恭摺具
奏仰祈
聖鑒事。竊查工部議奏豫省黃河兩岸應需歲料銀
兩，先于乾隆十年
題准每年撥發征河銀三萬六千餘兩，分飭開
歸、河北二道預辦歲料。此後南北兩岸歲料銀
兩，如出原題八萬五千餘兩之外，應令該督等
核實
奏明撥發等因，奉
旨依議。欽此。欽遵在案。又山東兗沂道庫每年額徵

河銀一萬五千兩為辦料物之用。嗣因通
年添有新生工段，需料較多，河銀不敷支用，
循照豫省之例，
奏撥山東藩庫銀三萬兩，歷年遵辦在案。查
河工歲料為次年三汛修守要需，務須工堅，必
先料足，應於新料登場之後開廠採購，年內
辦足，堆貯要工處所，以備來歲一年之用。本年
新料業已登場，正當採購之期，據開歸道薛
慶詳稱，豫省南岸八廳應辦來年歲料稭麻
價值，除援照舊額外，請撥藩庫銀七萬兩。又據
署理河北道劉新傑詳稱，北岸五廳應辦來年
歲料稭麻，除照撥免缺外，請撥藩庫銀三萬五
千兩；並據兗沂曹濟道惠先詳稱，曹河、糧河二
廳應辦來年歲料，河銀不敷支發，請撥藩庫
銀三萬兩，各等詳請具
奏前來。臣查各道詳撥辦料銀數，核與向例相符，
除一面移咨豫東兩撫臣，行令各該藩司會同
發河各道照數撥發，趕緊購備，務於年內掃

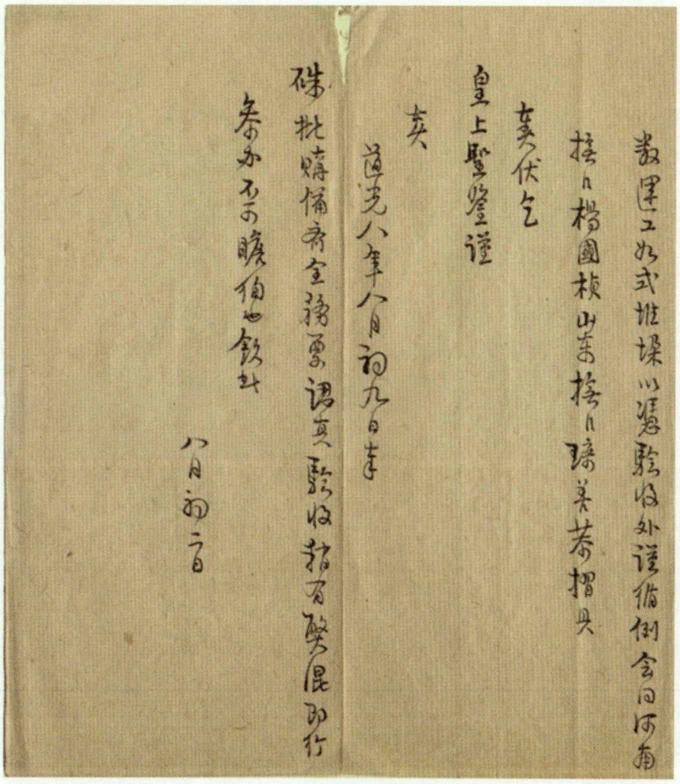

數足工如式堆垛，以憑驗收外，謹循例會同河南
撫臣楊國楨、山東撫臣琦善，恭摺具
奏，伏乞
皇上聖鑒。謹
奏。
道光八年八月初九日奏
硃批：購備齊全，務要認真驗收，稍有弊混，即行
參办，不可瞻徇也。欽此。
八月初十日

七九〇

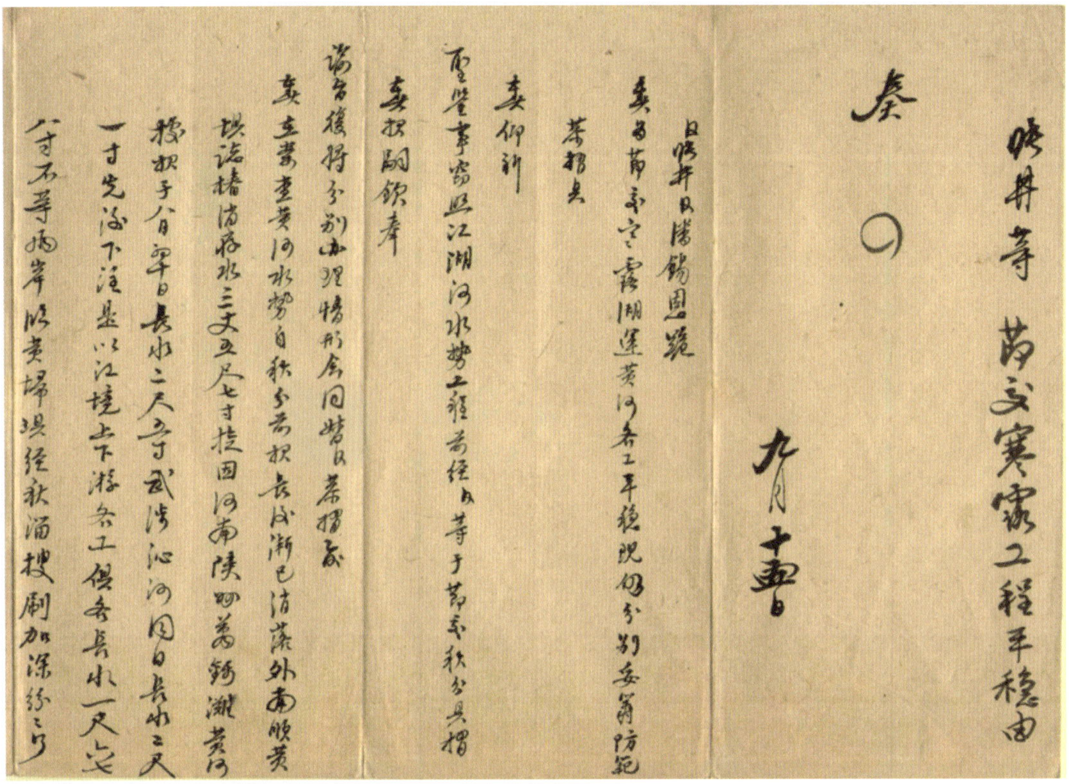
晓林等　黄家寨工程平稳由
奏
九月十四日
臣晓林臣潘锡恩跪
奏为节交霜降黄河各工平稳现仍分别妥为防范
恭折具
奏仰祈
圣鉴事窃照江南河水势工程前经臣等于节交秋分具折
奏报嗣钦奉
谕旨复将分别办理情形会同臣恭折覆
奏在案兹查黄河水势自秋分前报长后渐已消落外南厅顺黄
坝志椿消存水三丈五尺七寸拉回河南陕州万锦滩黄河
横报于八月廿日长水二尺三寸武陟沁河同日长水二尺
一寸先后下注並以江境上下游各工俱各长水一尺六
八寸不等两岸险要埽坝经秋涌搜刷加深

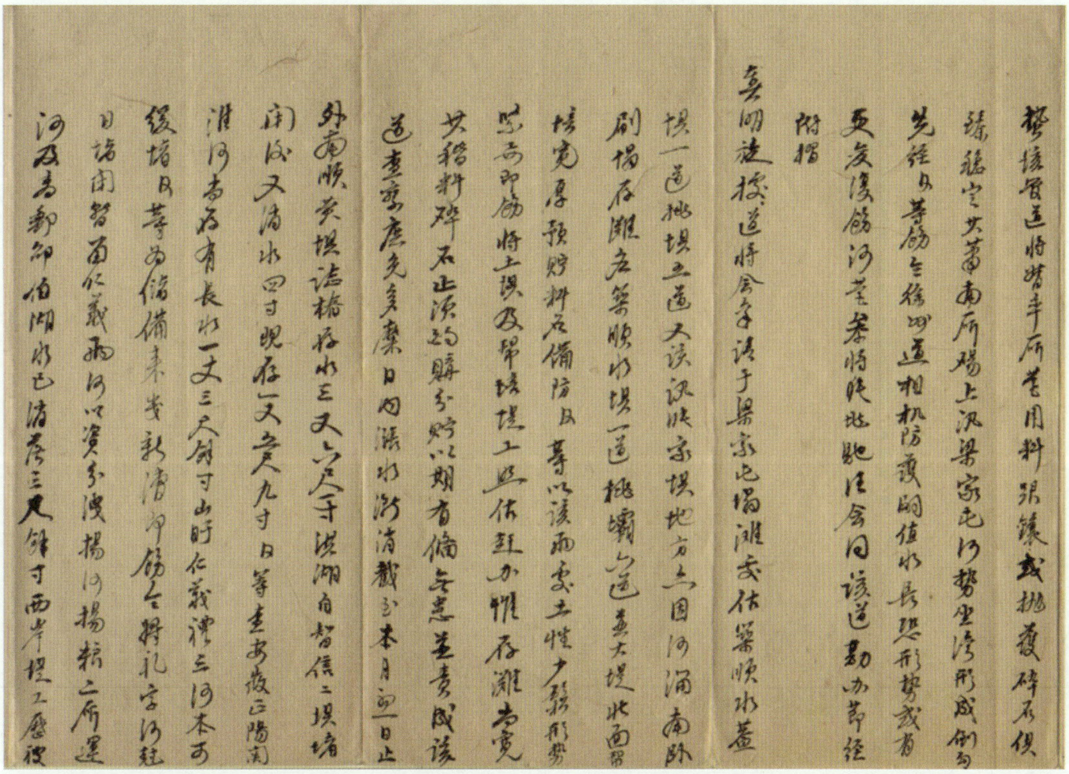

勢該管道將督手所需用料銀議或拋護碎石俾
臻穩定。其蕭南所屬上汛梁家屯河勢坐灣，形成倒勾，
先經臣等飭令接做逼通，相機防護。詢值水長，照形勢較有
更發，復飭河營參將張兆魁作會同該道勤加節經
附摺
奏明在案。該道將會全該于梁家屯增灘安作築順水蓋
埧一道、挑埧五道，又該汛張家埧地方亦因河滑南臥
刷場存灘，亦築順水埧一道，挑壩六道，並大堤北面帮
培寬厚，預購料石備防。臣等以該兩處土性沙鬆，形勢
緊要，即飭將上埧及帮培堤工照依趕辦。帳存灘亦寬
其稽料碎石，不必須趕購，以期有備無患，並責成該
道查察，庶免多糜。日內漲水漸消，截至本月初一日止
外南順黃埧誌樁存水三丈六尺八寸，洪湖自智信二埧培
閘放，又消水四寸，現存一丈六尺九寸，臣等查安瀾閘
淮河尚有長水一丈三尺餘寸，山旴仁義禮三河本可
緩堵，臣等因備來歲新漕，即飭令將禮字河趕
日堵閉，智、信、仁、義兩河，以資分洩，揚河揚粮二廳所還
河及高郵邵伯湖水已消落三尺餘寸，西岸堤工應被

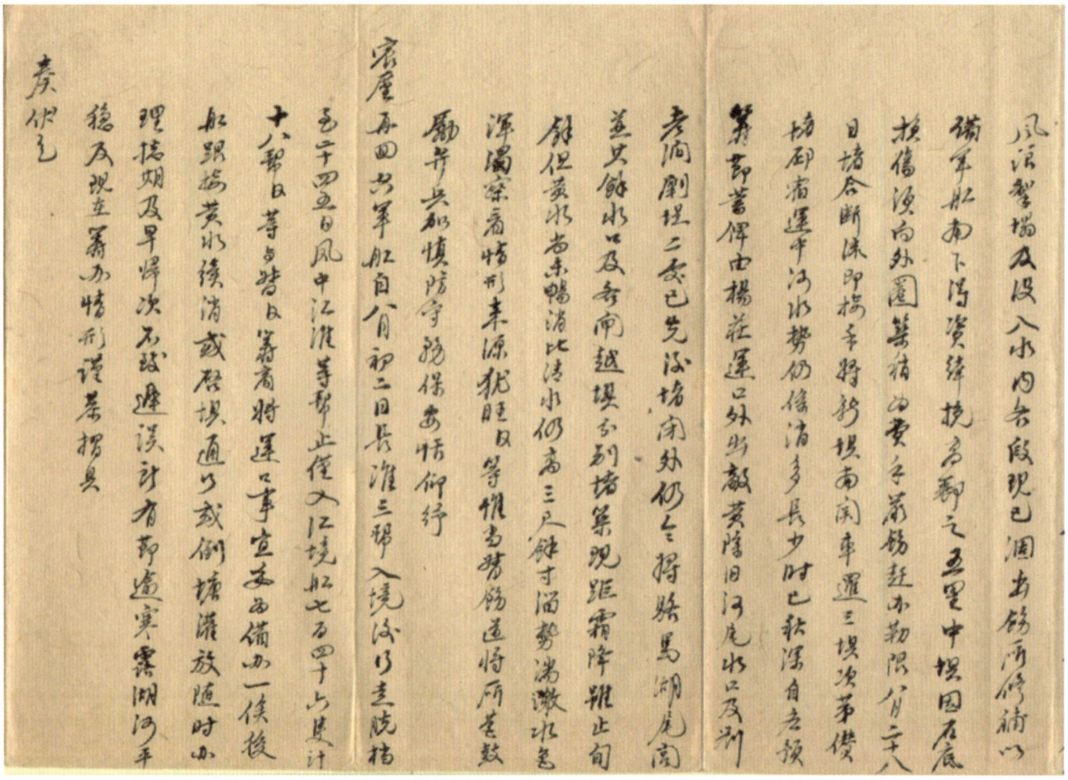

風汛警搶及段入水內各段現已涸出飭令修補以
備本秋南下湯資纖挽高郵之五里中壩因石底
損傷須向外圈築補由[illegible]前飭趕辦勒限八月二十八
日堵合斷流即將新壩南關車邏三壩次第[illegible]
堵閉惟運中河水勢仍係消多長少此時已秋深自應預
籌節蓄俾由楊莊運口外出敵黃隨舊河尾水口及劉
老澗劉莊二壩已先後堵閉外仍令將駱馬湖尾閘
並只餘水口及各南越壩分別堵築現距霜降雖止旬
餘但黃水尚未暢消比清水仍高三尺餘寸溜勢湍激臣愈
深焦灼察看情形來源猶旺臣等惟有督飭道將所屬鼓
勵并兵夫慎防守務保安恬仰紓
宸廑再回空軍船自八月初二日長淮三幫入境後仍陸續
至十四五日鳳中江淮等幫止僅入江境船七百四十六隻計
十八幫臣等與督臣籌商將運口事宜妥為備辦一俟後
船跟接黃水續消或啟壩過水或倒塘灌放隨時辦
理總期及早渡黃不致遲誤所有節逾寒露湖河平
穩及現在籌辦情形謹恭摺具
奏伏乞

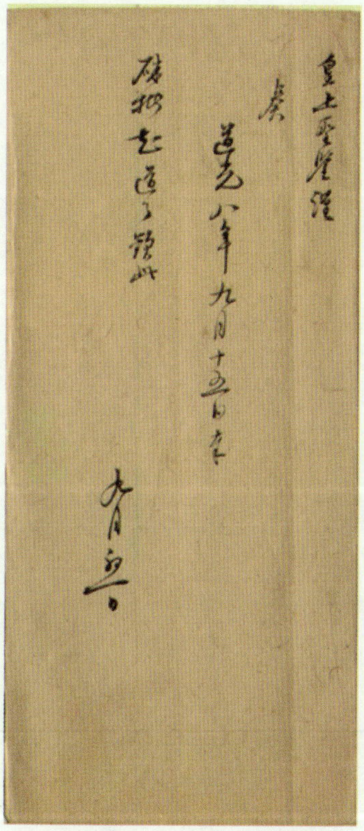

皇上聖鑒謹

奏

道光八年九月十五日奏

硃批知道了欽此

七九一

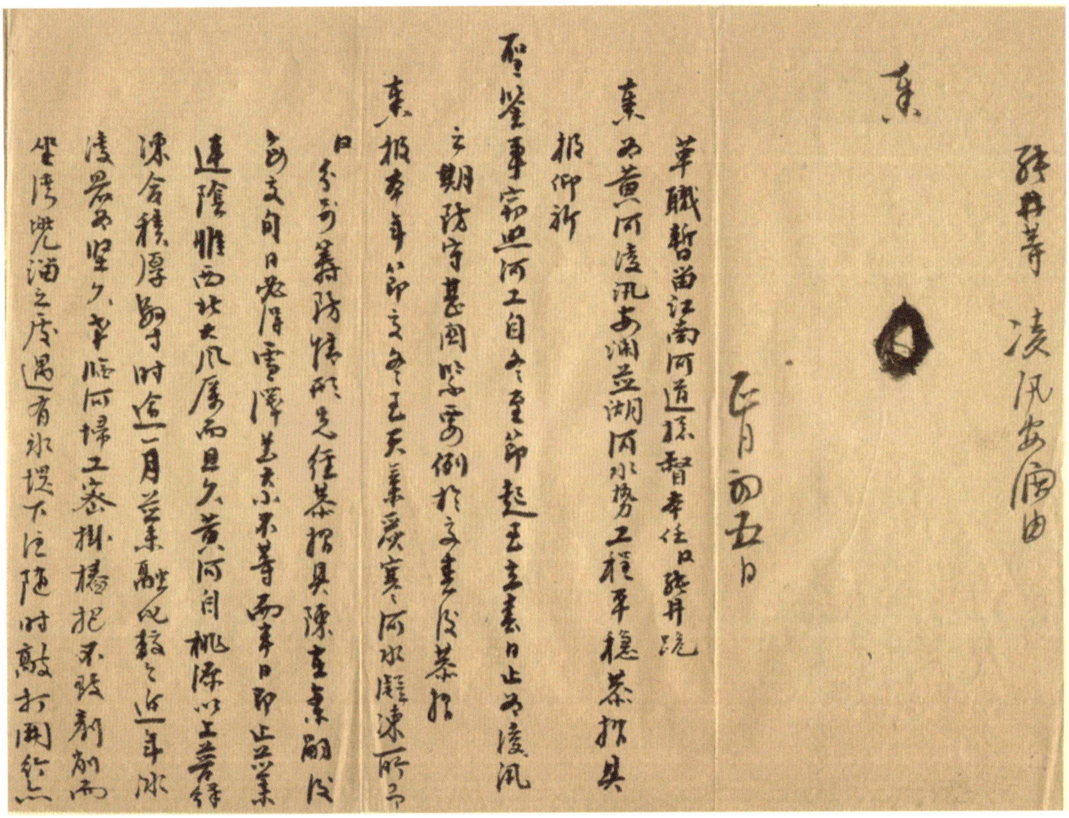
張井等　凌汛安瀾由

奏

正月初五日

革職暫留江南河道總督奴才張井跪
奏爲黃河凌汛安瀾並湖河水勢工程平穩恭摺具
奏仰祈
聖鑒事竊照河工自冬至節起至春分日止爲凌汛
之期防守甚關緊要例於冬至後恭摺
奏報本年小節交冬至天氣嚴寒河水凝凍所有
奴才籌防情形先經恭摺具陳在案嗣後
兩交節日後得雪澤甚大不等兩三日即止其業
遇陰雖西北大風屢而且久黃河自桃源以上業經
凍合積厚數寸時逾一月並未融化較之近年冰
凌最爲堅久幸臨河埽工簽樁插把不致剗割而
堂慮晃湧之虞遇有冰堤不住隨時敲打開鑿亦

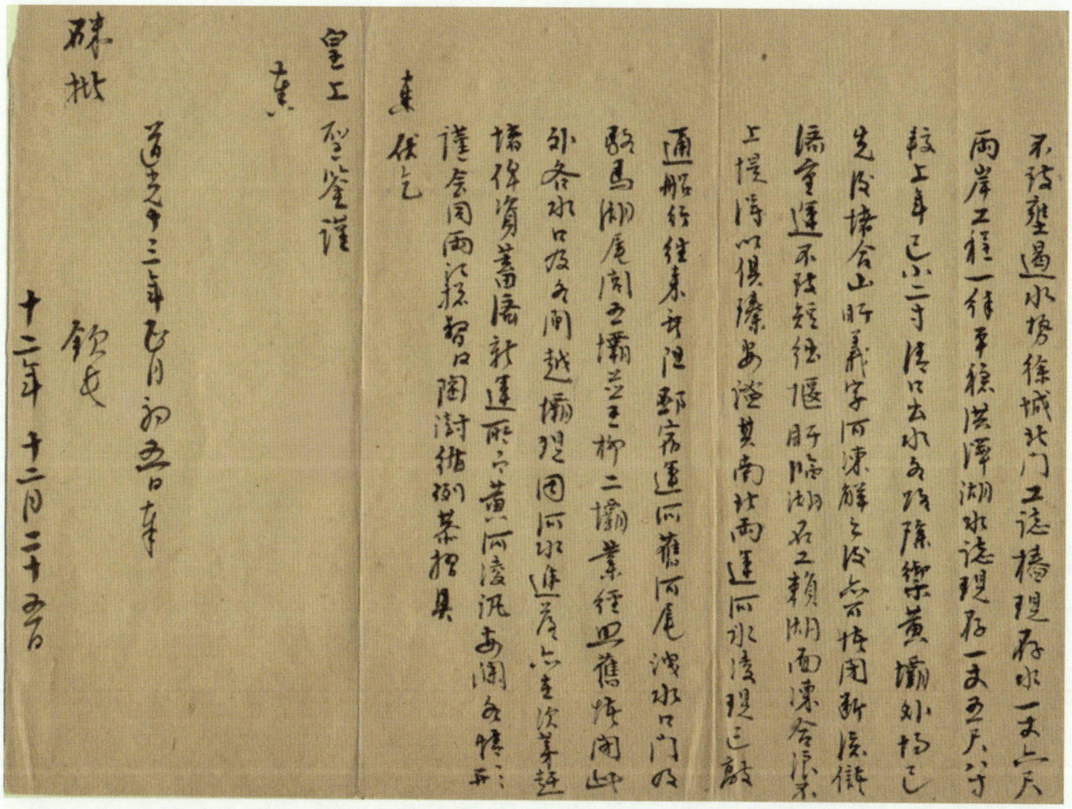

不致壅遏水勢徐城北門工誌橋現存水一丈六尺
兩岸工程一律平穩洪澤湖水誌現存一丈五尺八寸
較上年已小二寸清口出水各路除禦黃壩外均已
先後掃合山盱義字河滾壩之後亦皆接閉新漲[illegible]
隨會運不致經由堰盱隔湖石工賴湖面漾合深
上提傳以保護安瀾其南北兩運河水勢現已敷
通船行往來並經邵家運河舊河尾淺水口門及
駁馬湖尾閘五壩並三柳二壩業經照舊堵閉此
外各水口及各閘越壩現因河水退落亦已次第趕
堵俾資蓄濟新運所有黃運兩河凌汛安瀾各情形
謹會同兩江總督臣陶澍繕摺具
奏伏乞
皇上聖鑒謹
奏
硃批
道光十三年正月初五日奉
欽此
十二年十二月二十五日

朱士彦等 續勘黄河大隄各工事

奏

二月十六日

臣朱士彦臣敬徵跪

奏爲遵

旨續勘黄河大隄暨中運兩河縴隄各工程分別

急修緩修具奏仰祈

聖鑒事竊臣等奉

命查勘黄運湖河各工并將高堰山盱揚河揚糧

裏河各工分別緩急列款具奏欽奉

諭旨飭交河臣張井照議確覈奏明辦理去即行赴

欽遵在案前臣等于本年正月二十四日于家

灣合龍穩固後即率同員弁赴桃南宿南

睢南銅沛運河中河各廳詳細履勘悉心籌議

除桃南于二大壩缺身澆築土戧補還正隄土工

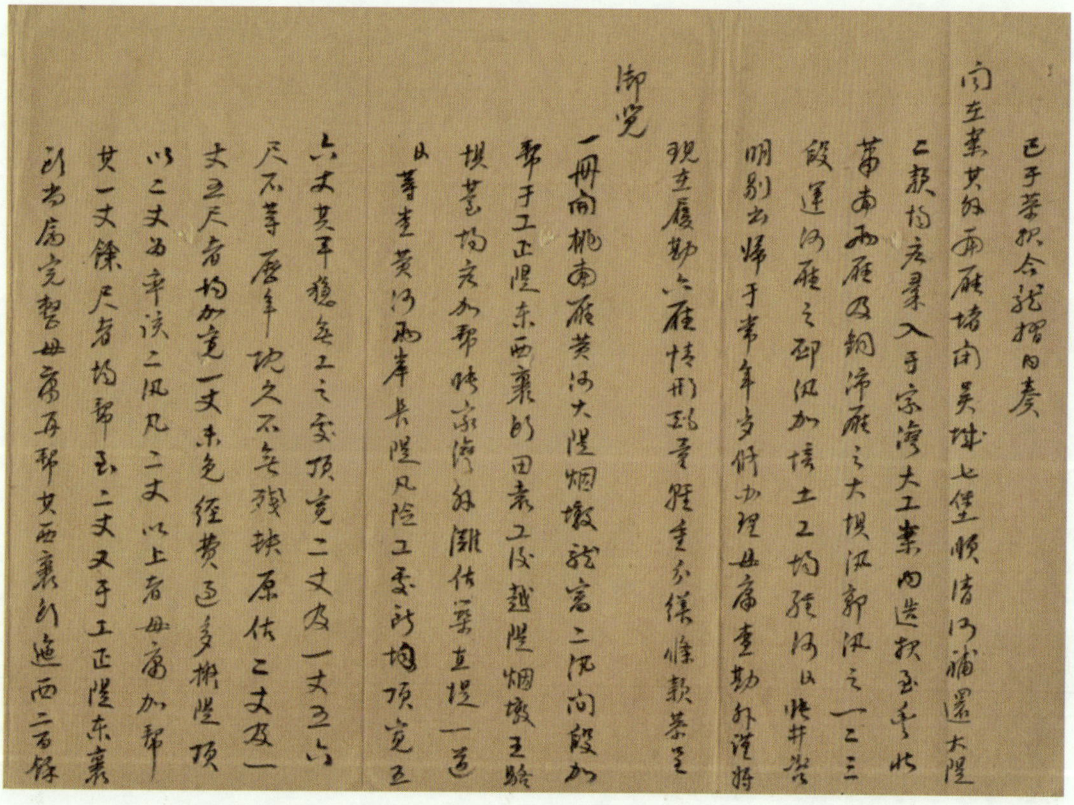

已于恭摺合銜摺內奏
聞在案，其餘兩廳境內吴城七堡、順清河、補還大隄
二款均應歸入于家灣大工案內造報。至于北
蕭南兩廳及銅沛廳之大壩汛、鄒汛之一二三
段、運河廳之邳汛加培土工，均歸河以挑井裝
明别出，歸于常年另行辦理，毋庸查勘外，謹將
現在履勘六廳情形，酌量輕重，分撰條款，恭呈
御覽。
一、冊開桃南廳黃河大隄烟墩龍窩二汛向段加
幫于工正隄東西裏的田素工段越隄烟墩王驂
壩壘均應加幫，將宗灣外灘估築直隄一道。
以籌查黃河兩岸長隄，凡險工要工，均頂寬五
六丈，其平穩無工之處，頂寬二丈及一丈五六
尺不等。歷年既久，不無殘缺。原估二丈及一
丈五尺者均加寬一丈，未免經費過多。擬隄頂
以二丈為率，該二汛凡二丈以上者毋庸加幫，
其一丈餘尺者均幫至二丈。又于工正隄東裏
所有處完整，毋庸再幫。其西裏的近西二百餘

丈俱形破碎擬准加修烟墩五號埧基查係上
年已幫成頂寬五丈今復估幫二戧似可暫緩
其西面臨湖擬拋碎石以資捍禦惟宗灣一段
向無隄工因上年盛漲致隄身被刷殘缺原估
千分雖另築直隄以與水爭地勢必迎溜當沖
將來恐成險工應毋庸改築仍擬補修大隄殘
缺酌量加幫以省糜費其加幫四素工段越隄亦應
擬緩
一冊開宿南廳黃河大隄周莽洋三汛補還殘
缺分別加幫五等查該三汛臨河一面隄工顯有風
浪撞激損卸痕迹若不早為修補恐日久坍塌
愈甚擬准其一律補還[illegible]缺並原估加高
加寬此費較多應酌為覈減以歸省節查周
汛二分二十二段惟末段頂寬不及二丈應准幫
寬五尺其一段至二十一段頂寬二三丈或五六
丈均可擬緩蔡汛二分四十八段內九段至十
一段二十五段至三十段又四十四段頂寬七尺
至一丈五尺不等勢形單薄且土性沙鬆

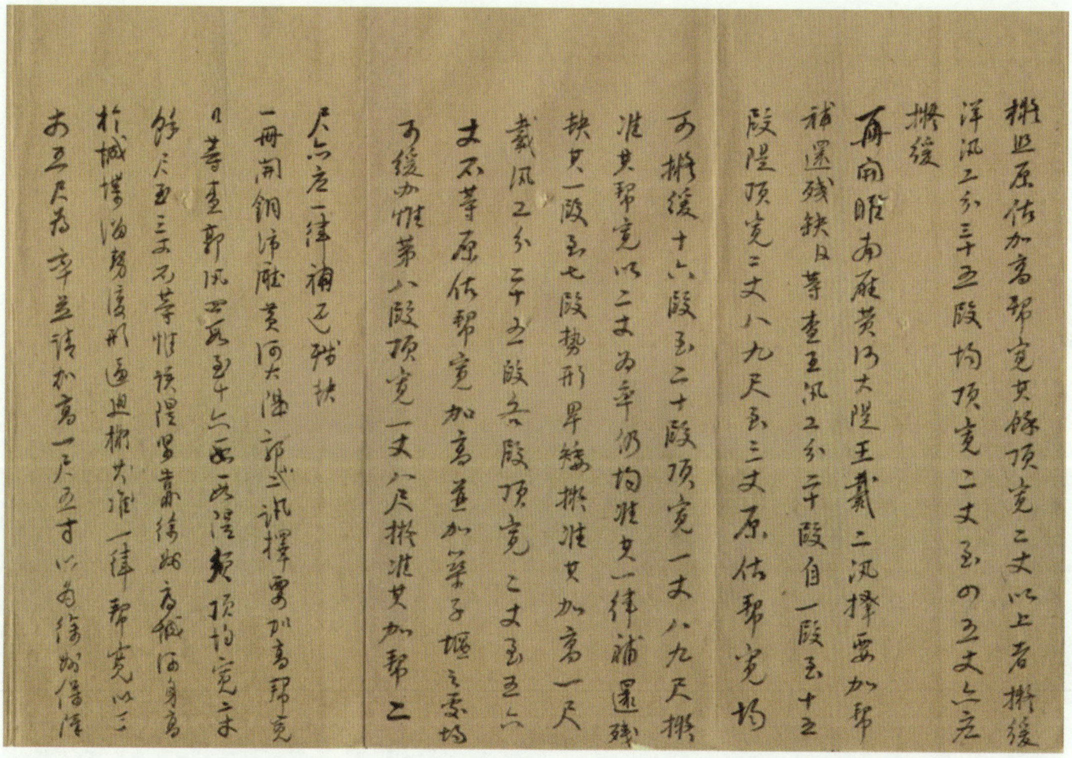
撥歸原估加高幫寬其餘頂寬二丈以上者撥後
洋汛二分三十五段均頂寬二丈至四五丈六尺
撥後
再開睢南廳黄河大隄王家二汛擇要加幫
補還殘缺又等查王汛二分二十段自一段至十五
段隄頂寬二丈八九尺至三丈原估幫寬均
可撥後十六段至二十段頂寬一丈八九尺撥
准其幫寬以二丈為率仍均准其一律補還殘
缺其一段至七段勢形卑矮撥准其加高一尺
家汛二分二十五段各段頂寬二丈至五六
丈不等原估幫寬加高並加築子堰之處均
可撥後加准第八段頂寬一丈八尺撥准其加幫二
尺六寸一律補還殘缺
一冊開銅沛廳黄河大隄郭二汛擇要加高幫寬
又等查郭汛四段至十六段一段隄頂均寬二丈
餘尺至三丈不等惟該隄身高係以南岸臨河身高
於城垛海勢後形過低撥未准一律幫寬以二
丈五尺為率並請加高一尺五寸以為條坍倍

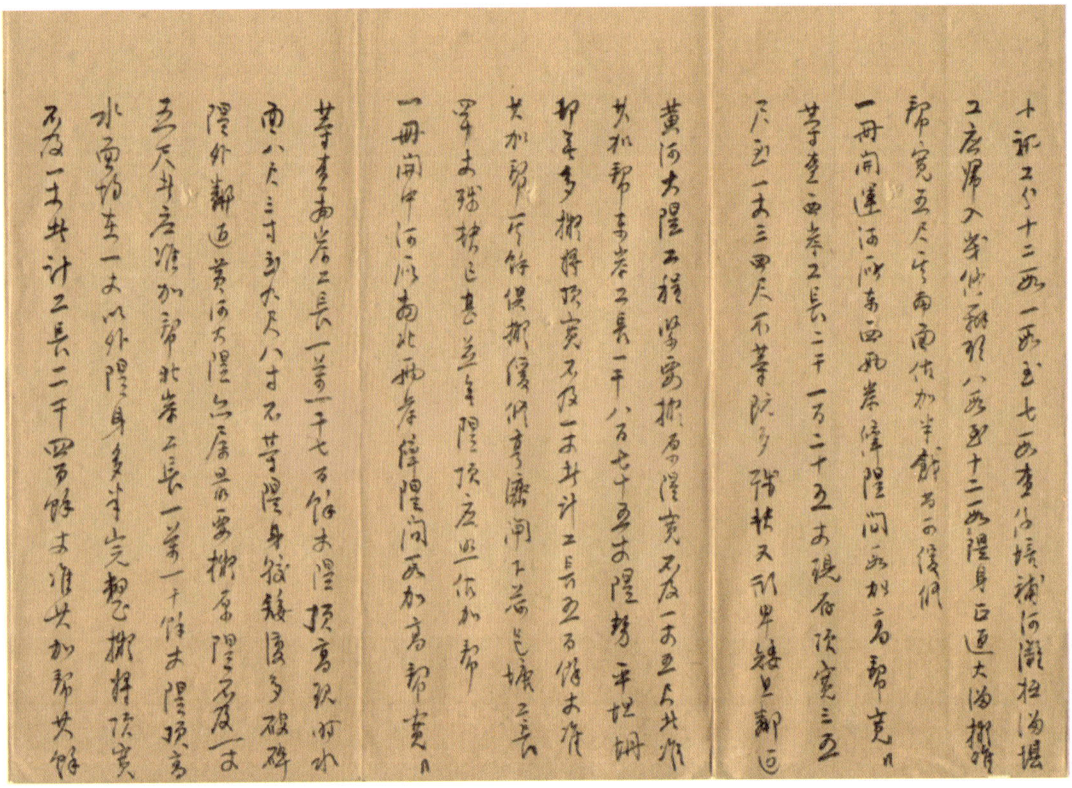

十號工作十二段一段至七段查係擴補河灘柱溜堤
工應歸入半做雜頂八段至十二段隄身正迎大溜搶辦
帮寬五尺應由南面估加半戧另再續估
一冊開陳河所東西兩岸縴隄間段加高帮寬
等查西岸工長二千一百二十五丈跟看該處寬三五
尺至一丈三四尺不等該多殘缺又形單薄且鄰近
黃河大隄工程緊要擬原隄寬不及一丈五尺者
共擬帮高岸工長一千八百七十五丈隄勢平坦綱
帮寬多擬擇該寬不及一丈者計工長五百餘丈應
共加帮所餘堤擬緩估東隣開下莊地壞工長
四千丈殘缺已甚並無隄頂應照估加帮
一冊開中河所南北兩岸縴隄間段加高帮寬
等查南岸工長一萬一千七百餘丈隄頂寬狹不
齊八丈三寸至八尺八寸不等隄身殘缺處多破碎
隄外鄰近黃河大隄無庸再要擬原隄不及一丈
五尺者應加帮北岸工長一萬一千餘丈隄頂高
水面均在一丈以外隄身多半完整已擬擇該寬
不及一丈者共計工長二千四百餘丈准其加帮其餘

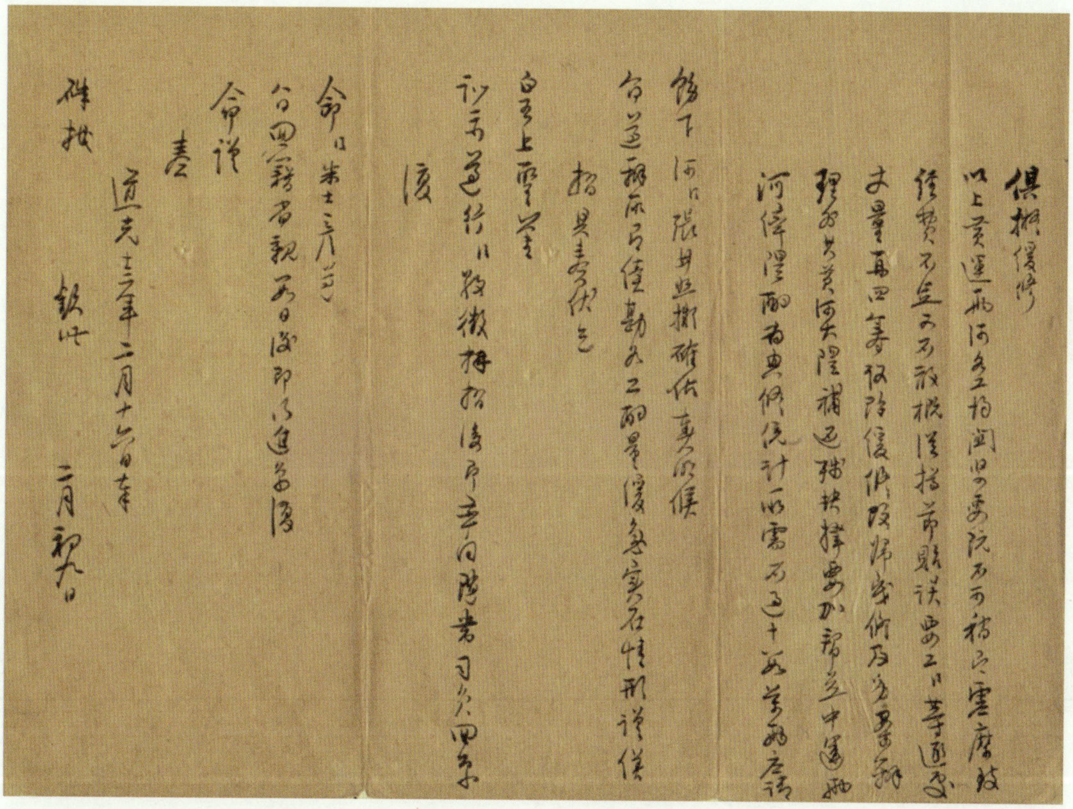
硃批
欽此
二月初六日

七九三

吴邦慶　查驗豫東各廳料垛並勘估埽

奏　〇文

三月初八日

河東河道總督臣吴邦慶跪

奏為查驗豫東黃河各廳料垛並勘估春修埽工恭摺

具陳仰祈

聖鑒事竊臣前將預籌重運事宜趕為布置後即赴黃

河查料估工曾于履勘運河挑工摺內附陳在案

伏念河工修守以稭料為大宗弊亦從此百出自經奏

欽差查察懲創並將霜後用賸之料作為抵款另存凡

從前過橋架井飛垛捶根翻舊作新等弊業已全

除惟上年大雨大水沿河產稭灘地無不被淹加

以南河豐奉大工紛紛放價遠購遂因奇貨可居內

地又積水瀰漫車無可行之路猶幸交冬以後氣雖

嚴寒而天常晴霽水土凍結轉可通車得以赶办

無誤臣思料既難办弊恐後生于發办之初嚴
加申禁並責成該管各道不必守候全完務須梭
織往来隨堆隨驗驗不如式即押令加足重堆使
之無隙可乘否則弊在先稽察在後即將劣員
治以重罪仍于事無裨各道俱能實力奉行
而開歸道張坦河北道文沖轄廳較多路長五百有
餘里上下奔走除夕尚在河隄其勤能認真尤為
不辭勞怨臣又訪聞近来河廳自顧考成尚不敢
以身試法惟丁役射利料户与梁夫勾通幾于
無偽不作一經敗露官受其貽累之害堪痛恨臣
復利弊告示明定規條如有此等情弊先將若輩
治罪再參廳員以昭炯戒故此風近亦稍息至于
貯料之處有門垛有底廠有順坡堆積皆限于
地勢之不得不然無関弊竇查上年調任河
臣林則徐條舍門垛而專查底廠亦攻其無備
之一法但人心多詐未必不易其術以為遷避之計
臣惟隨意抽查或一工拆稱三四垛或每廠拆
稱五六垛以驗梭束以束梭堆不過多費日時而弊

無可適計自二月初上陸歷二十七日之久始將兩岸
十五廳料垛查完覈重丈尺尚皆足額閒有多餘
百餘斤及高一二尺者麻斤積土亦照驗足數此皆由
近年查料
諭旨綦嚴兼臣自去夏到任以來尚係初次查驗歲料
是以人懷戒懼寔不敢謂此後即無流弊查察
稍疎况河工防弊首在胥銷胥銷之端莫甚鑲
埽臣于驗料之後即攜帶估冊時各廳春修埽
段逐一查量水深比較隄高埽面埽高水面剔
拆補加鑲比原估單文多有刪減惟南岸河形
側注經上秋奇險蟄塌最多北岸亦間有相同
處段落較少亦于原估外擇其最為緊要
處所必須趁此水小時預為鑲補以免大汛著險
所費錢鉅俱經確估飭辦剋下正當桃汛臣即
駐工督防容將如何辦理情形隨時具
奏外所有查驗料垛勘估春工各緣由理合詳細
具陳伏乞
皇上聖鑒再臣經過地方察看麥苗青葱兆占豐

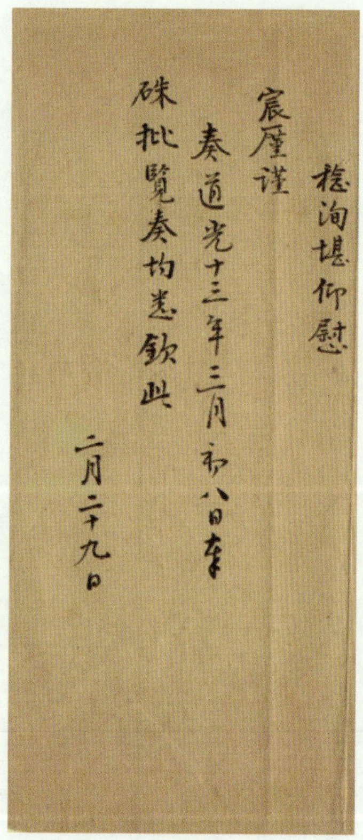
稔洵堪仰慰
宸廑謹
奏道光十三年三月初八日奉
硃批覽奏均悉欽此
二月二十九日

七九四

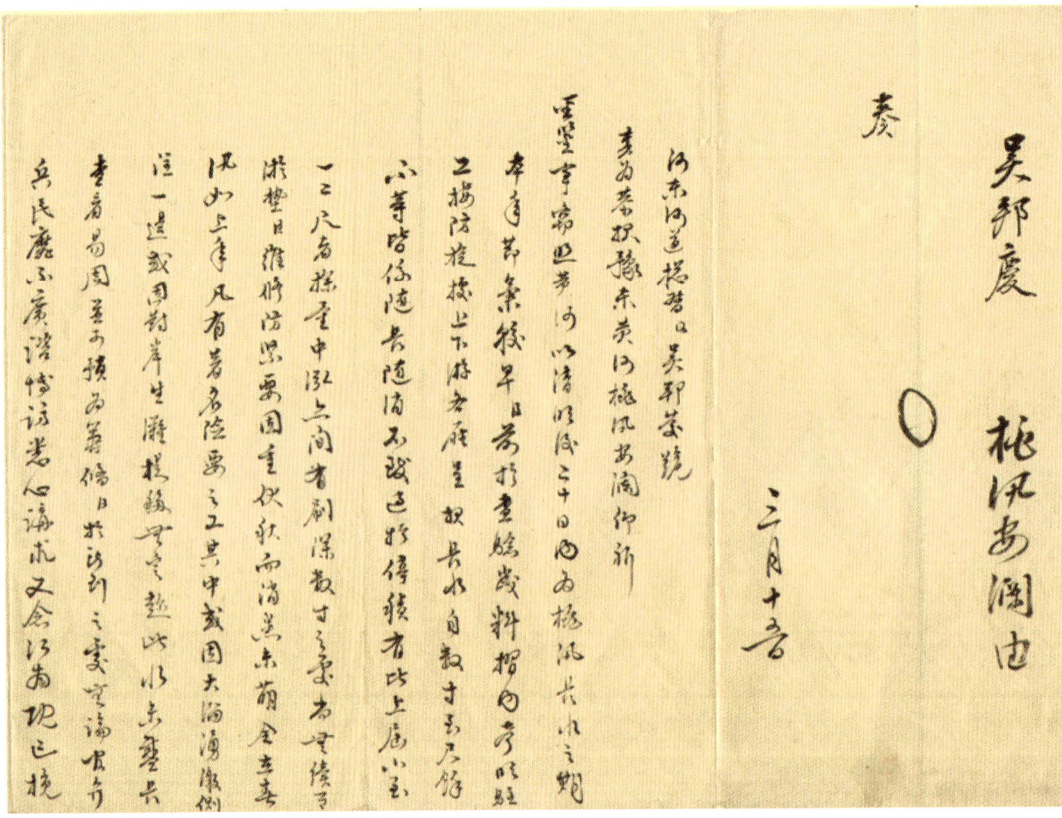

吳邦慶　桃汛安瀾由

奏　○　三月十二日

河東河道總督臣吳邦慶跪

奏爲奏報豫東黃河桃汛安瀾仰祈

聖鑒事竊照黃河以清明節前後二十日內爲桃汛長水之期

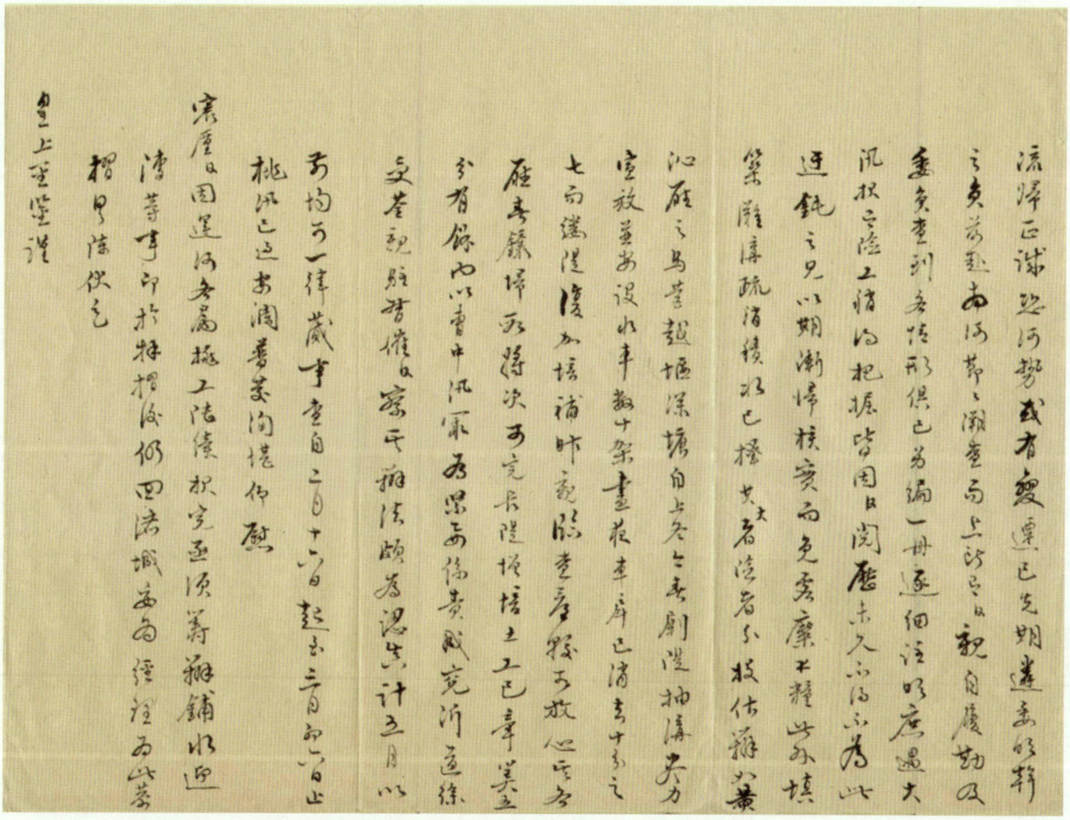
流歸正漕，然河勢或有變遷，已先期遴委明幹
之員，前赴南河節節測查，而上游已由臣親自履勘，及
委員查到各情形，俱已另繪一冊，逐細註明。座遇大
汛秋至，隨工隨時把握，皆因日閱歷未久，不得不為此
遲鈍之見，以期漸歸核實，而免虛靡。此外填
築灘窪，疏浚積水已據大者諸君不收估辦八兼
沁灘之馬營越壩，深塘自上冬亡竟劇，隄抽溝大力
宣洩，並安設水車數十架，盡夜車戽，已消去十分之
七，而議隄增加培補，昨親臨查看，稍可放心。臣今
歷來錄歸所將次，可竟各隄培培土工，已[illegible]之
分有餘。向以曹中汛最為[illegible]要，係[illegible]究沂道徐
交[illegible]親駐督催，以[illegible]辦法頗為認真，計三月以
前均可一律蕆事。查自二月十六日起至三月初六日止，
桃汛已過，安瀾普慶，聞堪仰慰
宸廑。目因運河各屬挑工陸續報完，亟須籌辦鋪水迎
漕等事，即於拜摺後仍回濟城，妥為經理。所有此等
摺日陳伏乞
皇上聖鑒。謹

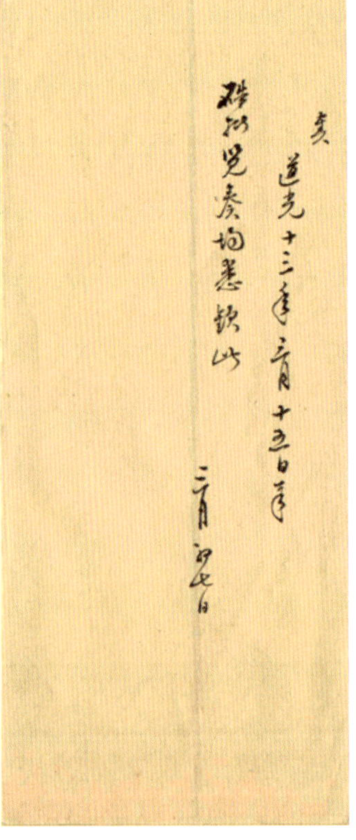
奏
道光十三年二月十五日奉
硃批覽奏均悉欽此
二月初七日

七九五

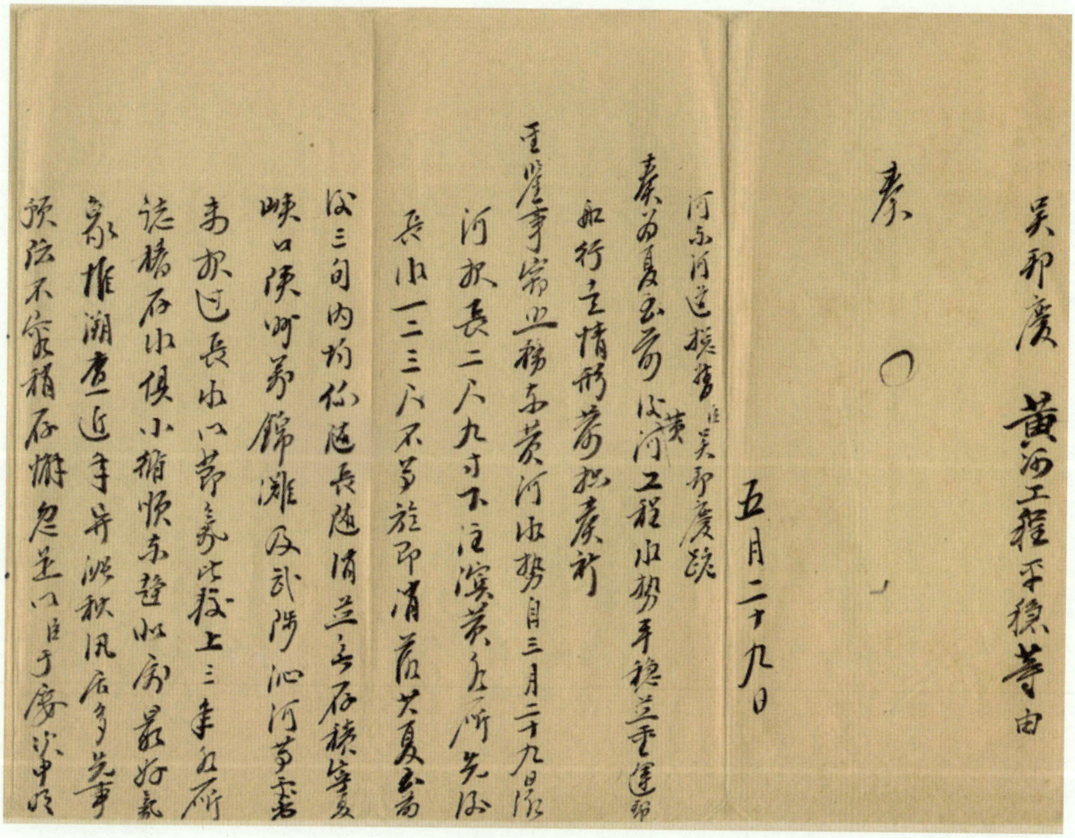
吴邦慶　黄河工程平穩等由

奏〇

五月二十九日

河東河道總督臣吴邦慶跪

奏爲夏至前後黄河工程水勢平穩並雨澤霑足

所有情形恭摺奏祈

聖鑒事竊照東省黄河水勢自三月二十九日以

河報長二尺九寸不等濮黄各所先後

長水一二三尺不等旋即消落去夏至前

後三旬內均係隨長隨消並無存積今夏

峽口陝州萬錦灘及武陟沁河等處

來報迭長水八節比較上三年及所

請積存水俱小捐懷東堤以南最好氣

象惟湖查近年每逢秋汛後多先事

預防不容積存游忽茲以臣于慶沙中堤

四年分後于上年八所親履而易積弊之不
可不除者不啻三令五申逐條指識務
期行之以實不使視爲具文現在各處
埽工自春扇堅實以有一律平穩其間
有穿漏遇溜生工段處俱擬令該管
道親臨督辦在臣照以杜浮混虛
運幫船行走者甚迅速現在三進首幫
已入山東黃林莊境截至本月十六日計
入東境五十六幫二十日過濟城五十幫十
三日出臨閘二十九日幫行抵微山湖底水
充足八閘上下並資浮送其臨清閘河衛
河非向有淺澀業經據臣飭令于東
剝例應分別量派應如何以資剋剝
惟本年泥沙在清者據運弁石船
較挫多此以上下擾攘調劑水勢諸務
信關緊要而於經運河道效又當更加
仕現雖伏汛之期已近此以黃水設有
盛長臣即須赴豫防工或仍消長相承

臣當督飭河漕文武員弁隨時相機妥為

料理以期早抵通倉上紓

宸廑所有恭摺具陳伏乞

皇上聖鑒謹

奏

道光十三年五月二十九日奉

硃批知道了欽此

五月二十一日

七九六

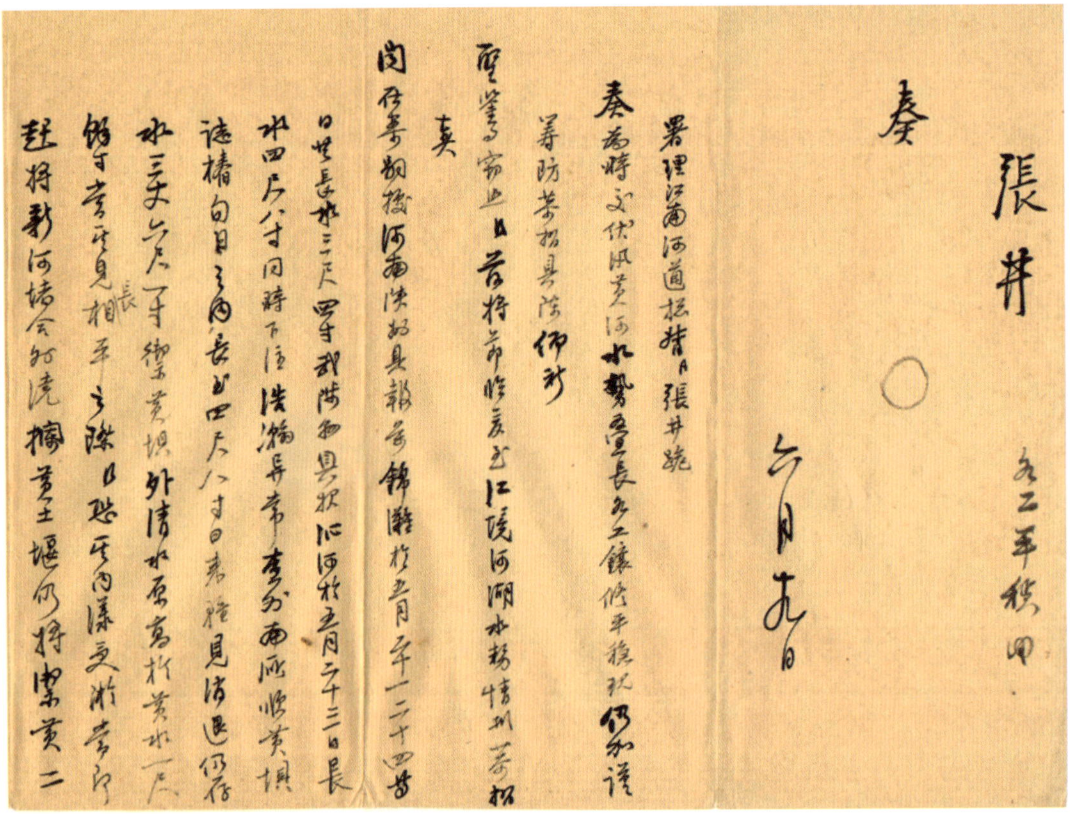
張井
奏
○
六月十五日

署理江南河道總督臣張井跪
奏為時交伏汛黃河水勢叠長各工鑲做平穩仍加謹
籌防恭摺具陳仰祈
聖鑒事竊臣前將節後交伏江境河湖水勢情形恭摺
奏
聞在案頃據河南陝州具報萬錦灘於五月二十一二十四等
日共長水三尺四寸武陟縣具報沁河於五月二十三日長
水四尺八寸同時下注洪湖異常旁分兩次順黃壩
遞增自十三日內長至四尺八寸自本日起見消退仍存
水三丈六尺五寸禦黃壩外清水原高於黃水一尺
餘寸黃水見相平長之際臣恐黃水倒灌淤墊即
趕將新河堵合外澆擁黃土堰仍將禦黃二

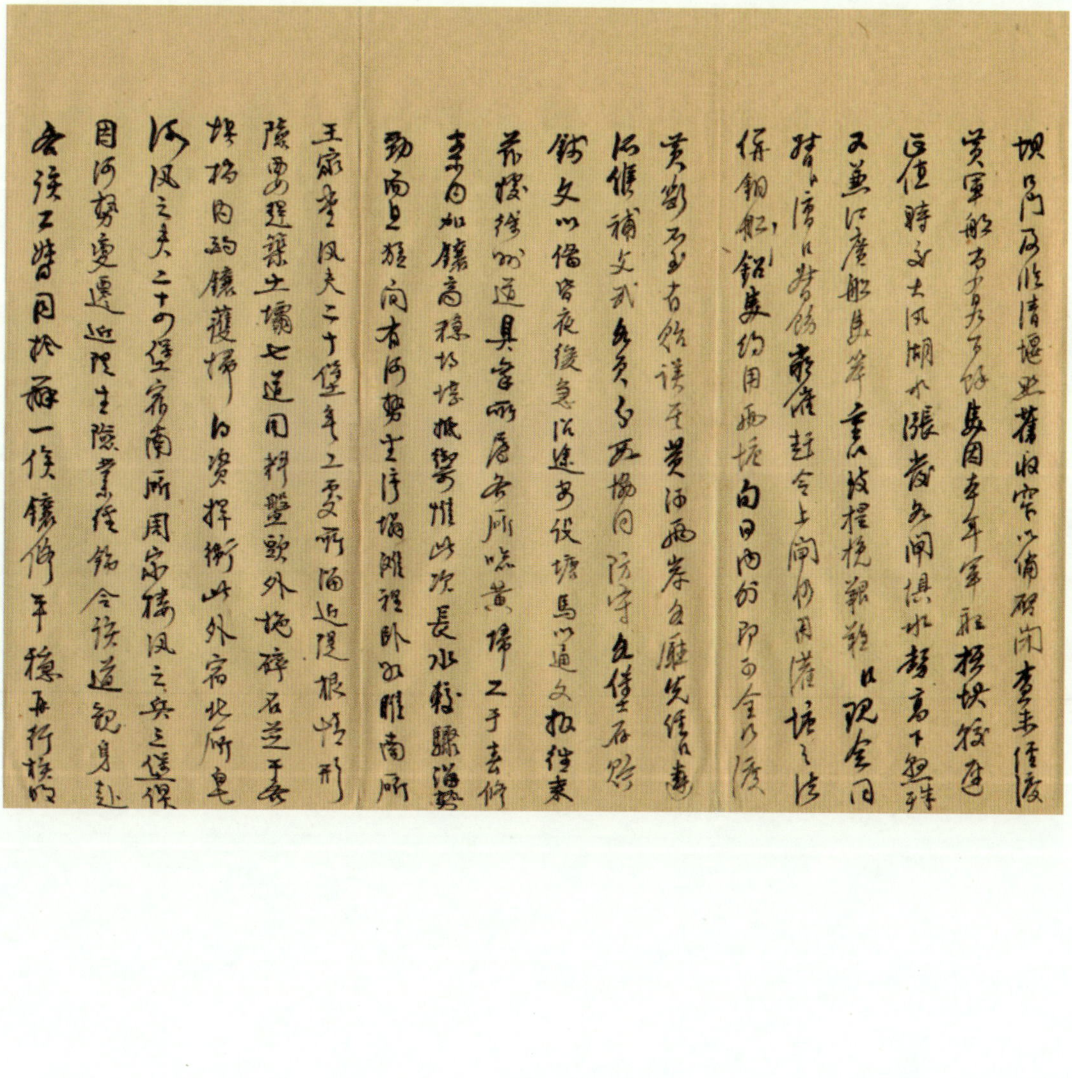
壩門及作清堰照舊收窄以備啓閉查本任後
黄運船本年已多自本年三月起糧艘啟運
正值時令大風湖水漲發兼聞湖水勢高下懸殊
又兼江廣船艘笨重牽挽艱難日現今閘
壩之清口壩務前經趕令上閘仍用灌塘之法
保翻船鉛隻均用兩塘自日內即可全行渡
黄臣查古語謂黄河兩岸自歷先任日壽
河催補文武各員分段協同防守並准石料
錢文以備晝夜緊急沿途要役塘馬以通文報往來
若遇搶險所有一應員弁所需黄埽之手去修
奏自加鑲高埝外灘抵禦惟此次長水幸賴堤勢
勁而且推向有河勢生灘埽雖程外如雎南所
王家營汎夫二十堡等工要所偏近堤根情形
險要趕築土壩七道用料蟄鑲外拋碎石並于長
埽檔內加鑲護埽以資捍衛此外宿北所皂
河汎之夫二十四堡宿南所周家樓汎之兵三堡俱
因河勢變遷逼近生險業經飭令該道親身赴
各該工督同於每一段鑲修平穩再行按照

具
奏洪澤湖水勢前經漲至一丈七尺四寸連日消落
茲壽州呈報正陽關淮水續長九尺六寸且當飭
道所轄將山盱仁字引河啟放俾資分洩現在
高堰所誌樁長存水一丈七尺七寸所有修浚
義字引河昨據具報完工尚可騰挪即飭
接續開放以防續漲至下游高寶諸湖之水已
將揚糧所屬各橋壩啟放通達歸江現尚有
虞閘並因揚河東岸民田需水灌溉飭將各閘
閘全行開放不准存留底板既資分洩且俾
田禾揚河所西岸加培縴隄及倒卸碎石等
工業經陸續完竣現在趕緊包砌碎石坦
坡擬俟糧船全數渡黃以後即赴該所逐細驗
收其桃南宿南睢南銅沛運河中河六所專
案土工及各所常年加培土工現在已有據報
完工者亦俟由揚河折回再赴上游挨所量驗
並嚴勅各工暨飭籌防務期一律平穩所
有時交伏汛河湖水勢並鑲修各工情形謹

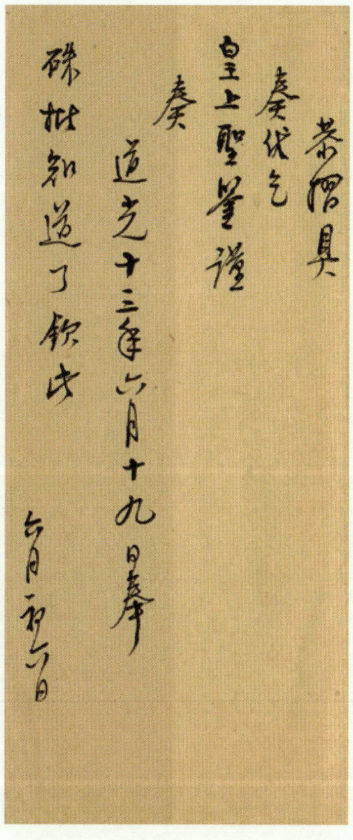

恭摺具
奏伏乞
皇上聖鑒謹
奏
道光十三年六月十九日奉
硃批知道了欽此
六月初六日

七九七

吴邦庆　伏汛安澜由

奏

○

七月初五日

河东河道总督臣吴邦庆跪

奏为节交立秋，豫东黄河伏汛安澜，并入伏前后水势接长，

異常各工俱已抢护平稳，现仍加意筹防，恭折具陈，仰祈

圣鉴事。窃臣前将漕行畅顺、黄水加长，即启赴工防汛各缘由，专折具

奏。嗣旋自济城冒雨起身，途次叠接署报：武陟沁河自五月

二十七日亥时至六月初八日辰时，五次长水九尺四寸，连前共

长一丈六尺七寸；陕州万锦滩自五月二十九日子时至六月初

五日亥时，三次长水九尺七寸，连前共长一丈三尺一寸；巩县洛

河五月二十七日午时长水二尺五寸，连前共长五尺四寸。统

计伏汛前后沁河、万锦滩、洛河长水十五次，共二丈五尺二

寸。皆係前水未消，后水踵至，且多沁黄并涨之时，翻腾滚

畅，达东趋。询之官弁兵民，佥谓伏汛水长水势实为近今罕

見當乎刷條河身惟長水既勤溜更洶湧臨黃十五所埽壩
紛紛蟄塌幾至措手不遑而北岸曹河所尤爲吃重臣先馳赴
該處目睹曹下汛自二堡至七堡一帶對岸灘嘴挑峙溜勢
掃灣而來滙塌埽身疾予搶拈拉打凡有防閑工段處處刷出
出隨蟄隨鑲料物盡道廳營汛晝夜在工搶鑲不遺餘
力臣點查在工料垛均次用完亟應添辦而自上年歉收後
民間存稭本少新料又未登場加以大雨旬餘沿途泥濘
車運維艱更恐料戶抬價居奇誤工用當委曹州府知府
陳猷協同曹河廳分投採購適歸道張埋近在對岸查工一
聞是信馳飭商虞睢寧司所備撥存料舟送曹河購
料已陸續運到長水亦逐次見消河以搶護平穩臣察看
大局已定將應辦各事交該廳道徐受荃慎重經理
其所做工段應俟一律全完隨時附
奏以昭核實此外各廳情形並不致如曹河之甚而前次盛漲
之日積長亦已久之多蟄塌頻仍抵無虞日惟擇其最險要
者批飭該廳各道先後臨工背鑲修俟臣勘後酌辦不准率
行動工因段落已煩另片奏呈
御覽伏念河工修防伏秋並重而於伏汛長水爲最慎惟不料

奴才等勤驗所本上年殘缺處所俱已次第補修料土一律備
齊全中多順手其上冬發辦碎石及另案土工現前俱已報
完且現在所查之處俱係親自丈量錐試從不假手于人
故上堤已半月有餘而兩岸尚未全到實因此等公務
全在不厭煩碎細心稽查方能洞悉弊竇俟周歷查
竣再將承辦州判之員分別奏請懲辦以冀力除積習
而挽頹風現在節交立秋伏汛已過安瀾普慶洵足上慰
聖懷惟秋汛為期最長仍當督飭道廳營汛振刷精神加意防守
其本堤各工或所均已節節派員巡查以期聲勢聯絡務保
全局日來水勢通情天氣晴朗總當慎益加慎安益求安仰付
聖主厪念河防之至意所有伏汛安瀾並查看險工搶守情
形理合恭摺具
奏伏乞
皇上聖鑒謹
奏
道光十三年七月初五日奉
硃批勉力脩防毋許稍忽欽此
旨二十四月

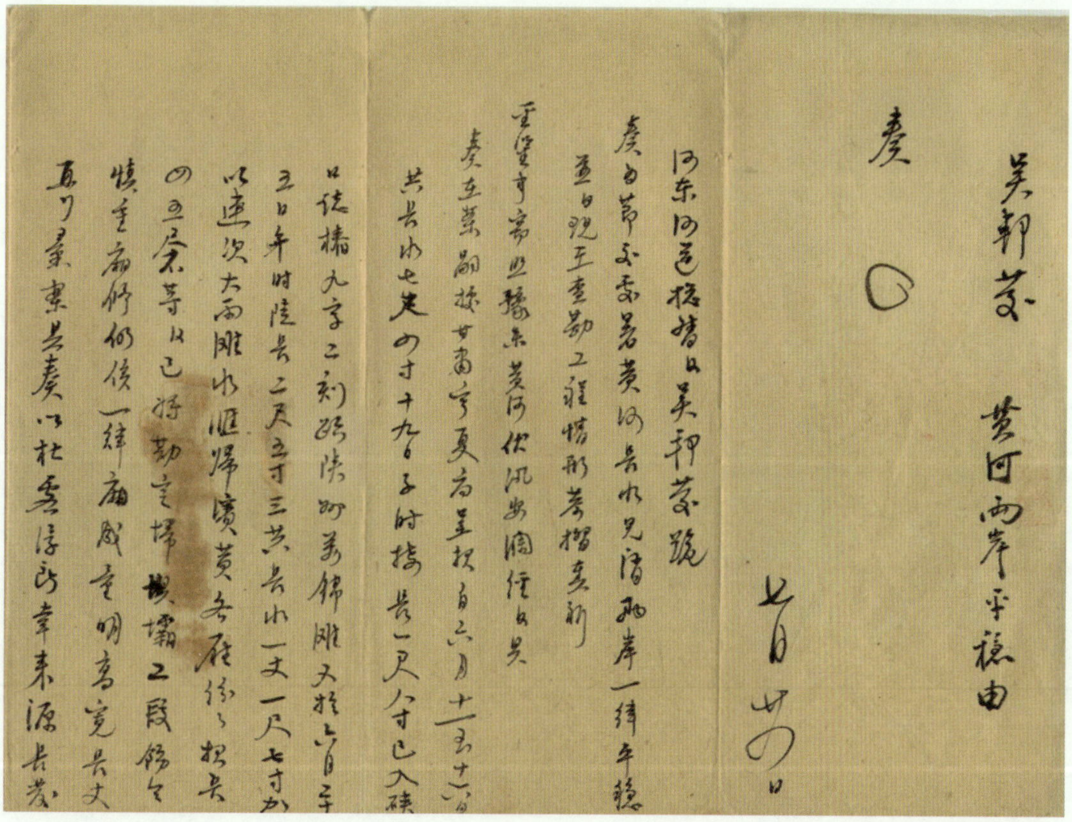
吳邦慶 黃河兩岸平穩由
奏 ○
[illegible]廿四日

河東河道總督臣吳邦慶跪
奏為節交霜降黃河南北兩岸一律平穩
並臣現在查勘工程情形恭摺奏祈
聖鑒事竊照豫東黃河伏汛安瀾經臣具
奏在案嗣據[illegible]稟報自六月十五十六日
共長水七尺四寸十九日子時續長一尺八寸已入[illegible]
[illegible]九字二刻[illegible]萬錦灘又於[illegible]
五日午時陡長二尺五寸三共長水一丈一尺七寸加
以連次大雨[illegible]水匯歸濟黃各廳[illegible]
四五等日已將勘定埽[illegible]二段[illegible]
慎重廂修俟一律廂成查明高寬長丈
再行彙案具奏以杜[illegible]來源長[illegible]

雖勤雨伏汛存水業已逐漸暢消河身並資容
納惟以查工至沁河兩岸詢知前查六月初旬水勢
屢次暴漲繼長增高積存至一丈餘尺處處平隄漫
水淘灣來本[illegible]庫攜果亦被大溜衝斷危在
呼吸經河北道史仲勉赴該處飭令廳營督
率兵夫分段搶護該道于風雨昏黑中指資堤
購料土埽搶辦兩來始以化險為平保衛無事以此次
沁工緊看水痕及隄身殘損情形殊深惕慄僥
倖需從設法補修以為將來防守之計更無應碎
石風前保已到前要收者皆足數過而應拋之段甚無

奏
奏定章程均由[illegible]與各道勤估沁北動用搶以足

硃

可保堤埽身為度不由河仍援舊案動輒拋用
一二千方者工員尚能遵循計今年已大為撙節
於此足徵無不敢違為愈通以年經年因循之餘蓋
信利契相承竟不啻循為故轍印如此次驗收第
需土工所號以諸前一經推查識便虎草率之必當如此認真若辰之與
認真石塊不能掩藏則可動草率者更已於前

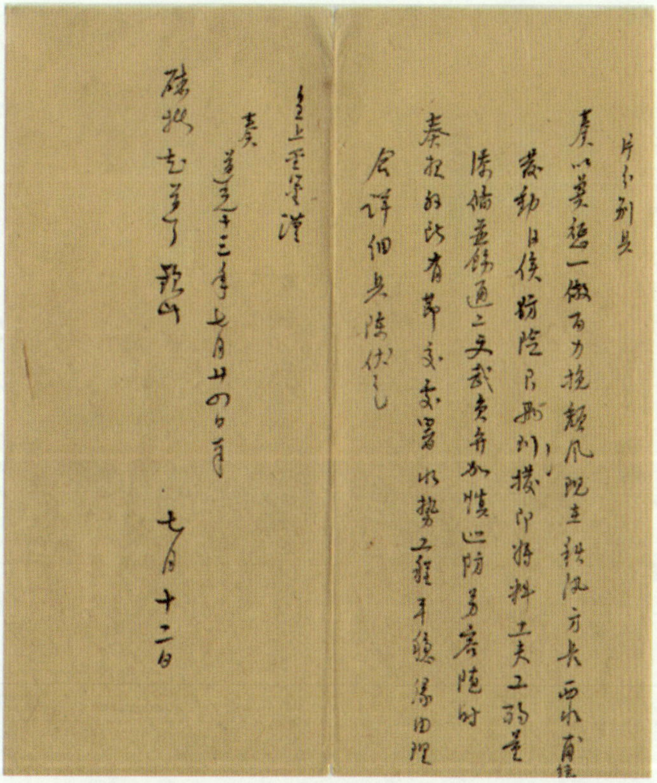

片示到具
奏以黄河一概西力抢護風既走秋汛方長西水有續
發勤日後防陸及所到搶卯將料土夫工務並
隨偏查飭通工文武員弁加慎巡防另容隨時
奏報所以有事文字留水勢工程平穩緣由理
合詳細具陳伏乞
皇上聖鑒謹
奏　道光十三年七月廿四日
硃批：知道了。欽此
七月十二日

七九九

吳邦慶　土壩各工動撥庫銀由

奏　知道了

十月十九日

河東河道總督臣吳邦慶跪

奏為確核豫省黃河南北兩岸各所道光十三年另案搶辦土壩各工動撥司庫銀款提數循例奏摺具

奏仰祈

聖鑒事竊照豫省黃河兩岸每當伏秋大汛水勢盛漲遇有搶險要工程向于司庫動撥銀款應用前于嘉慶十年及二十一年節經各河臣援照請每年先于地丁項下提出銀三十萬兩以備搶險之需俟將次用完體察情形預為籌計應需添撥若干會核具

奏一面行司提出備用各等因先後奏奉

諭旨允准欽遵其道庫所墊不敷銀兩仍于霜後奏撥還款歷經遵循在案臣自上年到任後檢查歷年用項幾

于無益不特而究其所以多用之故僉称近年河底日
高險無定所一經洪水普漫即添新修舊抢辦不遑
工段既多用項即無從撙節其言雖似近理而奴才親
歷揣摩难憑且不自量才識之迂庸竊欲力加整頓
無如河工本非素習情形既未周知且當任事之初
即值非常異漲左支右絀虞其時但得於安平無已
屢等事迨大局粗定察看兩岸埽工無不刷
揭殘缺欲辦則所費過大不辦則隱患叢生不得
已而為分年帶辦之計俾免另請帑項於本年桃汛
前奏上南蘭儀睢寧三所埽工二十二段及伏汛估
辦下南所三十二堡上下防風埽一千二百五十丈皆係
上年剔緩歸入今歲帶辦核銷案共用銀十一萬餘
兩又查六成奇案兩項碎石除用尚存九千餘方以
石核價亦有節省銀十萬餘兩故統計豫省本年
用項雖所省無多若將帶辦工段扣除再以現在實
存碎石作抵是本年實比上年省銀二十餘萬兩
皆有案卷可稽並不敢稍存虛飾似宜以限制再
過一二年則帶辦段落全完不特埽工可期撙節即

碎石一項亦無須另案請銀，當不致年復一年漫無底
止。臣又通盤籌計，酌改章程，以期逐年節省，現已
漸有成效之原委也。至本年節交伏汛，即值沁黄
並漲，幾與上年秋汛相同，險工環生，鑲無虛日，所有
例撥防險銀兩早經支發全完。臣于七月内會
同撫臣楊國楨
奏蒙
恩准添撥銀二十五萬兩，並于摺内聲明，核計目前應辦
工程應添料物，實係有絀無贏。嗣因秋水淘搜，埽
多蟄塌，並有潰及提身之處，直至白露節後始見平穩。
所鑲埽段均係親自查量，並無浮冒。臣現于霜降
後將南北兩岸各廳另案搶辦土埽各工逐案減
確另摺
奏送清單。除防風埽工例節八成銀兩外，實共用
銀一百十六萬二千三百十二兩五錢四分八厘，内
除動用上年存工稭料值銀四萬一千九十兩外，
計撥用添辦四成稭料及苘麻加價銀八萬九
千二百三十兩，連例撥添撥防險銀五十五萬兩

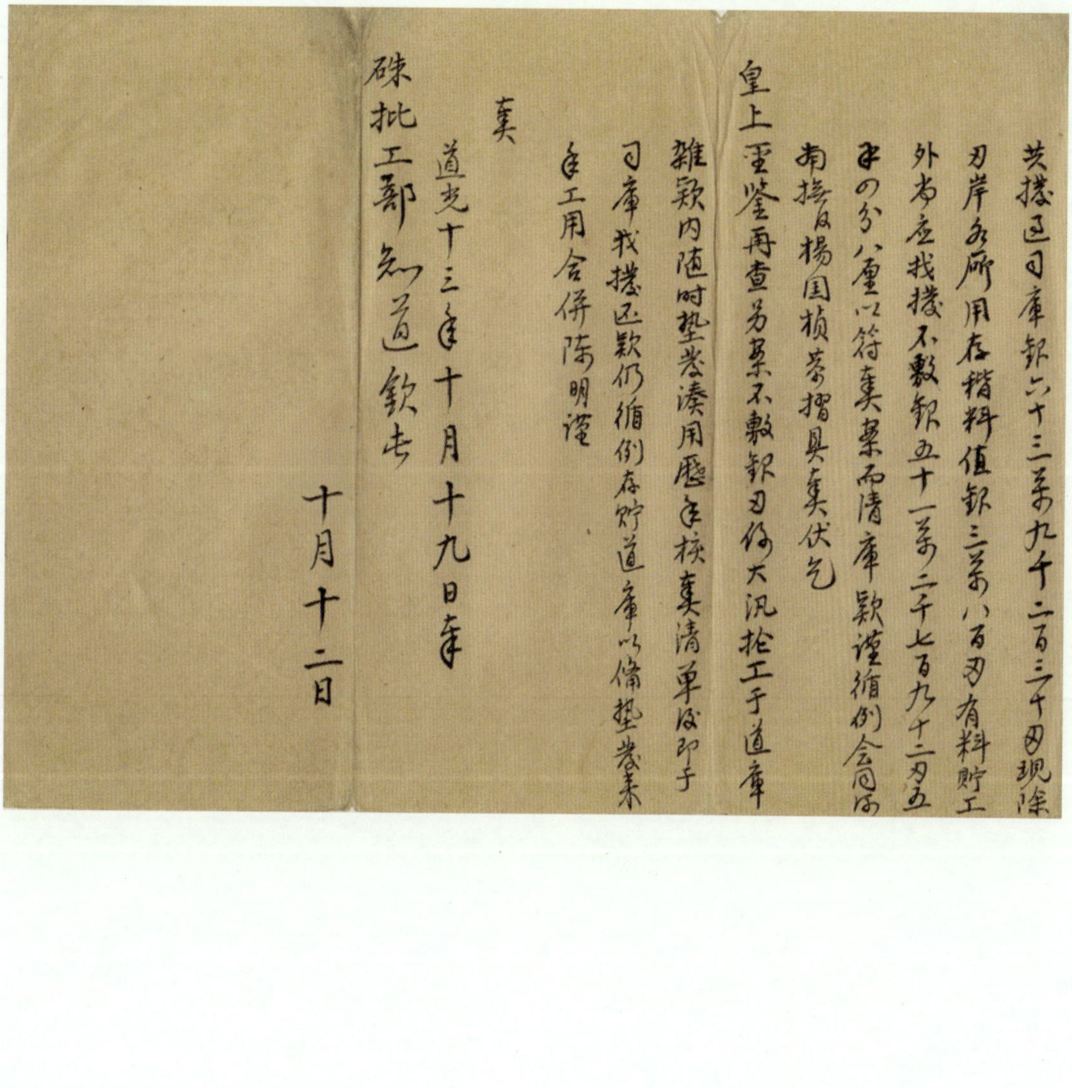
共撥還司庫銀六十三萬九千二百三十四兩現除
兩岸各所用存稭料值銀三萬八百兩有料貯工
外尚應找撥不敷銀五十一萬二千七百九十二兩五
錢四分八厘以符奏案而清庫款謹循例會同
南撫臣楊國楨恭摺具奏伏乞
皇上聖鑒再查另案不敷銀兩係大汛搶工于道庫
雜款内隨時墊發湊用歷年核奏清單後即于
司庫找撥還款仍循例存貯道庫以備墊發來
年工用合併陳明謹
奏
道光十三年十月十九日奉
硃批工部知道欽此
十月十二日

八〇〇

清單

謹將豫東黃河南北兩岸各廳道光十三年搶
辦土埽各工地名段落高寬長丈土方工料價
值銀數繕具清單恭呈
御覽

上南河廳屬

滎澤汛十二堡托頭壩補鑲新埽二段

頭埽長十一丈牽寬四丈四尺高深六丈
四尺計單長三千九十七丈六尺
二埽長八丈二尺牽寬四丈五尺高深六
丈四尺計單長二千三百六十一丈六
尺

托二壩補鑲新埽二段

頭埽長十丈八尺牽寬四丈五尺高深六
丈四尺計單長三千一百一十丈四尺
二埽長九丈牽寬四丈三尺高深六丈四
尺計單長二千四百七十六丈八尺

鄭州上汛核桃園新頭壩上首補鑲新埽三
段

頭埽長十一丈八尺牽寬三丈高深五丈
五尺計單長一千九百四十七丈
二埽長十丈三尺牽寬三丈八尺高深五
丈五尺計單長二千一百五十二丈七
尺
三埽長十二丈八尺牽寬四丈七尺高深
五丈五尺計單長三千三百八丈八尺

核桃園新頭壩上首補鑲埽工五段

護崖頭埽長八丈六尺牽寬五丈高深五
丈四尺計單長二千三百二十二丈
護崖二埽長七丈六尺牽寬四丈五尺高
深五丈三尺計單長一千八百一十二

丈六尺

舊護崖埽長十二丈牽寬四丈五尺高深五丈三尺計單長二千八百六十二丈

新藏頭埽長十丈牽寬四丈六尺高深五丈三尺計單長二千四百三十八丈

舊藏頭埽長八丈九尺牽寬四丈高深五丈三尺計單長一千八百八十六丈八尺

以上埽工十二段共長一百二十一丈共計單長二萬九千七百七十六丈三尺內用

購稭二千五百八十九萬六千九百六十一觔二分每觔銀一釐四毫

購葦一百六十一萬六千三百四十觔每觔銀九毫

戢麻十一萬一百一十一觔每觔銀二分八釐八毫

購麻二十九萬一千八百六十九觔五釐每觔

銀二分八釐八毫
搬料壓土共添募夫五萬九千五百五十二名
六分每名銀四分
以上埽工共用工料銀五萬一千六
百六十九兩五錢八分二釐內照
舊例價應銷銀三萬二千九百三
十二兩五錢八分八釐以時價比
較計不敷銀一萬八千七百三十
六兩九錢九分四釐
鄭州上汛頭堡核桃園新頭壩補鑲埽工三
段
六埽長八丈八尺牽寬三丈八尺高深六
丈四尺計單長二千一百四十丈一尺
六寸
七埽長九丈牽寬五丈高深六丈三尺計
單長二千八百三十五丈
八埽長八丈四尺牽寬四丈四尺高深六
丈三尺計單長二千三百二十八丈四

尺八寸
新二壩補鑲新埽二段
頭埽長九丈二尺牽寬四丈高深六丈五
尺計單長二千三百九十二丈
二埽長九丈一尺牽寬四丈六尺高深六
丈五尺計單長二千七百二十丈九尺
郜家寨頭壩補鑲新埽六段
頭埽長十五丈四尺牽寬四丈五尺高深
六丈四尺計單長四千四百三十五丈
二尺
二埽長十三丈八尺牽寬五丈二尺高深
六丈四尺計單長四千五百九十二丈
六尺四寸
三埽長七丈六尺牽寬四丈三尺高深六
丈四尺計單長二千九十一丈五尺二
寸
四埽長十一丈二尺牽寬五丈高深六丈
四尺計單長三千五百八十四丈

五埽長八丈八尺牽寬五丈高深六丈三
尺計單長二千七百七十二丈
六埽長九丈牽寬四丈八尺高深六丈四
尺計單長二千七百六十四丈八尺
以上埽工十一段共長一百一十丈
三尺共計單長三萬二千六百五
十六丈七尺內用
添辦稭四百九十萬觔每觔銀一釐四毫
歲稭七百六十五萬三千七百一十七觔五分
每觔銀九毫
購稭一千七百六十二萬一千七十三觔三分
每觔銀一釐四毫
歲麻十一萬一千一百一十二觔五分每觔銀
二分八釐八毫
購麻三十二萬九千七百五十二觔九分五釐
每觔銀二分八釐八毫
搬料壓土共添募夫六萬五千三百一十三名
四分每名銀四分

以上埽工共用工料銀五萬三千七
百二十七兩三錢一分內照舊例
價應銷銀三萬六千一百一十八
兩三錢一分以時價比較計不敷
銀一萬七千六百九兩

鄭州下汛十四堡來童寨挑壩頭埽上首接
鑲新埽二段
頭埽長十一丈五尺牽寬三丈五尺高深
六丈六尺計單長二千六百五十六丈
五尺
二埽長十六丈牽寬四丈二尺高深六丈
六尺計單長四千四百三十五丈二尺

來童寨挑壩補鑲新埽七段
頭埽長六丈牽寬四丈三尺高深六丈七
尺計單長一千七百二十八丈六尺
二埽長十丈牽寬五丈高深六丈七尺計
單長三千三百五十丈
三埽長八丈牽寬四丈七尺高深六丈七

尺計單長二千五百一十九丈二尺
四埽長十丈牽寬四丈八尺高深六丈七
尺計單長三千二百一十六丈
五埽長九丈牽寬五丈二尺高深六丈六
尺計單長三千八十八丈八尺
六埽長九丈牽寬五丈三尺高深六丈六
尺計單長三千一百四十八丈二尺
七埽長七丈牽寬五丈四尺高深六丈六
尺計單長二千四百九十四丈八尺
以上埽工九段共長八十六丈五尺
共計單長二萬六千六百三十七
丈三尺內用
購稭二千四百六十一萬二千八百六十五觔
二分每觔銀一釐四毫
購麻三十五萬九千六百三觔五分五釐每觔
銀二分八釐八毫
搬料壓土共添募夫五萬三千二百七十四名
六分每名銀四分

以上埽工共用工料銀四萬六千九百四十五兩五錢七分七釐内照舊例價應銷銀二萬九千四百六十兩八錢五分四釐以時價比較計不敷銀一萬七千四百八十四兩七錢二分三釐

中河廳屬

中牟下汛四堡二壩迤上空檔搶補順隄埽工二段

頭埽長十二丈牽寬二丈二尺五寸高深三丈八尺計單長一千二十六丈

二埽長十三丈牽寬四丈二尺高深三丈八尺計單長二千七十四丈八尺

二壩搶補埽工四段

藏頭埽長九丈牽寬三丈三尺高深三丈八尺計單長一千一百二十八丈六尺

頭埽長八丈一尺牽寬四丈三尺高深三丈八尺計單長一千三百二十三丈五

尺四寸

二埽長八丈四尺牵寬五丈八尺高深三

丈八尺計單長一千八百五十一丈三

尺六寸

三埽長十丈牵寬一丈五尺高深三丈八

尺計單長五百七十丈

三壩上首搶補埽工一段

藏頭埽長十丈牵寬四丈五尺高深三丈

七尺計單長一千六百六十五丈

魚鱗頭壩搶補埽工三段

藏頭埽長九丈牵寬二丈五尺高深三丈

八尺計單長八百五十五丈

頭埽長九丈五尺牵寬四丈九尺高深三

丈八尺計單長一千七百六十八丈九

尺

二埽長十一丈五尺牵寬四丈六尺高深

三丈八尺計單長二千十丈二尺

魚鱗二壩搶補埽工三段

藏頭埽長八丈牽寬四丈七尺五寸高深
三丈七尺計單長一千四百六丈
頭埽長十丈五尺牽寬五丈五尺高深三
丈八尺計單長二千一百九十四丈五
尺
二埽長十丈牽寬三丈一尺五寸高深三
丈七尺計單長一千一百六十五丈五
尺
以上埽工十三段共長一百二十九
丈共計單長一萬九千三十九丈
四尺內用
添辦稭二百一十萬觔每觔銀一釐四毫
歲稭五百六十二萬四千六百三十六觔五分
每觔銀九毫
購稭九百八十六萬七千七百六十九觔一分
每觔銀一釐四毫
歲麻十六萬五千八百一十觔每觔銀二分八
釐八毫

購麻九萬一千二百二十一觔九分每觔銀二
分八釐八毫
搬料壓土共添募夫三萬八千七十八名八分
每名銀四分
以上埽工共用工料銀三萬七百四
十二兩七錢二分一釐內照舊例
價應銷銀二萬一千五十七兩五
錢七分六釐以時價比較計不敷
銀九千六百八十五兩一錢四分
五釐
中牟下汛四堡二壩下首順隄搶鑲新埽五
段
頭埽長十丈牽寬二丈五尺五寸高深三
丈七尺計單長九百四十三丈五尺
二埽長十丈牽寬二丈七尺高深三丈七
尺計單長九百九十九丈
三埽長十丈牽寬二丈七尺高深三丈七
尺計單長九百九十九丈

四埽長十丈牽寬二丈八尺高深三丈七
尺計單長一千三十六丈
五埽長七丈五尺牽寬三丈七尺高深三
丈八尺計單長一千五十四丈五尺
五堡舊頭壩藏頭埽上首接鑲護埽一段
護埽長七丈八尺牽寬三丈四尺高深三
丈七尺計單長九百八十一丈二尺四
寸
舊頭壩上首搶補藏頭埽一段
藏頭埽長十丈牽寬三丈高深三丈七
尺計單長一千一百一十丈
挑壩上首順隄搶補埽工三段
頭埽長十丈六尺牽寬三丈六尺高深三
丈六尺計單長一千三百七十三丈七
尺六寸
二埽長九丈五尺牽寬三丈九尺高深三
丈六尺計單長一千三百三十三丈八
尺

三埽長十丈牽寬四丈一尺高深三丈六
尺計單長一千四百七十六丈

挑壩下首順隄搶補埽工五段
頭埽長十丈七尺牽寬六丈五尺高深三
丈六尺計單長二千五百三丈八尺
二埽長十丈牽寬三丈六尺高深三丈六
尺計單長一千二百九十六丈
三埽長九丈牽寬三丈四尺高深三丈六
尺計單長一千一百一丈六尺
四埽長八丈五尺牽寬三丈七尺高深三
丈七尺計單長一千一百六十三丈六
尺五寸
五埽長七丈九尺牽寬四丈三尺高深三
丈五尺計單長一千一百八十八丈九
尺五寸
以上埽工十五段共長一百四十一
丈五尺共計單長一萬八千五百
六十丈八尺內用

購稭一千六百五十二萬八千七十九觔二分
每觔銀一釐四毫
購葦六十二萬二千一百觔每觔銀九毫
購麻二十五萬五百七十觔八分每觔銀二分
八釐八毫
撥料壓土共添募夫三萬七千一百二十一名
六分每名銀四分
以上埽工共用工料銀三萬二千四
百兩五錢四釐內照舊例價應銷
銀二萬五百二十八兩二錢四分
五釐以時價比較計不敷銀一萬
一千八百七十二兩二錢五分九
釐

下南河廳屬
祥符上汛十堡至十一堡大隄工長四百五
十丈北面鑲做防風寬一丈高深一丈
計單長四千五百丈
祥符下汛十一堡至十二堡大隄工長三百

六十丈分二段内
第一段長二百四十一丈除下首長六十
一丈不估外
上首長一百八十丈北面鑲做防風寬一
丈高深一丈一尺計單長一千九百八
十丈
二十一堡下首至三十四堡東大隄根止圈
堰一道長二千五百丈内分三十八段
圈堰北面間段溝槽鑲做防風埽工十
九段
第一段圈堰長五十丈内有溝槽寬四十
五丈北面鑲做防風寬一丈五尺高深
一丈二尺計單長八百一十丈
第十九段圈堰長五十丈内有溝槽寬三
十五丈北面鑲做防風寬一丈七尺高
深一丈五尺計單長八百九十二丈五
尺
第二十段圈堰長四十丈内有溝槽寬三

十五丈北面鑲做防風寬一丈五尺高深一丈三尺計單長六百八十二丈五尺

第二十一段圈堰長三十丈内有溝槽寬二十四丈北面鑲做防風寬一丈七尺高深一丈八尺計單長七百三十四丈四尺

第二十二段圈堰長三十丈内有溝槽寬二十五丈北面鑲做防風寬一丈七尺高深二丈計單長八百五十丈

第二十四段圈堰長八十丈内有溝槽寬十五丈北面鑲做防風寬一丈五尺高深一丈三尺計單長二百九十二丈五尺

第二十五段圈堰長四十丈内有溝槽寬二十五丈北面鑲做防風寬一丈七尺高深一丈五尺計單長六百三十七丈五尺

第二十六段圈堰長四十丈内有溝槽寛
二十丈北面鑲做防風寛一丈七尺高
深一丈九尺計單長六百四十六丈

第二十七段圈堰長五十丈内有溝槽寛
三十四丈北面鑲做防風寛一丈七尺
高深一丈七尺計單長九百八十二丈

六尺

第二十九段圈堰長六十丈内有溝槽寛
四十五丈北面鑲做防風寛一丈七尺
高深一丈六尺計單長一千二百二十
四丈

第三十段圈堰長五十丈内有溝槽寛四
十六丈北面鑲做防風寛一丈七尺高
深一丈六尺計單長一千二百五十一
丈二尺

第三十一段圈堰長三十丈通身溝槽北
面鑲做防風寛一丈七尺高深二丈計
單長一千二十丈

第三十二段圈堰長六十丈內有溝槽寬五十丈北面鑲做防風寬一丈七尺高深一丈六尺計單長一千三百六十丈

第三十三段圈堰長五十丈內有溝槽寬三十丈北面鑲做防風寬一丈七尺高深一丈六尺計單長八百一十六丈

第三十四段圈堰長五十丈內有溝槽寬三十五丈北面鑲做防風寬一丈七尺高深二丈計單長一千一百九十丈

第三十五段圈堰長四十丈內有溝槽寬二十五丈北面鑲做防風寬一丈七尺高深一丈六尺計單長六百八十丈

第三十六段圈堰長七十丈內有溝槽寬六十丈北面鑲做防風寬二丈二尺高深一丈八尺計單長二千三百七十六丈

第三十七段圈堰長五十丈內有溝槽寬二十六丈北面鑲做防風寬二丈二尺

高深一丈八尺計單長一千二十九丈
六尺
第三十八段圈堰長三十丈內有溝槽寬
十五丈北面鑲做防風寬一丈五尺高
深一丈計單長二百二十五丈
以上防風埽工二十一段共長一千
二百五十丈共計單長二萬四千
一百七十九丈八尺共用
購稭二千七百五十六萬四千九百七十二觔
每觔銀一釐四毫
搬料壓土共添募夫四萬八千三百五十九名
六分每名銀四分
以上防風埽工除照例節省八束銀
八千一百二十四兩四錢一分三
釐實用工料銀三萬二千四百兩
九錢三分二釐內照舊例價應銷
銀二萬一千五百二十兩二分二
釐以時價比較計不敷銀一萬八

百八十兩九錢一分

祥符上汛黑堽工二十堡魚鱗二壩補鑲埽
工四段
頭埽上段長八丈七尺牽寬三丈高深五
丈七尺計單長一千四百八十七丈七
尺
下段長七丈四尺牽寬三丈三尺高深五
丈七尺計單長一千三百九十一丈九
尺四寸
二埽長九丈八尺牽寬三丈二尺高深五
丈六尺計單長一千七百五十六丈一
尺六寸
三埽長八丈二尺牽寬三丈三尺高深五
丈七尺計單長一千五百四十二丈四
尺二寸
二十一堡新頭壩補鑲埽工二段
藏頭埽長十二丈四尺牽寬四丈三尺高
深六丈計單長三千一百九十九丈二

尺
裹頭埽長十三丈六尺牽寬四丈六尺高
深六丈計單長三千七百五十三丈六
尺
二十一堡新二壩補鑲埽工二段
藏頭埽長十三丈二尺牽寬四丈五尺高
深六丈計單長三千五百六十四丈
裹頭埽長十六丈四尺牽寬四丈七尺高
深六丈計單長四千六百二十四丈八
尺
二十一堡新三壩上首順隄補鑲埽工四段
頭埽長十一丈八尺牽寬四丈二尺高深
六丈計單長二千九百七十三丈六尺
二埽長十丈五尺牽寬四丈七尺高深五
丈八尺計單長二千八百六十二丈三
尺
三埽長十丈牽寬四丈五尺高深五丈八
尺計單長二千六百一十丈

四埽長十丈七尺牽寬四丈六尺高深五
丈五尺計單長二千七百七丈一尺
以上埽工十二段共長一百三十二
丈七尺共計單長三萬二千四百
七十二丈八尺二寸內用
歲稭四百五十六萬二千九百九十觔每觔銀
九毫
添辦稭二百五十萬觔每觔銀一釐四毫
購稭二千二百七十七萬三千四百六十一觔
六分八釐每觔銀一釐四毫
購葦一十六萬八千四百三十四觔每觔銀九
毫
歲麻十萬八百二十五觔每觔銀二分八釐八
毫
購麻三十三萬七千五百五十八觔七釐每觔
銀二分八釐八毫
搬料壓土共添募夫六萬四千九百四十五名
六分四釐每名銀四分

以上埽工共用工料銀五萬四千八百六十四兩三錢八分六釐內照舊例價應銷銀三萬五千九百一十四兩九錢三分九釐以時價比較計不敷銀一萬八千九百四十九兩四錢四分七釐

蘭儀廳屬

蘭陽汛蔡家樓舊隄補鑲護隄埽工二段

六埽長十二丈五尺牽寬五丈四尺高深五丈一尺計單長三千四百四十二丈五尺

七埽長十二丈二尺牽寬五丈一尺高深五丈五尺計單長三千四百二十二丈一尺

蔡家樓舊隄補鑲順隄埽工十段

頭埽長九丈牽寬五丈七尺高深五丈三尺計單長二千七百一十八丈九尺

二埽長八丈牽寬六丈九尺高深五丈四

尺計單長二千九百八十丈八尺

三埽長十一丈五尺牽寬六丈一尺高深五丈五尺計單長三千八百五十八丈二尺五寸

四埽長十丈牽寬六丈高深五丈三尺計單長三千一百八十丈

五埽長八丈牽寬六丈五尺高深五丈三尺計單長二千七百五十六丈

六埽長九丈八尺牽寬六丈一尺高深五丈五尺計單長三千二百八十七丈九尺

七埽長十一丈牽寬六丈五尺高深五丈二尺計單長三千七百一十八丈

八埽長九丈六尺牽寬五丈一尺高深五丈五尺計單長二千六百九十二丈八尺

九埽上段長五丈牽寬五丈二尺高深五丈四尺計單長一千四百四丈

九埽下段長四丈五尺牽寬五丈九尺高深五丈三尺計單長一千四百七丈一尺五寸

蔡家樓舊隄補鑲裹頭埽工三段

頭埽長八丈五尺牽寬五丈四尺高深五丈五尺計單長二千五百二十四丈五尺

二埽長七丈牽寬五丈五尺高深五丈四尺計單長二千七十九丈

三埽長八丈三尺牽寬五丈四尺高深五丈五尺計單長二千四百六十五丈一尺

以上埽工十五段共長一百三十四丈九尺計單長四萬一千九百三十七丈內用

减稭五百四十萬觔每觔銀九毫

添辦稭一百八十萬觔每觔銀一釐四毫

購稭三十一百五十四萬九千七百八十八觔

每觔銀一釐四毫

歲麻十二萬五千觔每觔銀二分八釐八毫

購麻四十四萬一千一百四十九觔五分每觔銀二分八釐八毫

搬料壓土共添募夫八萬三千八百七十四名每名銀四分

以上埽工共用工料銀七萬一千二百九兩七錢六分九釐內照舊例價應銷銀四萬六千三百八十二兩三錢二分二釐以時價比較計不敷銀二萬四千八百二十七兩四錢四分七釐

蘭陽汛十一堡挑水頭壩補鑲埽工三段

頭埽長四丈五尺牽寬四丈一尺高深六丈四尺計單長一千一百八十丈八尺

二埽長九丈八尺牽寬四丈五尺高深六丈四尺計單長二千八百二十二丈四尺

三埽長九丈三尺牽寬四丈五尺高深六丈四尺計單長二千六百七十八丈四尺

十一堡挑水頭壩下首戗壩補鑲埽工七段

頭埽長十一丈牽寬四丈五尺高深六丈五尺計單長三千二百一十七丈五尺

二埽長八丈牽寬四丈五尺高深六丈五尺計單長二千三百四十丈

三埽長八丈牽寬四丈四尺高深六丈五尺計單長二千二百八十八丈

四埽長八丈五尺牽寬四丈高深六丈四尺計單長二千一百七十六丈

五埽長八丈牽寬四丈二尺高深六丈四尺計單長二千一百五十丈四尺

六埽長七丈牽寬四丈高深六丈三尺計單長一千七百六十四丈

七埽長九丈牽寬四丈一尺高深六丈三尺計單長二千三百二十四丈七尺

十一堡挑水二壩補鑲埽工三段
頭埽長六丈牽寬四丈二尺高深五丈九
尺計單長一千四百八十六丈八尺
二埽長六丈五尺牽寬四丈四尺高深六
丈計單長一千七百一十六丈
三埽長六丈牽寬四丈一尺高深五丈九
尺計單長一千四百五十一丈四尺
以上埽工十三段共長一百一丈六
尺共計單長二萬七千五百九十
六丈四尺內用
歲稭四百二十萬六千三百觔每觔銀九毫
購稭二千九十八萬五千二百七十三觔六分
每觔銀一釐四毫
購葦三十萬七千五百觔每觔銀九毫
歲麻八萬一千一百三十五觔每觔銀二分八
釐八毫
購麻二十九萬一千四百一十六觔四分每觔
銀二分八釐八毫

搬料壓土共添募夫五萬五千一百九十二名
八分每名銀四分
以上埽工共用工料銀四萬六千三
百七十八兩九錢九分五釐内照
舊例價應銷銀三萬五百二十一
兩六錢一分八釐以時價比較計
不敷銀一萬五千八百五十七兩
三錢七分七釐
蘭陽汛十一堡挑水三壩迤上順隄搶鑲新
埽五段
頭埽長七丈五尺牽寬三丈六尺高深五
丈五尺計單長一千四百八十五丈
二埽長八丈牽寬四丈一尺高深五丈五
尺計單長一千八百四丈
三埽長七丈五尺牽寬四丈一尺高深五
丈五尺計單長一千六百九十一丈二
尺五寸
四埽長八丈五尺牽寬三丈七尺高深五

丈五尺計單長一千七百二十九丈七
尺五寸
五埽長九丈牽寬三丈八尺高深五丈五
尺計單長一千八百八十一丈
十一堡挑水三壩搶鑲新埽三段
頭埽長五丈六尺牽寬三丈二尺高深五
丈二尺計單長九百三十一丈八尺四
寸
二埽長六丈四尺牽寬三丈三尺高深五
丈三尺計單長一千一百一十九丈三
尺六寸
三埽長七丈牽寬三丈五尺高深五丈三
尺計單長一千二百九十八丈五尺
以上埽工八段共長五十九丈五尺
共計單長一萬一千九百四十丈
七尺內用
購稭一千一百三萬三千二百六觔八分每觔
銀一釐四毫

購麻十六萬一千一百九十九觔四分五釐每
觔銀二分八釐八毫
搬料壓土共添募夫二萬三千八百八十一名
四分每名銀四分
以上埽工共用工料銀二萬一千四
十四兩二錢九分內照舊例價應
銷銀一萬三千二百六兩四錢一
分四釐以時價比較計不敷銀七
千八百三十七兩八錢七分六釐

儀睢廳屬
睢州上汛頭堡順水二壩接連戧壩補鑲新
埽八段
頭埽長六丈牽寬三丈五尺高深四丈九
尺計單長一千二十九丈
二埽長十丈二尺牽寬四丈五尺高深四
丈九尺計單長二千二百四十九丈一
尺
三埽長九丈八尺牽寬四丈五尺高深五

丈二尺計單長二千二百九十三丈二
尺
四埽長十丈牽寬四丈八尺高深五丈二
尺計單長二千四百九十六丈
五埽長八丈牽寬四丈高深五丈六尺計
單長一千七百九十二丈
六埽長九丈二尺牽寬三丈五尺高深五
丈五尺計單長一千七百七十一丈
七埽長八丈九尺牽寬三丈高深五丈六
尺計單長一千四百九十五丈二尺
八埽長八丈八尺牽寬三丈五尺高深五
丈四尺計單長一千六百六十三丈二
尺
戧墻八埽以下接鑲新埽四段
九埽長九丈五尺牽寬四丈高深五丈九
尺計單長二千二百四十二丈
十埽長八丈五尺牽寬五丈五尺高深六
丈計單長二千八百五丈

十一埽長九丈五尺牽寬四丈五尺高深五丈八尺計單長二千四百七十九丈五尺

十二埽長九丈牽寬五丈高深五丈七尺計單長二千五百六十五丈

五堡尾戗二壩補鑲新埽六段

頭埽長八丈四尺牽寬四丈五尺高深四丈九尺計單長一千八百五十二丈二尺

二埽長七丈五尺牽寬三丈高深五丈一尺計單長一千一百四十七丈五尺

三埽長十丈五尺牽寬三丈五尺高深四丈七尺計單長一千七百二十七丈二尺五寸

四埽長十丈五尺牽寬三丈三尺高深四丈五尺計單長一千五百五十九丈二尺五寸

五埽長十丈牽寬三丈三尺高深四丈五

尺計單長一千四百八十五丈
六埽長九丈六尺牽寬三丈高深四丈七
尺計單長一千三百五十三丈六尺
以上埽工十八段共長一百六十三
丈九尺共計單長三萬四千五丈
内用
購稭三千一百一十四萬七千六百二十觔每
觔銀一釐四毫
購葦二十七萬三千觔每觔銀九毫
購麻四十五萬九千六十七觔五分每觔銀二
分八釐八毫
搬料壓土共添募夫六萬八千一十名每名銀
四分
以上埽工共用工料銀五萬九千七
百九十三兩九錢一分二釐内照
舊例價應銷銀三萬七千六百九
兩五錢三分以時價比較計不敷
銀二萬二千一百八十四兩三錢

八分二釐

睢州上汛頭堡順水頭壩補鑲新埽四段

頭埽長六丈九尺牽寬三丈五尺高深四丈計單長九百六十六丈

二埽長八丈五尺牽寬五丈高深四丈二尺計單長一千七百八十五丈

三埽長九丈五尺牽寬五丈五尺高深四丈計單長二千九十丈

四埽長十丈牽寬四丈高深三丈八尺計單長一千五百二十丈

新戧壩補鑲新埽二段

頭埽長八丈七尺牽寬三丈一尺高深四丈計單長一千七十八丈八尺

二埽長九丈八尺牽寬三丈高深四丈二尺計單長一千二百三十四丈八尺

五堡戧頭壩補鑲新埽四段

頭埽長九丈五尺牽寬五丈四尺高深五丈計單長二千五百六十五丈

二埽長九丈三尺牽寬四丈五尺高深五丈二尺計單長二千一百七十六丈二尺

三埽長八丈五尺牽寬四丈三尺高深五丈四尺計單長一千九百七十三丈七尺

四埽長十丈牽寬四丈二尺高深五丈計單長二千一百丈

戧二壩補鑲新埽五段

頭埽長十丈牽寬四丈高深四丈三尺計單長一千七百二十丈

二埽長十二丈七尺牽寬三丈五尺高深四丈四尺計單長一千九百五十五丈八尺

三埽長十二丈牽寬四丈高深四丈六尺計單長二千二百八丈

四埽長十丈二尺牽寬四丈五尺高深四丈三尺計單長一千九百七十三丈七

尺
五埽長十二丈牽寬四丈六尺高深四丈
計單長二千二百八丈
以上埽工十五段共長一百四十七
丈六尺共計單長二萬七千五百
五十五丈內用
添辦稭二百七十五萬觔每觔銀一釐四毫
歲稭四百七十七萬六千六百八十觔每觔銀
九毫
又添辦稭四十萬觔每觔銀一釐四毫
購稭一千七百五十三萬四千一百四十觔每
觔銀一釐四毫
歲麻十三萬六千七百四十觔每觔銀二分八
釐八毫
購麻二十三萬五千二百五十二觔五分每觔
銀二分八釐八毫
搬料壓土共添募夫五萬五千一百一十名每
名銀四分

以上埽工共用工料銀四萬六千一百七十四兩五錢九分二釐内照舊例價應銷銀三萬四百七十五兩八錢三分以時價比較計不敷銀一萬五千六百九十八兩七錢六分二釐

睢寧廳屬

睢州下汛五堡東順隄戧壩補鑲埽工九段

頭埽長十丈牽寬五丈七尺高深五丈二尺計單長二千九百六十四丈

二埽長九丈二尺牽寬四丈六尺高深五丈計單長二千一百一十六丈

三埽長九丈二尺牽寬四丈四尺高深五丈計單長二千二十四丈

四埽長九丈四尺牽寬四丈八尺高深五丈一尺計單長二千三百一丈一尺二寸

五埽長八丈九尺牽寬五丈五尺高深五

丈二尺計單長二千五百四十五丈四
尺
六埽長九丈二尺牽寬五丈二尺高深五
丈二尺計單長二千四百八十七丈六
尺八寸
七埽長九丈牽寬四丈九尺高深五丈計
單長二千二百五丈
八埽長十八丈五尺牽寬四丈七尺高深
五丈二尺計單長四千五百二十一丈
四尺
九埽長五丈六尺牽寬二丈八尺高深五
丈五尺計單長八百六十二丈四尺

戧壩下首空檔補鑲埽工一段
一段長十一丈五尺牽寬三丈五尺高深
五丈二尺計單長二千九十三丈
以上埽工十段共長一百丈五尺共
計單長二萬四千一百二十丈內
用

添辦稭二百二十五萬觔每觔銀一釐四毫
歲稭五百二十三萬六千七百六十觔每觔銀
九毫
購稭一千三百九十七萬三千七百一十觔每
觔銀一釐四毫
購葦八十二萬六千四百一十觔每觔銀九毫
歲麻五萬九千九百六十觔每觔銀二分八釐
八毫
購麻二十六萬五千六百六十觔每觔銀二分
八釐八毫
撒料壓土共添募夫四萬八千二百四十名每
名銀四分
以上埽工共用工料銀三萬九千四
百七十七兩五錢三釐內照舊例
價應銷銀二萬六千六百七十六
兩七錢二分以時價比較計不敷
銀一萬二千八百兩七錢八分三
釐

睢州下汛六堡挑水頭壩補鑲新埽四段
頭埽長九丈四尺牽寬五丈高深五丈計
單長二千三百五十丈
二埽長八丈六尺牽寬五丈高深五丈計
單長二千一百五十丈
三埽長八丈牽寬六丈五尺高深五丈計
單長二千六百丈
四埽長六丈牽寬三丈五尺高深五丈計
單長一千五十丈
以上埽工四段共長三十二丈共計
單長八千一百五十丈內用
購稭七百五十三萬六百觔每觔銀一釐四毫
購麻十一萬二十五觔每觔銀二分八釐八毫
撤料壓土共添募夫一萬六千三百名每名銀
四分
以上埽工共用工料銀一萬四千三
百六十三兩五錢六分內照舊例
價應銷銀九千一十三兩九錢以

時價比較計不敷銀五千三百四
十九兩六錢六分

雎州下汛六堡挑水二壩壩頭補鑲新埽二
段

頭埽長八丈八尺牽寬四丈七尺五寸高
深五丈計單長二千九十丈

二埽長七丈五尺牽寬四丈二尺高深五
丈計單長一千五百七十五丈

挑水二壩壩身補鑲新埽三段

六埽長七丈六尺牽寬三丈五尺高深五
丈計單長一千三百三十丈

七埽長七丈牽寬三丈八尺高深五丈計
單長一千三百三十丈

八埽長十丈牽寬五丈五尺高深五丈五
尺計單長三千二十五丈

以上埽工五段共長四十丈九尺共
計單長九千三百五十丈內用

購稭八百六十三萬九千四百觔每觔銀一釐

四毫

購麻十二萬六千二百二十五觔每觔銀二分

八釐八毫

撳料壓土共添募夫一萬八千七百名每名銀

四分

以上埽工共用工料銀一萬六千四

百七十八兩四錢四分内照舊例

價應銷銀一萬三百四十一兩一

錢以時價比較計不敷銀六千一

百三十七兩三錢四分

商虞廳屬

虞城上汛十四堡補築順水頭壩一道長三

十五丈頂寬八丈底寬十二丈高八尺

共土二千八百方每方例價銀二錢一

分六釐共銀六百四兩八錢

十四堡順水頭壩搶鑲埽工四段

頭埽長十丈五尺牽寬七丈九尺高深五

丈八尺計單長四千八百一十一丈一

尺

二埽長十丈牽寬八丈三尺五寸高深五丈八尺計單長四千八百四十三丈

三埽長九丈牽寬七丈七尺高深五丈七尺計單長三千九百五十丈一尺

四埽長七丈一尺牽寬七丈五尺高深五丈八尺計單長三千八十八丈五尺

十四堡順水二壩上首搶鑲護厓埽工一段

護厓埽長十丈四尺牽寬三丈二尺五寸高深五丈七尺計單長一千九百二十六丈六尺

十四堡順水五壩三埽下首接鑲埽工一段

四埽長十一丈牽寬三丈高深五丈八尺計單長一千九百一十四丈

十七堡魚鱗頭壩搶鑲埽工二段

三埽長九丈牽寬三丈四尺高深五丈七尺計單長一千七百四十四丈二尺

四埽長六丈八尺牽寬三丈二尺五寸高

深五丈八尺計單長一千二百八十一
丈八尺
十七堡魚鱗二壩搶鑲埽工三段
頭埽長九丈牽寬二丈七尺五寸高深五
丈八尺計單長一千四百三十五丈五
尺
二埽長十丈二尺牽寬三丈高深五丈八
尺計單長一千七百七十四丈八尺
三埽長七丈四尺牽寬三丈高深五丈七
尺計單長一千二百六十五丈四尺
以上埽工十一段共長一百丈四尺
共計單長二萬八千三十五丈內
用
購稭二千五百九十萬四千三百四十觔每觔
銀一釐四毫
購麻三十七萬八千四百七十二觔五分每觔
銀二分八釐八毫
撥料壓土共添募夫五萬六千七十名每名銀

四分

以上埽工共用工料銀四萬九千四百八兩八錢八分四釐內照舊例價應銷銀三萬一千六兩七錢一分以時價比較計不敷銀一萬八千四百二兩一錢七分四釐

以上土埽工共用土方工料銀五萬一十三兩六錢八分四釐

廣城上汛十八堡至十九堡大隄工長三百五十七丈內分三段

第一段長七十五丈北面加幫頂底均寬二丈高一丈一尺

十八堡第一段大隄北面築做魚鱗壩一道長二十五丈上首無寬下首頂底均寬六丈高九尺

第二段長二百二丈北面加幫頂底均寬二丈高一丈三尺

十八堡第二段大隄北面築做順水壩三道

順水頭壩長三十丈頂寬八丈底寬十三
丈高一丈
順水二壩長三十丈頂寬八丈底寬十三
丈高一丈
順水三壩長三十丈頂寬八丈底寬十三
丈高一丈
第三段長八十丈北面加幫頂底均寬二
丈高一丈三尺
以上土工七段共長四百七十二丈
共估土一萬九千一百七方每方
例價銀二錢一分六釐共例價銀
四千一百二十七兩一錢一分二
釐
十四堡順水頭壩上首搶鑲埽工一段
藏頭埽長八丈牽寬三丈高深六丈二尺
計單長一千四百八十八丈
十四堡順水三壩上首搶鑲護厓埽二段
護厓頭埽長十二丈牽寬二丈五尺高深

六丈二尺計單長一千八百六十丈
護厓二埽長五丈二尺牽寬三丈高深六
丈三尺計單長九百八十二丈八尺
十八堡魚鱗壩搶鑲埽工二段
頭埽長十丈一尺牽寬三丈五尺高深六
丈計單長二千一百二十一丈
二埽長八丈六尺牽寬三丈高深六丈一
尺計單長一千五百七十三丈八尺
十八堡魚鱗壩下首順隄搶鑲埽工二段
頭埽長十丈牽寬二丈五尺高深六丈三
尺計單長一千五百七十五丈
二埽長八丈六尺牽寬二丈五尺高深六
丈二尺計單長一千三百三十三丈
十八堡順水頭壩搶鑲埽工二段
頭埽長五丈八尺牽寬二丈七尺五寸高
深六丈計單長九百五十七丈
二埽長十丈五尺牽寬三丈高深六丈一
尺計單長一千九百二十一丈五尺

十八堡順水二壩搶鑲埽工三段
頭埽長七丈八尺牽寬二丈七尺五寸高
深六丈計單長一千二百八十七丈
二埽長九丈一尺牽寬二丈五尺高深六
丈二尺計單長一千四百一十丈五尺
三埽長十丈牽寬三丈五尺高深六丈二
尺計單長二千一百七十丈
十八堡順水三壩搶鑲埽工三段
頭埽長十丈八尺牽寬三丈高深六丈二
尺計單長二千八丈八尺
二埽長十一丈牽寬三丈二尺高深六丈
一尺計單長二千一百四十七丈二尺
三埽長九丈牽寬三丈二尺高深六丈三
尺計單長一千八百一十四丈四尺
以上埽工十五段共長一百三十六
丈五尺共計單長二萬四千六百
五十丈内用
購稭二千二百四十八萬七千六百觔每觔銀

一釐四毫
購葦二十八萬九千觔每觔銀九毫
購麻三十三萬二千七百七十五觔每觔銀二
分八釐八毫
撒料壓土共添募夫四萬九千三百名每名銀
四分
以上埽工共用工料銀四萬三千二
百九十八兩六錢六分內照舊例
價應銷銀二萬七千二百六十二
兩九錢以時價比較計不敷銀一
萬六千三十五兩七錢六分
以上土埽工共用土方工料銀四萬七
千四百二十五兩七錢七分二釐
虞城上汛十七堡順水三壩搶鑲埽工三段
頭埽長十六丈牽寬四丈五尺高深四丈
五尺計單長三千二百四十丈
二埽長八丈八尺牽寬五丈高深四丈七
尺計單長二千六十八丈

三埽長七丈五尺牽寬五丈五尺高深四丈六尺計單長一千八百九十七丈五尺

十七堡順水四壩搶鑲埽工三段

頭埽長十丈一尺牽寬五丈高深四丈五尺計單長二千二百七十二丈五尺

二埽長七丈五尺牽寬五丈三尺高深四丈六尺計單長一千八百二十八丈五尺

三埽長七丈二尺牽寬四丈五尺高深四丈六尺計單長一千四百九十丈四尺

十七堡魚鱗頭壩鑲埽二段

頭埽長八丈七尺牽寬四丈五尺高深四丈六尺計單長一千八百丈九尺

二埽長八丈五尺牽寬四丈五尺高深四丈五尺計單長一千七百二十一丈二尺五寸

十七堡魚鱗頭壩下首空檔搶鑲埽工二段

頭埽長六丈二尺牽寬四丈高深四丈七尺計單長一千一百六十五丈六尺

二埽長六丈三尺牽寬四丈高深四丈六尺計單長一千一百五十九丈二尺

十七堡魚鱗二壩下首順隄搶鑲埽工五段

頭埽長八丈二尺牽寬四丈五尺高深四丈四尺計單長一千六百二十三丈六尺

二埽長九丈牽寬五丈高深四丈五尺計單長二千二十五丈

三埽長十一丈三尺牽寬四丈高深四丈四尺計單長一千九百八十八丈八尺

四埽長十五丈牽寬四丈高深四丈六尺計單長二千七百六十丈

五埽長八丈五尺牽寬三丈五尺高深四丈五尺計單長一千三百三十八丈七尺五寸

以上埽工十五段共長一百三十八

丈八尺共計單長二萬八千三百
八十丈内用
歲稭一千一百二十萬七百觔每觔銀九毫
購稭一千五百二萬二千四百二十觔每觔銀
一釐四毫
歲麻十六萬四千九百五十五觔每觔銀二分
八釐八毫
購麻二十一萬八千一百七十五觔每觔銀二
分八釐八毫
撒料壓土共添募夫五萬六千七百六十名每
名銀四分
以上埽工共用工料銀四萬四千四
百一十六兩五錢六分二釐内照
舊例價應銷銀三萬一千三百八
十八兩二錢八分以時價比較計
不敷銀一萬三千二十八兩二錢
八分二釐

歸河廳屬

虞城下汛六堡戧壩補鑲埽工五段
頭埽長九丈八尺牽寬四丈二尺高深四
丈計單長一千六百四十六丈四尺
二埽長十丈二尺牽寬三丈八尺高深四
丈計單長一千五百五十丈四尺
三埽長九丈八尺牽寬四丈高深四丈四
尺計單長一千七百二十四丈八尺
四埽長十丈四尺牽寬四丈高深四丈計
單長一千六百六十四丈
五埽長九丈八尺牽寬四丈二尺高深四
丈計單長一千六百四十六丈四尺
以上埽工五段共長五十丈共計單
長八千二百三十二丈內用
添辦稭一百一十萬觔每觔銀一釐四毫
又添辦稭五十五萬觔每觔銀一釐四毫
購稭五百七十三萬五千一百六十八觔每觔
銀一釐四毫
購葦二十二萬一千二百觔每觔銀九毫

購麻十一萬一千一百三十二觔每觔銀二分
八釐八毫
搬料壓土共添募夫一萬六千四百六十四名
每名銀四分
以上埽工共用工料銀一萬四千三
百九十七兩四錢七分七釐内照
舊例價應銷銀九千一百四兩五
錢九分二釐以時價比較計不敷
銀五千二百九十二兩八錢八分
五釐
以上南岸八廳土埽工共十九案内除
防風照例節省八束銀八千一百
二十四兩四錢一分三釐共實用
土方工料銀七十七萬三千九百
二十五兩五錢六分八釐

黄沁廳屬
唐郭汛攔黄堰托壩下護堰搶補新埽九段
頭埽長十七丈牽寛三丈高深四丈計單

長二千四十丈

二埽長九丈六尺牽寬三丈五尺高深四丈四尺計單長一千四百七十八丈四尺

三埽長八丈九尺牽寬三丈二尺高深四丈五尺計單長一千二百八十一丈六尺

四埽長十丈二尺牽寬三丈五尺高深四丈二尺計單長一千四百九十九丈四尺

五埽長二十丈四尺牽寬三丈二尺高深四丈計單長二千六百一十一丈二尺

六埽長十二丈牽寬三丈四尺高深四丈四尺計單長一千七百九十五丈二尺

七埽長十丈一尺牽寬三丈高深四丈計單長一千二百一十二丈

八埽長十一丈七尺牽寬三丈五尺高深四丈計單長一千六百三十八丈

九埽長十八丈六尺牽寬三丈五尺高深
三丈八尺計單長二千四百七十三丈
八尺

三壩搶補新埽三段
頭埽長八丈牽寬三丈高深四丈計單長
九百六十丈
二埽長十一丈七尺牽寬四丈高深四丈
五尺計單長二千一百六丈
三埽長五丈六尺牽寬三丈高深四丈計
單長六百七十二丈
以上埽工十二段共長一百四十三
丈八尺共計單長一萬九千七百
六十七丈六尺內用

購稭一千八百二十六萬五千二百六十二觔
四分每觔銀一釐四毫
購麻二十六萬六千八百六十二觔六分每觔
銀二分八釐八毫
撤料壓土共添募夫三萬九千五百三十五名

二分每名銀四分

以上埽工共用工料銀三萬四千八百三十八兩四錢一分八釐内照舊例價應銷銀二萬一千八百六十二兩九錢六分六釐以時價比較計不敷銀一萬二千九百七十五兩四錢五分二釐

唐郭汛攔黄堰五壩迤下空檔搶補新埽六段

頭埽長十三丈牽寬三丈高深四丈五尺計單長一千七百五十五丈

二埽長十二丈牽寬三丈五尺高深四丈六尺計單長一千九百三十二丈

三埽長十六丈牽寬三丈五尺高深四丈八尺計單長二千六百八十八丈

四埽長十二丈三尺牽寬四丈高深五丈計單長二千四百六十丈

五埽長十六丈二尺牽寬四丈高深四丈

五尺計單長二千九百一十六丈
六埽長十七丈六尺牽寬三丈八尺高深
四丈計單長二千六百七十五丈二尺
七壩搶補新埽三段
頭埽長十七丈四尺牽寬三丈高深四丈
計單長二千八十八丈
二埽長二十丈七尺牽寬三丈五尺高深
四丈四尺計單長三千一百八十七丈
八尺
三埽長十丈二尺牽寬三丈高深四丈計
單長一千二百二十四丈
七壩迤下堰根搶鑲新埽三段
頭埽長九丈牽寬二丈五尺五寸高深四
丈四尺計單長一千九丈八尺
二埽長十二丈牽寬三丈高深四丈一尺
計單長一千四百七十六丈
三埽長五丈五尺牽寬二丈五尺五寸高
深四丈計單長五百六十一丈

以上埽工十二段共長一百六十一
丈九尺共計單長二萬三千九百
七十二丈八尺內用
添辦稭一百五十萬觔每觔銀一釐四毫
歲稭六百一十六萬四千三百八十一觔二分
每觔銀九毫
又添辦稭五十萬觔每觔銀一釐四毫
購稭一千三百九十八萬六千四百八十六觔
每觔銀一釐四毫
歲麻十六萬一千二百四十八觔三分每觔銀
二分八釐八毫
購麻十六萬二千三百八十四觔五分每觔銀
二分八釐八毫
撥料壓土共添募夫四萬七千九百四十五名
六分每名銀四分
以上埽工共用工料銀三萬九千一
百六十七兩四錢七分二釐內照
舊例價應銷銀二萬六千五百一

十三兩九錢一分七釐以時價比
較計不敷銀一萬二千六百五十
三兩五錢五分五釐

衛糧廳屬

封邱汎西圈堰五壩補鑲新埽三段

第一段長十一丈牽寬四丈八尺高深五
丈一尺計單長二千六百九十二丈八
尺

第二段長十丈牽寬五丈四尺高深五丈
三尺計單長二千八百六十二丈

第三段長十一丈牽寬四丈七尺高深五
丈二尺計單長二千六百八十八丈四
尺

接連土壩護埽以下補鑲新埽三段

第一段長十二丈牽寬五丈一尺高深五
丈三尺計單長三千二百四十三丈六
尺

第二段長十二丈牽寬五丈三尺高深五

丈八尺計單長三千六百八十八丈八
尺
第三段長十丈五尺牽寬四丈八尺高深
五丈四尺計單長二千七百二十一丈
六尺
以上埽工六段共長六十六丈五尺
共計單長一萬七千八百九十七
丈二尺內用
添辦稭七十五萬觔每觔銀一釐四毫
歲稭一百六十五萬一千一百三十一觔每觔
銀九毫
又添辦稭五十萬觔每觔銀一釐四毫
購稭一千三百六十三萬五千八百八十一觔
八分每觔銀一釐四毫
歲麻六萬七千八百七十觔每觔銀二分八釐
八毫
購麻十七萬三千七百四十二觔二分每觔銀
二分八釐八毫

搬料壓土共添募夫三萬五千七百九十四名
四分每名銀四分
以上埽工共用工料銀三萬七百一
十六兩四錢六分內照舊例價應
銷銀一萬九千七百九十四兩三
錢三釐以時價比較計不敷銀一
萬九百二十二兩一錢五分七釐

祥河廳屬
祥符汛十五堡以上順隄頭埽至八埽補鑲
新埽十三段
第一段長九丈二尺牽寬三丈六尺高深
五丈八尺計單長一千九百二十丈九
尺六寸
第二段上段長五丈九尺牽寬四丈二尺
高深五丈九尺計單長一千四百六十
二丈二寸
下段長三丈六尺牽寬四丈四尺高深六
丈計單長九百五十丈四尺

第三段上段長九丈三尺牽寬四丈五尺
高深六丈三尺計單長二千六百三十
六丈五尺五寸
下段長九丈牽寬五丈七尺高深六丈八
尺計單長三千四百八十八丈四尺
第四段上段長七丈六尺牽寬四丈六尺
高深七丈一尺計單長二千四百八十
二丈一尺六寸
下段長七丈二尺牽寬五丈高深六丈九
尺計單長二千四百八十四丈
第五段長九丈一尺牽寬六丈三尺高深
七丈三尺計單長四千一百八十五丈
九寸
第六段長八丈牽寬五丈七尺高深七丈
四尺計單長三千三百七十四丈四尺
第七段上段長七丈五尺牽寬五丈二尺
高深七丈三尺計單長二千八百四十
七丈

下段長四丈七尺牵寬四丈七尺高深七
丈五尺計單長一千六百五十六丈七
尺五寸
第八段上段長八丈二尺牵寬五丈二尺
高深七丈一尺計單長三千二十七丈
四尺四寸
下段長五丈牵寬五丈四尺高深六丈九
尺計單長一千八百六十三丈
以上埽工十三段共長九十四丈三
尺共計單長三萬二千三百七十
八丈一尺七寸內用
購稭二千九百九十一萬七千四百二十九觔
八釐每觔銀一釐四毫
購麻四十三萬七千一百五觔二分九釐每觔
銀二分八釐八毫
搬料壓土共添募夫六萬四千七百五十六名
三分四釐每名銀四分
以上埽工共用工料銀五萬七千六

十三兩二錢八分七釐內照舊例價應銷銀三萬五千八百一十兩二錢五分六釐以時價比較計不敷銀二萬一千二百五十三兩三分一釐

祥符汛十五堡以上順隄補鑲新埽三段

第十二段長八丈七尺牽寬五丈八尺高深七丈三尺計單長三千六百八十三丈五尺八寸

第十三段長七丈五尺牽寬五丈三尺高深七丈二尺計單長二千八百六十二丈

第十四段長九丈八尺牽寬五丈五尺高深七丈四尺計單長三千九百八十八丈六尺

十六堡第二道挑壩四埽下首接埽三段

第五段長八丈一尺牽寬四丈六尺高深六丈八尺計單長二千五百三十三丈

六尺八寸
第六段長八丈四尺牽寬四丈八尺高深
六丈八尺計單長二千七百四十一丈
七尺六寸
第七段長十三丈四尺牽寬三丈七尺高
深六丈七尺計單長三千三百二十一
丈八尺六寸
以上埽工六段共長五十五丈九尺
共計單長一萬九千一百三十一
丈四尺八寸内用
添辦稭五百二十五萬觔每觔銀一釐四毫
歲稭一千一百八十九萬六百五十觔八分每
觔銀九毫
購稭五十三萬六千八百三十六觔七分二釐
每觔銀一釐四毫
歲麻二十二萬六百四十七觔五分每觔銀二
分八釐八毫
購麻三萬七千六百二十七觔四分八釐每觔

銀二分八釐八毫

撥料壓土共添募夫三萬八千二百六十二名

九分六釐每名銀四分

以上埽工共用工料銀二萬七千七

百七十一兩九錢九分四釐内照

舊例價應銷銀二萬一千一百五

十九兩四錢一分七釐以時價比

較計不敷銀六千六百一十二兩

五錢七分七釐

下北河廳屬

蘭陽汛銅瓦厢雞嘴挑壩補鑲埽工四段

第一段長十三丈五尺牽寬三丈九尺五

寸高深七丈計單長三千七百三十二

丈七尺五寸

第二段長十丈二尺牽寬四丈八尺高深

七丈四尺計單長三千六百二十三丈

四寸

第三段長九丈八尺牽寬四丈三尺高深

七丈三尺計單長三千七十六丈二尺
二寸
第四段長九丈六尺牽寬二丈二尺高深
六丈五尺計單長一千三百七十二丈
八尺

下壩補鑲接鑲埽工七段

藏頭埽長七丈七尺牽寬三丈六尺高深
六丈一尺計單長一千六百九十丈九
尺二寸
第一段長八丈三尺牽寬六丈一尺五寸
高深七丈七尺計單長三千九百三十
丈四尺六寸
第二段長七丈五尺牽寬七丈五尺五寸
高深七丈九尺計單長四千四百七十
三丈三尺七寸
第三段長四丈五尺牽寬四丈三尺高深
七丈一尺計單長一千三百七十三丈
八尺五寸

第四段長九丈六尺牽寬五丈五尺高深七丈八尺計單長四千一百一十八丈四尺

第五段長六丈五尺牽寬五丈三尺高深七丈八尺計單長二千六百八十七丈一尺

第六段長八丈七尺牽寬二丈九尺高深六丈六尺計單長一千六百六十五丈一尺八寸

下壩迤下順隄補鑲埽工四段

第一段長十八丈二尺牽寬三丈八尺高深七丈四尺計單長五千一百一十七丈八尺四寸

第二段長十六丈一尺牽寬四丈九尺高深七丈七尺計單長六千七十四丈五尺三寸

第三段長八丈一尺牽寬五丈二尺高深七丈六尺計單長三千二百一丈一尺

二寸

第四段長八丈八尺牽寬三丈高深六丈

四尺計單長一千六百八十九丈六尺

以上埽工十五段共長一百四十七

丈一尺共計單長四萬七千八百

二十七丈一尺八寸內用

添辦稭三百七十五萬觔每觔銀一釐四毫

歲稭六百二十三萬七千九十觔一分每觔銀

九毫

又添辦稭二百五十萬觔每觔銀一釐四毫

購稭三千一百七十萬五千二百二十四觔二

分二釐每觔銀一釐四毫

歲麻十二萬六千一百六十五觔每觔銀二分

八釐八毫

購麻五十一萬九千五百一觔九分三釐每觔

銀二分八釐八毫

搬料壓土共添募夫九萬五千六百五十四名

三分六釐每名銀四分

以上埽工共用工料銀八萬一千一百七十二兩七分六釐內照舊例價應銷銀五萬二千八百九十六兩八錢六分一釐以時價比較計不敷銀二萬八千二百七十五兩二錢一分五釐

蘭陽汛十三堡順隄頭埽迤上補鑲埽工七段

第一段長九丈二尺牽寬六丈九尺高深七丈七尺計單長四千八百八十七丈九尺六寸

第二段長八丈六尺牽寬六丈九尺高深七丈四尺計單長四千三百九十一丈一尺六寸

第三段長九丈八尺牽寬七丈高深七丈六尺計單長五千二百一十三丈六尺

第四段長九丈四尺牽寬六丈三尺高深七丈三尺計單長四千三百二十三丈

六寸

第五段長七丈牽寬五丈六尺高深七丈六尺計單長二千九百七十九丈二尺

第六段長十丈六尺牽寬五丈三尺高深七丈四尺計單長四千一百五十七丈三尺二寸

第七段長十三丈牽寬五丈七尺高深七丈四尺計單長五千四百八十三丈四尺

十四堡挑壩補鑲埽工二段

第一段長九丈九尺牽寬五丈四尺高深七丈七尺計單長四千一百一十六丈四尺二寸

第二段長十丈四尺牽寬三丈一尺五寸高深六丈七尺計單長二千一百九十四丈九尺二寸

以上埽工九段共長八十七丈九尺

共計單長三萬七千七百四十七

丈四寸内用

購稭三千四百八十七萬八千二百六十四觔

九分六釐每觔銀一釐四毫

歲麻十萬觔每觔銀二分八釐八毫

購麻四十萬九千五百八十五觔四釐每觔銀

二分八釐八毫

搬料壓土共添募夫七萬五千四百九十四名

八釐每名銀四分

以上埽工共用工料銀六萬六千五

百二十五兩三錢八分三釐内照

舊例價應銷銀四萬一千七百四

十八兩二錢二分六釐以時價比

較計不敷銀二萬四千七百七十

七兩一錢五分七釐

曹考廳屬

蘭陽下汛頭堡新挑水壩補鑲新埽四段

一段長十一丈牮寬三丈六尺高深六丈

五尺計單長二千五百七十四丈

二段長十丈牽寬四丈二尺高深六丈五
尺計單長二千七百三十丈
三段長十四丈牽寬四丈四尺高深六丈
六尺計單長四千六十五丈六尺
四段長十五丈牽寬四丈五尺高深六丈
六尺計單長四千四百五十五丈
新順水壩補鑲新埽四段
一段長十四丈牽寬四丈高深六丈五尺
計單長三千六百四十丈
二段長十六丈牽寬四丈二尺高深六丈
五尺計單長四千三百六十八丈
三段長十二丈牽寬四丈四尺高深六丈
六尺計單長三千四百八十四丈八尺
四段長十八丈牽寬四丈六尺高深六丈
六尺計單長五千四百六十四丈八尺
以上埽工八段共長一百一十丈共
計單長三萬七百八十二丈二尺
內用

添辦稭二百五十萬觔每觔銀一釐四毫
歲稭六百二十三萬七千三百一十七觔每觔
銀九毫
購稭一千九百七十萬五千四百三十五觔八
分每觔銀一釐四毫
歲麻十一萬六千四百四十四觔每觔銀二分
八釐八毫
購麻二十九萬九千一百一十五觔七分每觔
銀二分八釐八毫
搬料壓土共添募夫六萬一千五百六十四名
四分每名銀四分
以上埽工共用工料銀五萬一千一
百三十一兩八錢九分內照舊例
價應銷銀三萬四千四十五兩一
錢一分三釐以時價比較計不敷
銀一萬七千八十六兩七錢七分
七釐
以上北岸五廳埽工共八案共用工料

銀三十八萬八千三百八十六兩
九錢八分
以上豫省南北兩岸十三廳通共實用工
料土方銀一百一十六萬二千三
百一十二兩五錢四分八釐

曹考廳屬

曹縣上汛十八堡土壩頭並東面補鑲防風
埽長二百二十丈寬一丈高深七尺計
單長一千五百四十丈
土壩下首順隄補鑲防風埽長二十八丈寬
一丈高深七尺計單長一百九十六丈
十九堡順隄補鑲防風埽長二百三十丈寬
一丈高深七尺計單長一千六百一十
丈
以上防風埽工三段共長四百七十
八丈共計單長三千三百四十六
丈內用
隄草二十四萬九千九百九十一觔值刀工銀

五十七兩一錢四分一釐
葦草五萬七千八百觔值力工銀十七兩三錢
四分
官柳二萬七千七百二十觔不計錢糧
購稭二百六十七萬五千八百八十九觔每觔
銀一釐四毫
搬料壓土共添募夫六千六百九十二名每名
銀四分
以上防風埽工除照例節省八束銀
一千一百二十四兩二錢五分六
釐實用工料銀四千八十八兩四
錢六釐內照舊例價應銷銀二千
七百五十兩四錢六分一釐以時
價比較計不敷銀一千三百三十
七兩九錢四分五釐

曹河廳屬

曹縣下汛二堡魚鱗壩補鑲接鑲新埽二段
雁翅埽長六丈牽寬四丈二尺高深六丈

四尺計單長一千六百一十二丈八尺
下首接鑲新埽一段長十丈牽寬四丈高
深六丈八尺計單長二千七百二十丈
順二壩補鑲新埽二段
藏頭埽長七丈五尺牽寬四丈四尺高深
六丈二尺計單長二千四十六丈
頭埽長八丈牽寬五丈四尺高深六丈二
尺計單長二千六百七十八丈四尺
五堡順水二壩補鑲新埽四段
藏頭埽長六丈二尺牽寬五丈八尺高深
六丈八尺計單長二千四百四十五丈
二尺八寸
頭埽長九丈五尺牽寬六丈二尺高深六
丈八尺計單長四千五丈二尺
二埽長八丈五尺牽寬四丈八尺高深六
丈八尺計單長二千七百七十四丈四
尺
三埽長九丈九尺牽寬五丈四尺高深六

丈八尺計單長三千六百三十五丈二
尺八寸

順水二壩下首空檔補鑲新埽一段長八丈
牽寬五丈二尺高深六丈八尺計單長
二千八百二十八丈八尺

順水三壩補鑲新埽三段
頭埽長六丈七尺牽寬五丈六尺高深六
丈八尺計單長二千五百五十一丈三
尺六寸

二埽長九丈牽寬五丈四尺高深六丈八
尺計單長三千三百四丈八尺

三埽長十一丈七尺牽寬五丈高深六丈
八尺計單長三千九百七十八丈

順水三壩下首順隄補鑲新埽四段
頭埽上段長六丈二尺牽寬二丈八尺高
深四丈二尺計單長七百二十九丈一
尺二寸

下段長八丈二尺牽寬四丈高深五丈二

尺計單長一千七百五丈六尺

二埽長八丈六尺牽寬三丈八尺高深五丈八尺計單長一千八百九十五丈四尺四寸

三埽長九丈四尺牽寬三丈二尺高深五丈六尺計單長一千六百八十四丈四尺八寸

魚鱗頭攔補鑲新埽七段

頭埽上段長七丈牽寬四丈二尺高深六丈四尺計單長一千八百八十一丈六尺

下段長五丈四尺牽寬三丈六尺高深六丈二尺計單長一千二百五丈二尺八寸

二埽長六丈牽寬五丈四尺高深六丈四尺計單長二千七十三丈六尺

三埽長六丈六尺牽寬六丈二尺高深六丈八尺計單長二千七百八十二丈五

尺六寸

四埽長七丈三尺牽寬六丈八尺高深六丈八尺計單長三千三百七十五丈五尺二寸

五埽長八丈三尺牽寬六丈四尺高深六丈八尺計單長三千六百一十二丈一尺六寸

六埽長八丈牽寬四丈八尺高深六丈四尺計單長二千四百五十七丈六尺

魚鱗頭壩迤下空檔補鑲新埽二段

頭埽長十丈牽寬五丈二尺高深六丈六尺計單長三千四百三十二丈

二埽長十三丈六尺牽寬三丈八尺高深五丈八尺計單長二千九百九十七丈四尺四寸

六堡簽壩補鑲新埽一段

頭埽長六丈七尺牽寬五丈六尺高深六丈八尺計單長二千五百五十一丈三

尺六寸

護壩補鑲新埽一段

頭埽長九丈五尺牽寬六丈四尺高深六丈八尺計單長四千一百三十四丈四尺

以上埽工二十七段共長二百二十一丈八尺共計單長七萬一千九十八丈四尺八寸內用

購稭一百七十五萬觔每觔銀一釐四毫

歲稭一百一十二萬二千二百五十三觔每觔銀九毫

備防稭五百萬觔每觔銀一釐四毫

又購稭五千七百八十二萬二千七百四十二觔五分二釐每觔銀一釐四毫

歲麻七萬九千七百六十五觔每觔銀二分八釐八毫

購麻八十八萬六十四觔四分八釐每觔銀二分八釐八毫

搬料壓土共添募夫十四萬二千一百九十六名九分六釐每名銀四分

以上埽工共用工料銀十二萬四千七百四十二兩八錢三分四釐內照舊例價應銷銀七萬八千六百三十四兩九錢一分九釐以時價

比較計不敷銀四萬六千一百七兩九錢一分五釐

糧河廳屬

單縣上汛九堡托壩二埽下首接鑲裹頭埽一段長七丈四尺牽寬二丈二尺高深四丈四尺計單長七百一十六丈三尺二寸

十堡挑壩搶鑲新埽四段

頭埽長九丈六尺牽寬三丈五尺五寸高深四丈四尺計單長一千四百九十九丈五尺二寸

二埽長九丈二尺牽寬三丈三尺五寸高

深四丈四尺計單長一千三百五十六
丈八寸
三埽長十一丈牽寬三丈七尺高深四丈
四尺計單長一千七百九十丈八尺
四埽長六丈牽寬二丈五尺高深四丈四
尺計單長六百六十丈
以上埽工五段共長四十三丈二尺
共計單長六千二十二丈七尺二
寸內用
購稭一百萬觔每觔銀一釐四毫
備防稭三百九十萬觔每觔銀一釐四毫
又購稭六十六萬四千九百九十三觔二分八
釐每觔銀一釐四毫
歲麻二萬七千九百二十觔每觔銀二分八釐
八毫
購麻五萬三千三百八十六觔七分二釐每觔
銀二分八釐八毫
撥料壓土共添募夫一萬二千四十五名四分

四釐每名銀四分
以上埽工共用工料銀一萬六百一
十四兩四錢四分二釐內照舊例
價應銷銀六千六百六十一兩一
錢二分八釐以時價比較計不敷
銀三千九百五十三兩三錢一分

四釐

單縣下汛四堡新二壩下首人字壩頭埽迤
下接鑲新埽三段
頭埽長十丈牽寬三丈二尺高深四丈八
尺計單長一千五百三十六丈
二埽長十丈牽寬三丈四尺高深四丈八
尺計單長一千六百三十二丈
三埽長十丈牽寬三丈五寸高深四丈八
尺計單長一千四百六十四丈
舊三壩搶鑲新埽四段
頭埽長十丈牽寬四丈二尺高深四丈八
尺計單長二千一十六丈

二埽長十丈五尺牽寬五丈一尺高深四丈八尺計單長二千五百七十丈四尺

三埽長九丈八尺牽寬五丈九尺高深四丈八尺計單長二千七百七十五丈三尺六寸

四埽長九丈五尺牽寬二丈五尺高深四丈六尺計單長一千九十二丈五尺

以上埽工七段共長六十九丈八尺共計單長一萬三千八十六丈二尺六寸共用

購稭一千二百九萬一千七百四觔二分四釐每觔銀一釐四毫

購麻十七萬六千六百六十四觔五分一釐每觔銀二分八釐八毫

搬料壓土共添募夫二萬六千一百七十二名五分二釐每名銀四分

以上埽工共用工料銀二萬三千六十三兩二錢二分五釐内照舊例

價應銷銀一萬四千四百七十三
兩四錢四釐以時價比較計不敷
銀八千五百八十九兩八錢二分
一釐
以上東省曹考曹河糧河三廳埽工共四
案內除防風照例節省八束銀一
千一百二十四兩二錢五分六釐
共實用工料銀十六萬二千五百
八兩九錢七釐

工部知道

八〇一

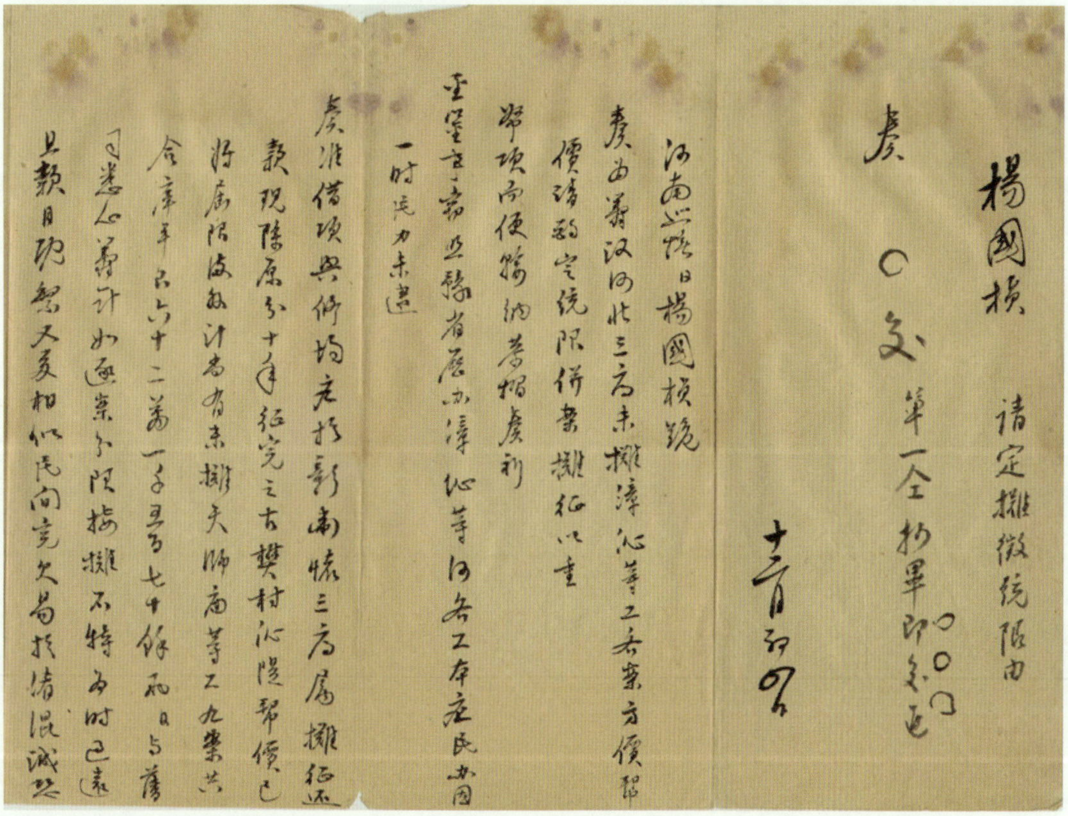

楊國楨　請定攤徵統限由

奏○文　第一全　抄畢即知○○○

十一月初四日

河南巡撫臣楊國楨跪

奏爲籌議河北三府未攤濬沁等工各案方價帮

價請酌定統限併案攤征以重

帑項而便輸納恭摺奏祈

聖鑒事竊照豫省歷辦濬沁等河各工本應民辦因一時民力未逮

奏准借項興修均應於彰衛懷三府屬攤征還

款現除原分十年征完之古樊村沁隄帮價已

將屆限滿毋計尚有未攤天師廟等工九案共

合庫平銀六十二萬一千三百七十餘兩且與舊

日後籌計如照案分限按攤不特爲時已遠

且款目既繁又復相仍民間完欠易於清混滋弊

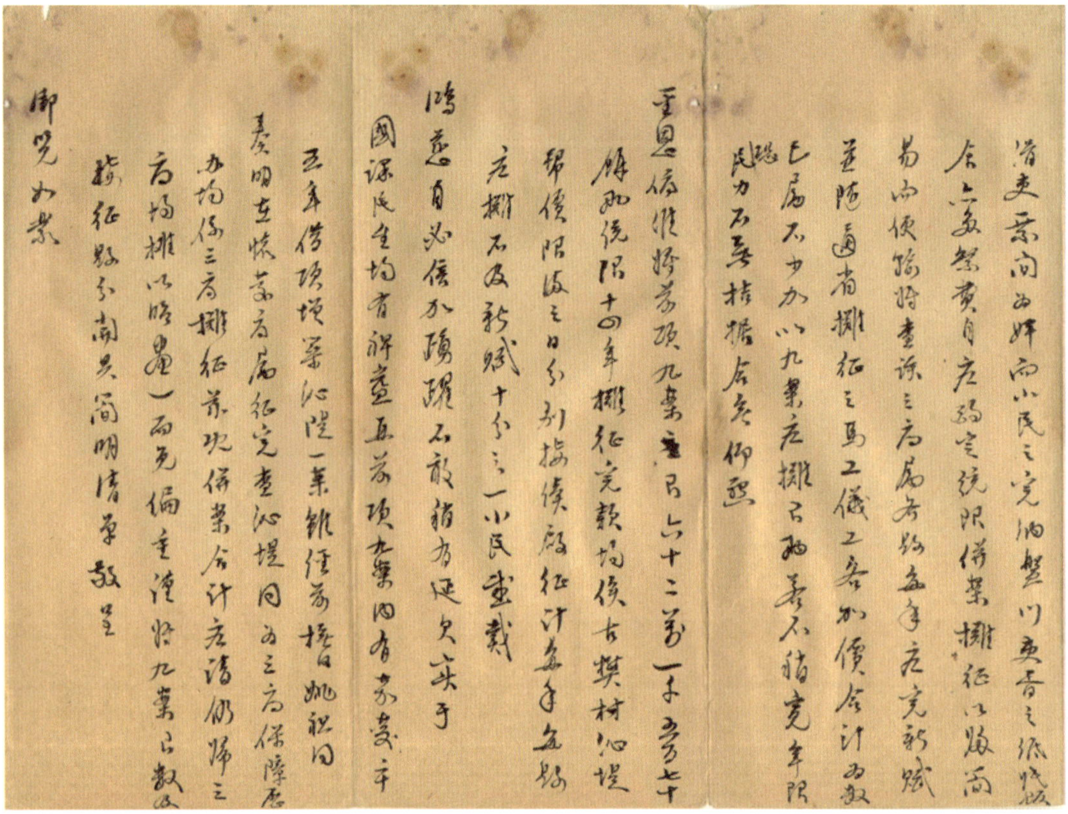

胥吏需索而小民之完納難以兼顧之情狀
今一旦蒙賞自應竭完繳限倘果攤征以後而
每兩僅輸將查該三廳每歲每年應完新賦
並隨漕者攤征之馬工儀工各加價合計兩數
已屬不少加以九案應攤之兩歲又不能完年限
總民力不無拮据合無仰懇
聖恩俯准將前項九案應民六十二萬一千兩零七十
餘兩統限十四年攤征完款均俟本案於該堤
帮價限滿之日分別接續啟征計每年每兩
應攤不及新賦十分之一小民灌載
鴻慈自必倍加踴躍不敢稍有延欠矣至于
國課民生均有裨益且前項九案內有嘉慶十
五年儀頂境築心堤一案銀係前撫臣姚祖同
奏明並非該廳征完查心堤同為三廳保障應
分均依三廳攤征兹既係案合計應請仍歸三
廳均攤以昭畫一而免偏重除將九案已數及
攤征數目開具簡明清單敬呈
御覽外謹

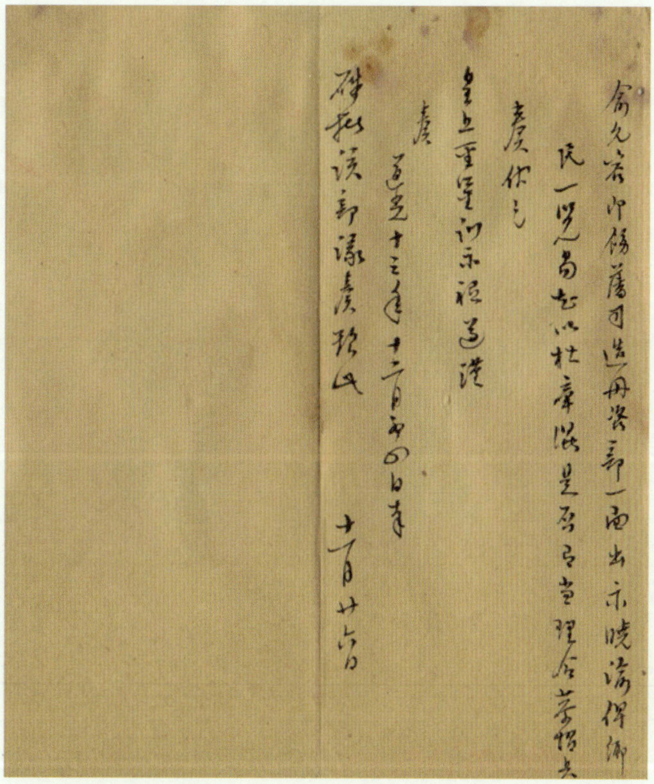

俞允，容即飭藩司造册咨部，一面出示曉諭，俾御
民一體周知，以杜弊端。是否有當，理合恭摺具
奏，伏乞
皇上聖鑒訓示。謹
奏。
道光十三年十二月初四日奉
硃批：該部議奏。欽此。
十二月廿六日

清單

謹將河北彰衛懷三府未攤沁工漳工各案方
價幫價開具簡明清單敬呈
御覽

一嘉慶二十四年河内縣天師廟武陟縣原村
沁河漫工方價除嚢減外實用市平折實
庫平銀十六萬二千一百四十六兩二錢
一分九釐

一嘉慶二十五年河武二縣借項增築沁隄方
價除嚢減外折實庫平銀二萬一千七百
一十五兩一錢九分

一道光二年武陟縣沁河韓村漫工方價折實
庫平銀七萬五千三百一十一兩九錢一

分九釐

一道光二年韓村善後方價除覈減外折實庫平銀三萬四千六百七十二兩六分二釐

一道光三年安陽縣漳河馮宿村民埝漫口方價折實庫平銀六萬七千一十四兩二分除例價開銷外幫價折實庫平銀七萬六千七百三十八兩六分一釐

一道光三年武陟縣沁河小劉村原馬棚漫工

一道光三年小劉村善後工料方價折實庫平銀四萬八千六百五十五兩五錢一分五釐

一道光四年安陽等縣漳河樊馬坊等工方價折實庫平銀六萬九千二百七十四兩九錢三分五釐

一道光十年内黄縣慶豐莊一帶漫工挑復漳河故道方價除删減外折實庫平銀六萬六千四十五兩五錢七分二釐

以上九案共合折實庫平銀六十二萬一千

五百七十三兩四錢九分三釐請統限
十四年在於河北三府安陽等二十五
縣內攤徵完款內分武安涉縣河內濟
源玉縣溫縣等六縣應徵古典村沁隄
幫價業已限滿即於道光十四年起限
接徵其餘安陽等十九縣均俟古典村
沁隄幫價徵收限滿分別起限接徵合
併陳明

該部議奏

八〇二

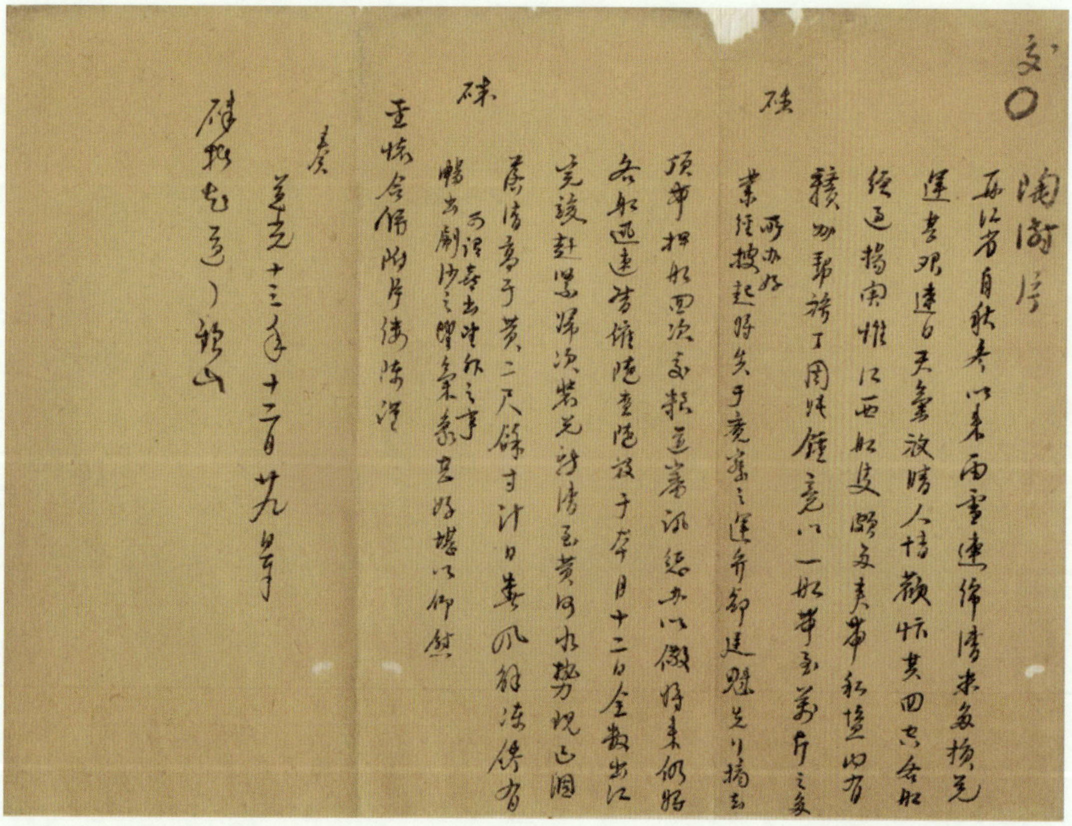

交〇

陶澍片

奏

道光十三年十二月廿九日

硃批：知道了。欽此。

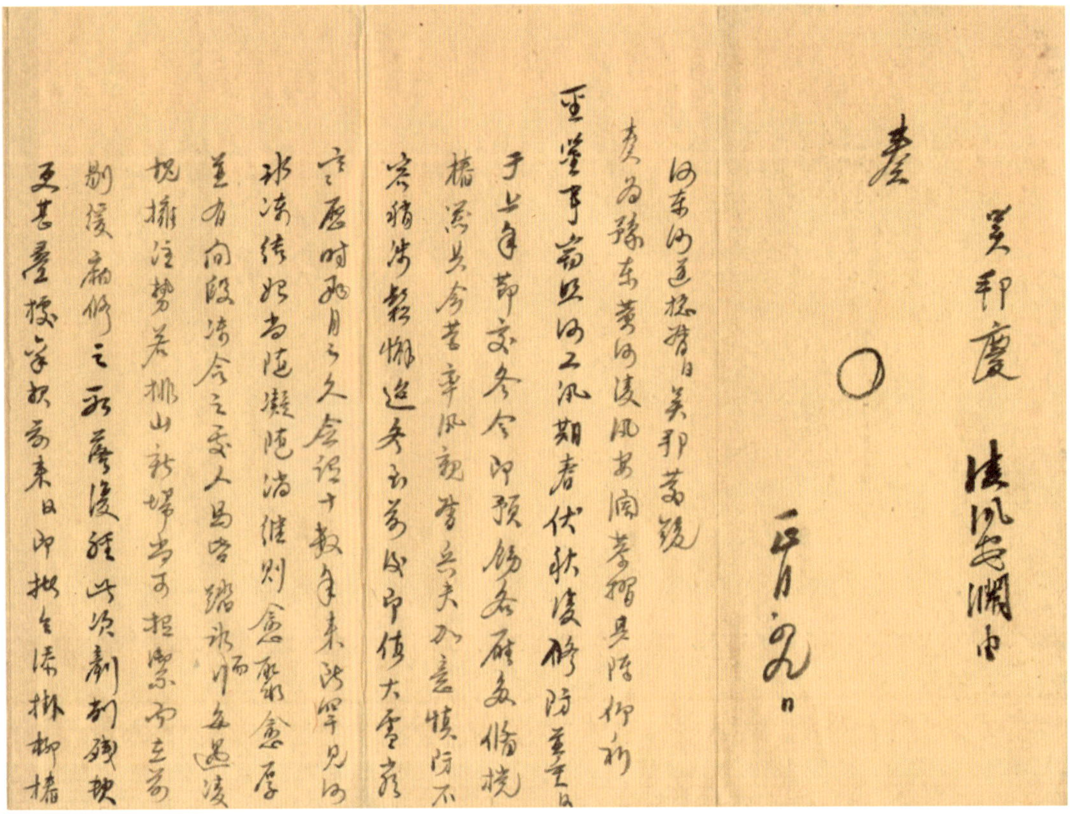

吴邦慶　凌汛安瀾由

差　○

正月九日

河東河道總督臣吴邦慶謹

奏為豫東黄河凌汛安瀾，恭摺具陳，仰祈

聖鑒事。竊照河工汛期，春伏秋凌，修防並重。臣

于上年節交冬令，即預飭各廳多備搶

護料物，並令[illegible]汛觀察兵夫加意慎防，不

容稍涉疏懈。迨冬至前即值大雪，兼

之歷時兩月之久，為近十數年來所罕見。河

冰流結，始則隨凝隨消，繼則愈聚愈厚，

並有[illegible]之處，人[illegible]冰[illegible]每遇凌

汛[illegible]，勢若排山，新埽尚可抵禦，而[illegible]

[illegible]之[illegible]凌[illegible]

[illegible]

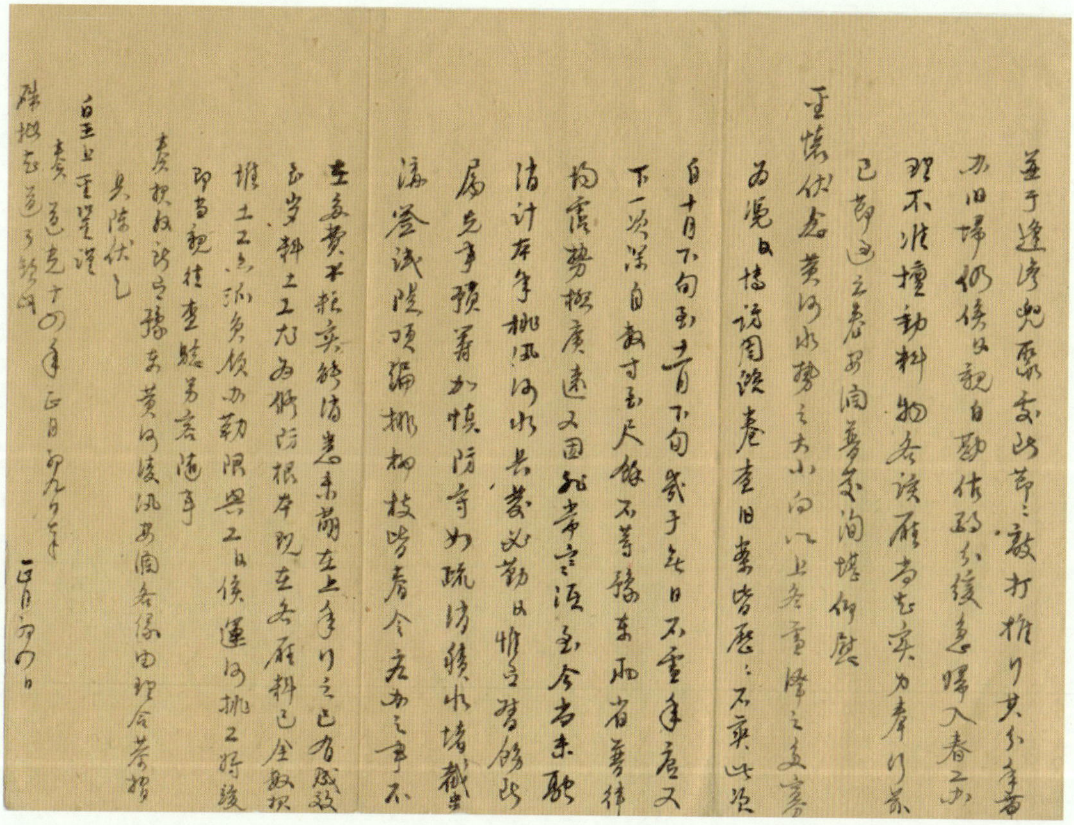

並于逢汛兜壓妥此節節收打樁以其分年搶
辦舊埽，俟奴才親自勘估，務分緩急，歸入春工辦
理，不准擅動料物。各該廳員尚知奉行，茲
已節過立春，安瀾普慶，洵堪仰慰
聖懷。伏念黃河水勢之大小，向以上年霜降之長落
爲憑。奴才檢閱周歷卷查舊案，歷歷不爽。此次
自十月下旬至十一月下旬，數十餘日不雨，年底又
下一次，深自數寸至尺餘不等。豫東兩省普律
均霑，勢極廣遠，又因秋冬寒冱，至今尚未融
消。計本年桃汛河水長發必勤，奴才惟當督飭所
屬先事預籌，加慎防守，如疏防積水，堵截
滲漏，識陡頂溜，挑挖桃柳枝，皆春令應辦之事，不
至多費米糧，亦終消患未萌，在上年即已有成效。
至歲料土工尤爲堤防根本，現在各廳料已全數採
堆，土工亦飭令領辦，勒限興工，俟運河挑工將竣，
即當親往查驗，另容隨時
奏報。所有豫東黃河凌汛安瀾各緣由，理合恭摺
具陳，伏乞
皇上聖鑒。謹
奏。道光十四年正月初九日
硃批：知道了。欽此。
正月初四日

八〇四

鍾祥　黄河隄埝稭料銀兩由

奏　交〇

二月十三日

山東巡撫臣鍾祥跪

奏為司庫撥發黄河堤埝埽鑲工程及備防

碎石稭料銀兩恭摺奏

祈

聖鑒事竊照山東省曹河糧河二廳及曹考廳之

曹上汛修辦黄河堤埝埽鑲等工照曹例應

工價銀一萬四千八百二十一兩一錢六分八厘又曹

河糧河二廳添辦四成備防稭料六成改稭加

石共銀三萬二千二百兩又曹河廳添辦備防碎

石銀七千七百四十六兩經司以具詳前來

援案請于司庫撥發辦理在案

諭旨允准飭遵並令東臣督同司動撥支發前

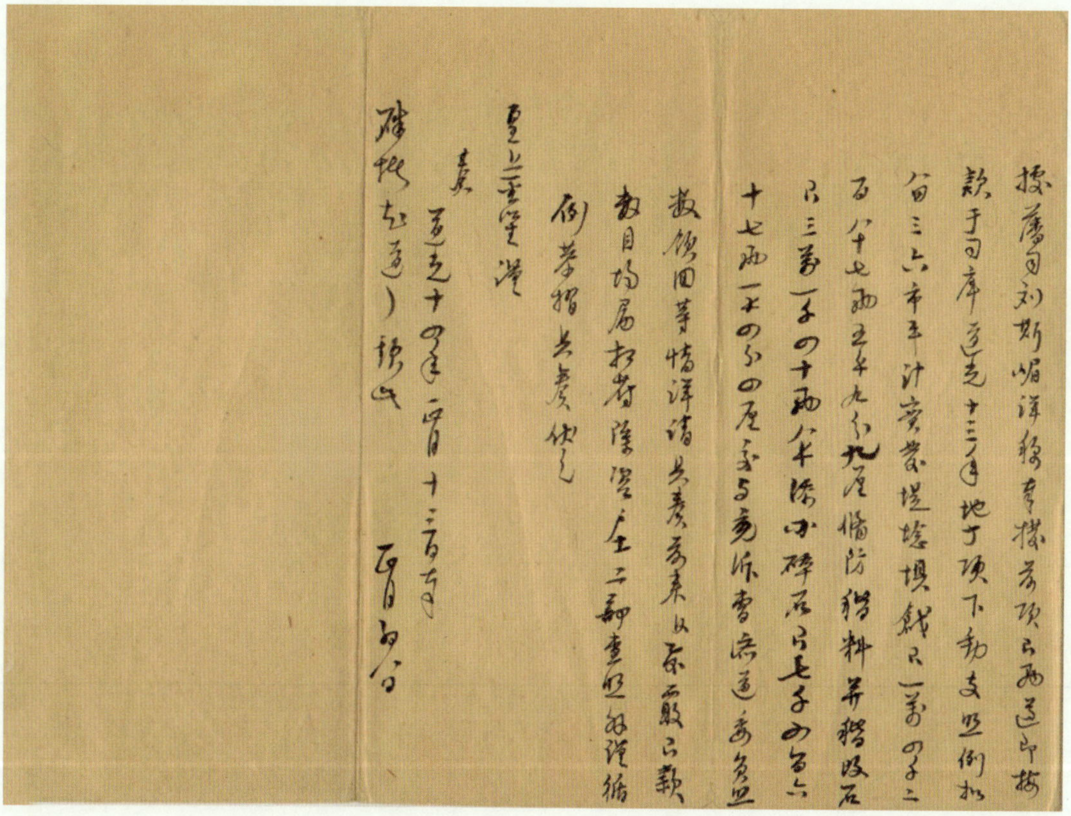

據署司劉斯嵋詳稱，本擬各項銀兩，道庫按款于司庫道光十三年地丁項下動支，照例批留三六年年計實發堤埝填錢糧一萬四千二百八十七兩五錢九分九厘，備防稭料并稭收石銀三萬一千四十兩八錢，添辦碎石銀七千四百六十七兩一錢四分四厘，系為兗沂曹濟道要需，並撥領回等情，詳請具奏前來。臣覆查銀款數目均屬相符，除咨部查照外，謹循例恭摺具奏，伏乞

皇上聖鑒。謹

奏。

道光十四年二月十三日

硃批：知道了。欽此。

正月初[illegible]

八〇五

吴邦慶 查驗各廳料垛等由

奏

〇文

三月廿九日

河東河道總督臣吴邦慶跪

奏為查驗豫東黄河各廳料垛並勘估春修埽工恭摺

具奏陳仰祈

聖鑒事竊臣前于二月初八日將督辦運河挑工已在八分以上

前赴黄河查料各緣由附片具

奏後即自濟城起身周歷兩岸十五廳昨甫竣事伏

念修防以稭料為根本而弊即因以叢生若遇歉

收之年往往領價不敷辦理于是有过橋架井

飛樑抽根等弊並有翻旧作新希圖充數而

丁役人等復勾通販户垛夫几乎無偽不作並

廳員亦為其所朦臣到任後隨時加意整頓

自曹河同知承熙勒休商虞通判王葵和撤任

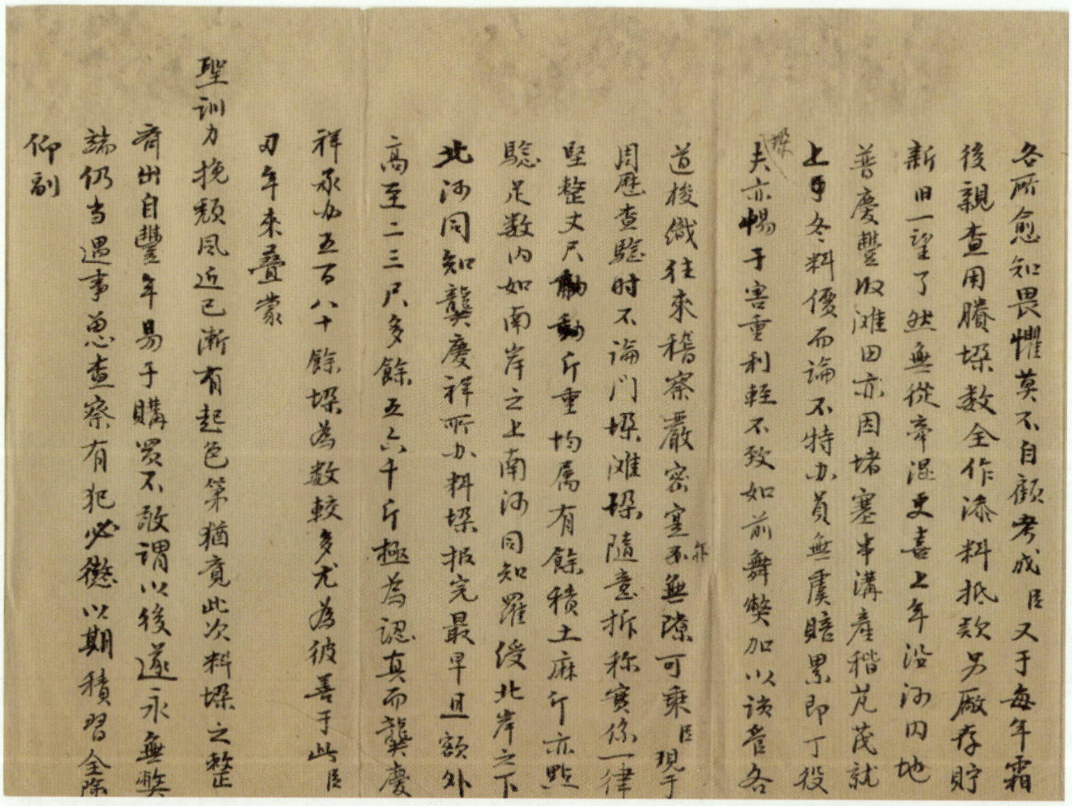
各廳愈知畏懼，莫不自顧考成。臣又于每年霜
後親查用賸垛數，全作添料抵款，另廠存貯，
新舊一望了然，無從牽混。更喜上年沿河内地
普慶豐收，灘田亦因堵塞串溝，產稭茂就，
上年冬料價值不論，不特辦員無虞賠累，即丁役
夫亦暢于售重利輕，不致如前舞弊。加以該管各
道梭織往來，稽察嚴密，寔不亦無隙可乘。臣現于
周歷查驗時，不論門垛、灘垛，隨意拆秤，實係一律
堅整，丈尺觔動斤重均屬有餘，積土麻斤亦照
驗足數。内如南岸之上南河同知羅俊，北岸之下
北河同知龔慶祥所辦料垛，報完最早，且額外
高至二三尺，多餘五六千斤，極為認真。而龔慶
祥承辦五百八十餘垛，為數較多，尤為彼善于此。臣
乃年來叠蒙
聖訓，力挽頹風，近已漸有起色，第猶覓此次料垛之整
齊，出自豐年易于購買，不敢謂以後遂永無弊
端，仍当遇事悉心查察，有犯必懲，以期積習全除，
仰副

聖主慎重工儲之至意其各廳春修埽工臣于驗料
之便即攜帶估冊逐一查量比原估單丈多有刪
減已飭認真趕辦並令先用舊垛多留新料以備
大汛修防急需現當桃汛長水之時臣即駐工督
同道廳防守容俟應辦事宜另行具
奏外所有查驗料垛及勘估春工實在情形理合恭
摺具奏陳伏乞
皇上聖鑒再豫東兩省上冬連得瑞雪交春復雨暘
時若臣經過地方目睹麥苗青蔥豐收預卜
洵堪仰慰
宸廑謹
奏

道光十四年三月初九日奉
硃批覽奏均悉欽此

二月三十日

八〇六

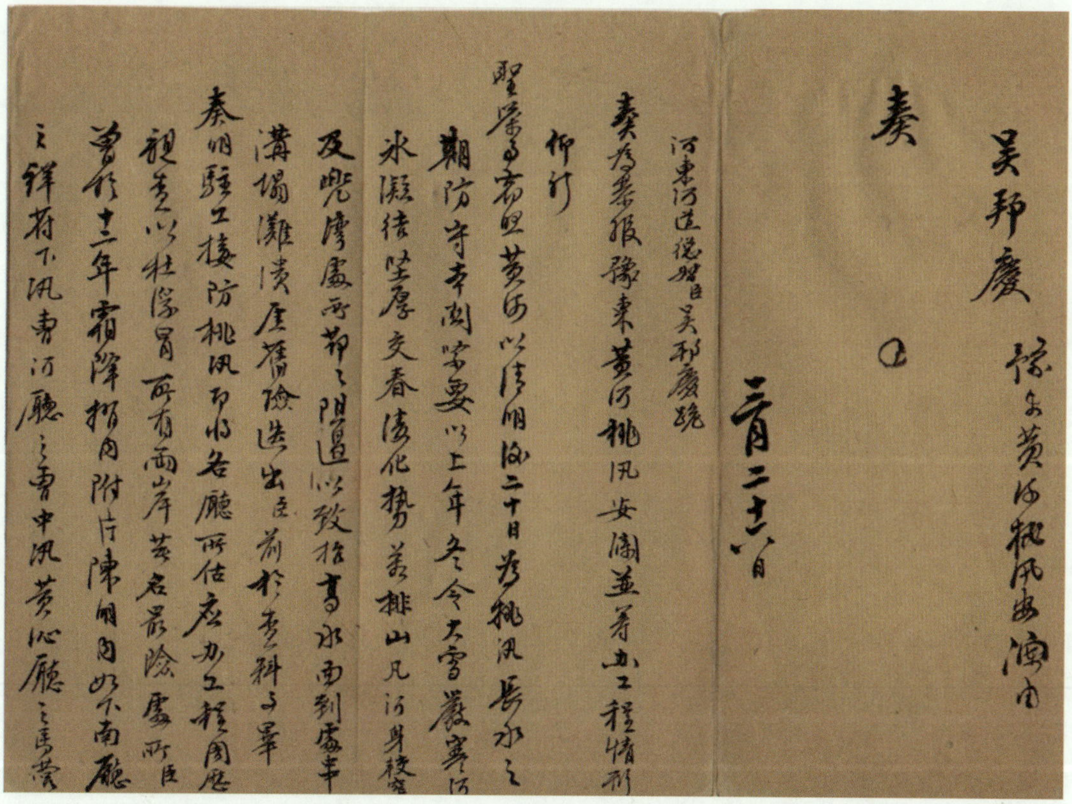
吳邦慶 豫東黃河桃汛安瀾由

奏 ○

二月二十二日

河東河道總督臣吳邦慶跪

奏為豫東黃河桃汛安瀾並籌辦工程情形

仰祈

聖鑒事竊照黃河以清明後二十日為桃汛長水之

期防守本屬緊要以上年冬令大雪嚴寒河

冰凝結堅厚交春漸化勢若排山凡河身積

及兜灣處所節節阻遏以致推擁而到處串

溝塌灘潰崖舊險迭出臣前於查料之暇

奏明驗工接防桃汛即將各廳所估應辦工程周歷

相度以杜浮冒所有兩岸著名最險處所臣

曾於十二年霜降前附片陳明自河北兩廳

之祥符下汛曹河廳之曹中汛黃沁廳之馬營

越堪臣於上年次第籌辦較可放心惟蘭儀廳
屬之蔡家樓向有積水來源水面寬廣形勢巨
湖深自七八尺至丈餘不等隄身亦形單薄每
遇狂風鼓浪岌岌可虞民地無遮掩度勢擬防
出古人成法抽溝放淤尚慮其未十分把握費亦
過多未便輕議上年霜後經蘭儀同知鄒鳴
鶴指資疏導並設法東岸南首現已涸出乾地
二千餘畝漸可耕種惟附近仍係一片汪洋而舊
有防風埽工均已朽腐於自蘭陽汛十堡至八
堡大隄北面傷令補鑲一千四百丈以資抵
禦隄身單薄處尤應趕緊加幫已飭該歸道
確切估辦續入明年土工案內核銷仍俟本年
霜後察看情形如果有須乃以疏消即普成聽
買安辦總期費不過大患可保除保民地宜隄
兩有裨益其多年節辦各工除上年已辦過報
十一案係而外此次所估工段臣復細加查勘
均可緩俟大風前後擇要再鑲以歸撙節惟河
帑匪從靡宣有埽段雖已勢擎盤水仰懷邀

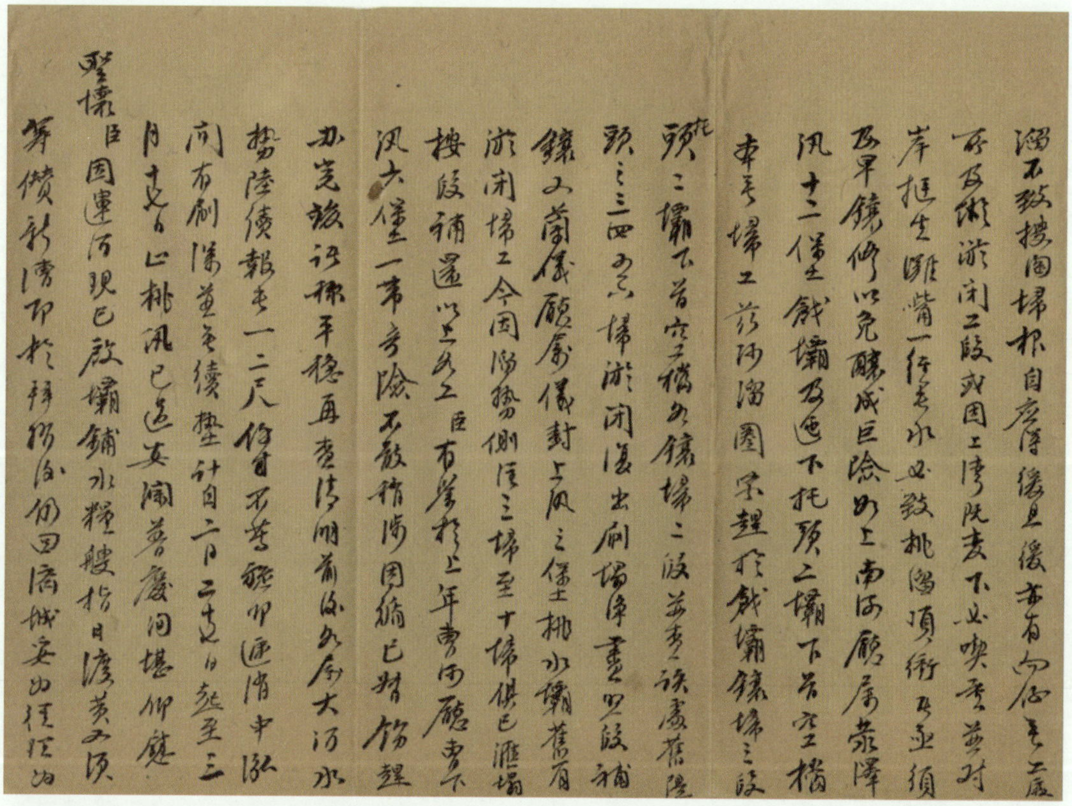

溜不致搜刷埽根自應從緩上緊本有向係二處
所有衝淤閉二段或因上游既去下必喫重並對
岸挺生灘嘴一經來水必致挑溜頂衝亟須
及早鑲作以免釀成巨險如上南河廳屬滎澤
汛十二堡殘壩及迤下托頭二壩下首空檔
東首埽工節次河溜圈築鑲於殘壩鑲埽三段
托頭二壩下首空檔外鑲埽二段並東首該處舊隄
頭之三四兩處埽淤閉後出刷塌陷查照段補
鑲又蘭儀廳屬儀封上汛之堡挑水壩舊有
淤閉埽工今因河勢側注二埽至十埽俱已匯塌
摟段補還以上各工臣前於上年奏明廳費下
汛六堡一帶等險不敷核實開銷已將飭趕
辦完竣該段穩平穩再查清明前後各處大河水
勢陸續報長一二尺惟尚不甚猛即匯消中泓
河身刷深並無續墊計自二月二十九日起至三
月十八日止桃汛已逾安瀾普慶同堪仰慰
聖懷臣因運河現已啟壩鋪水糧艘指日渡黃必須
籌備料濟即於接辦後仍回濟城妥為往返治

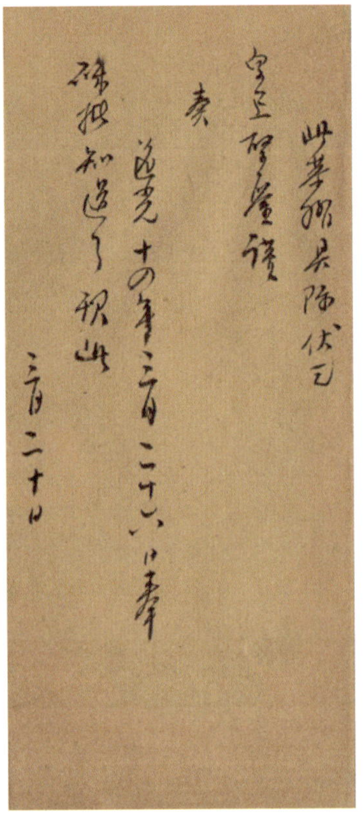

此案理合具陳伏乞

皇上聖鑒謹

奏

道光十四年三月二十六日奉

硃批知道了欽此

三月二十日

八〇七

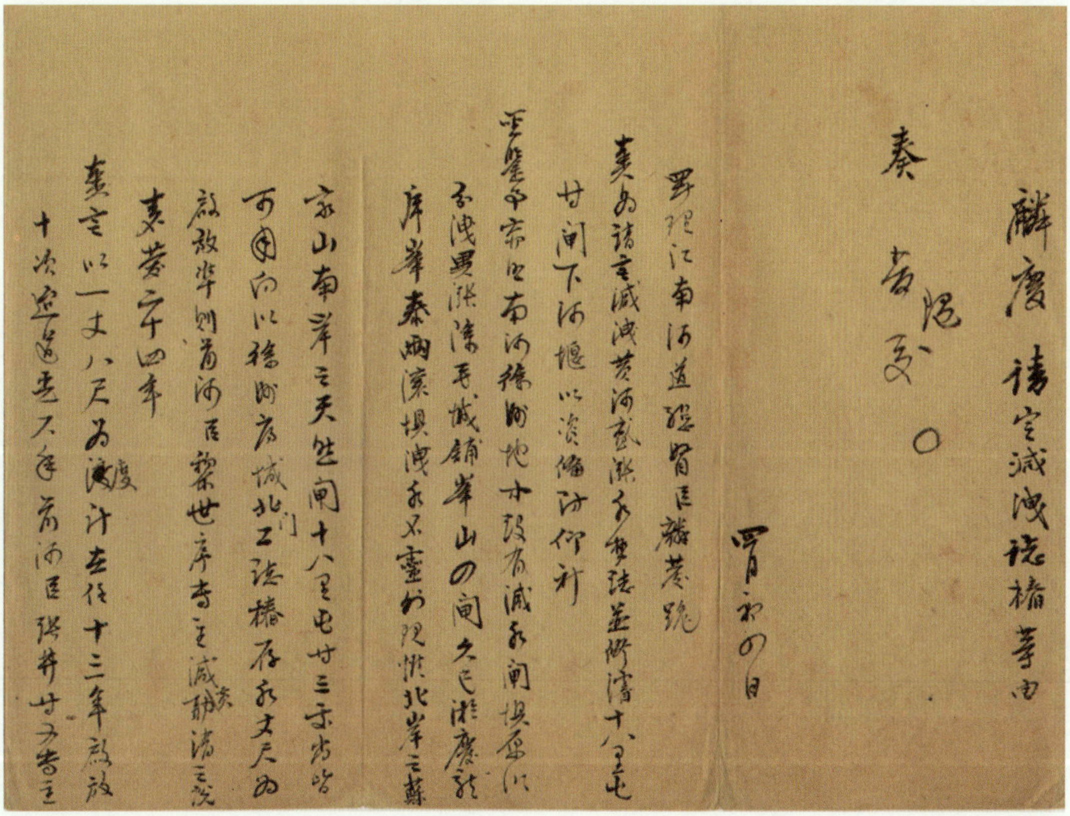

麟慶 請定減洩誌樁等由
奏
奉旨 [illegible] ○
四月初四日

署理江南河道總督臣麟慶跪
奏為請定減洩黄河盛漲誌樁並嚴清十八里屯
廿閘下河堰以資備防仰祈
聖鑒事竊臣南河徐州地方設有減水閘壩原以
分洩異漲除毛城鋪峰山四閘久已湮廢祇
存峰秦兩滾壩洩水不[illegible]惟北岸之蘇
家山南岸之天然閘十八里屯廿三孔尚堪
可用向以徐州府城北門誌樁存水丈尺為
啟放準則前河臣黎世序奏定減[illegible]之
奏嘉慶二十四年
奏定以一丈八尺為洩度計至今十三年啟放
十次迨道光[illegible]年前河臣張井[illegible]

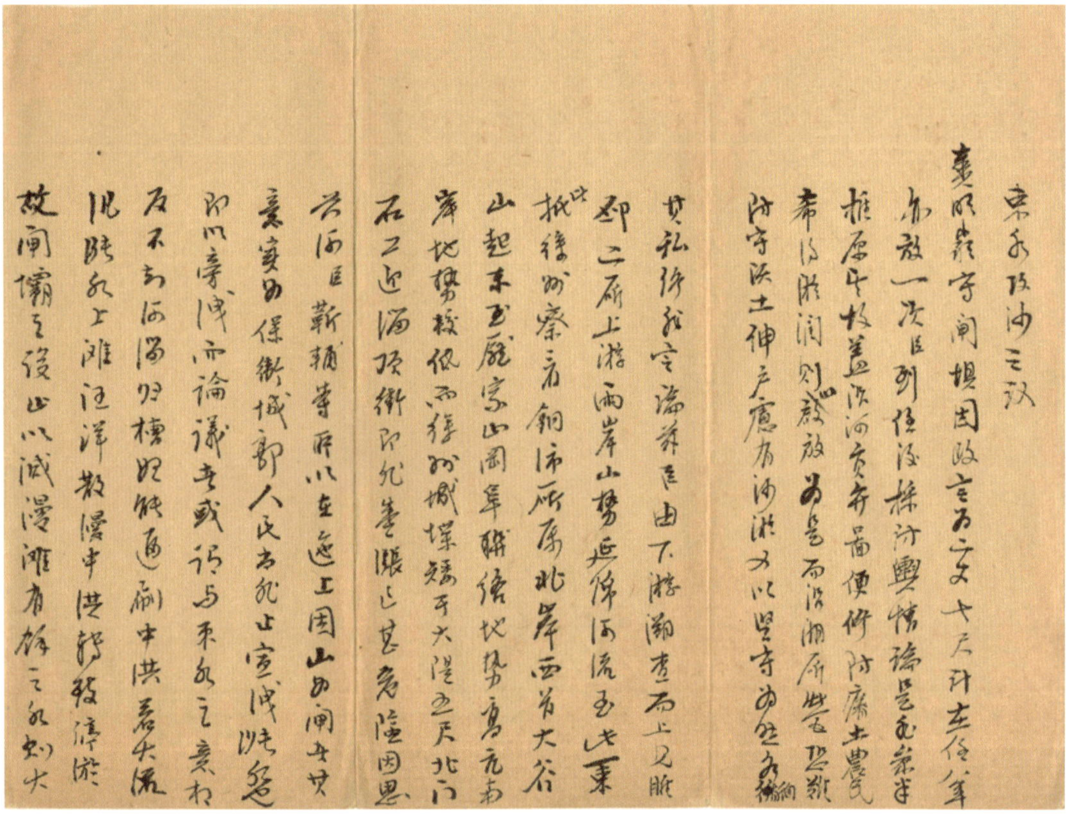

淌歸槽，遇刷並無有力，薪輔成堤可援抵攻沙之理，實是相成。特恐年久不善，或未通諳，而竟照成說減洩而多減，流弊無窮。臣竊以為減洩去路祇可備而不用，不可一日不備，要在隨守且守，應放必放，所有改撥堤則應照原案加增之天然若議酌減二壩，請

旨以二丈五尺向後責成徐州道就近察看水勢，係須長遠之計，如准照啟放，一經收復即行堵閉，庶合機宜而昭信守。至于睢寧天然閘下河道，毋庸估挑，計所有十八里屯引河，起至虎山腰止，河底淤墊應酌量挑濬，使其東西來水暢達。及天然閘下東堤亦應擇要幫培，並照舊砌包碎石，以衛民田而利水道。已飭該管道將即估計，核實辦理。再查自北岸蘇家山閘下游即係運道，且逼近微山湖減洩，恐有妨礙，自以嚴守為主，渠堰閘

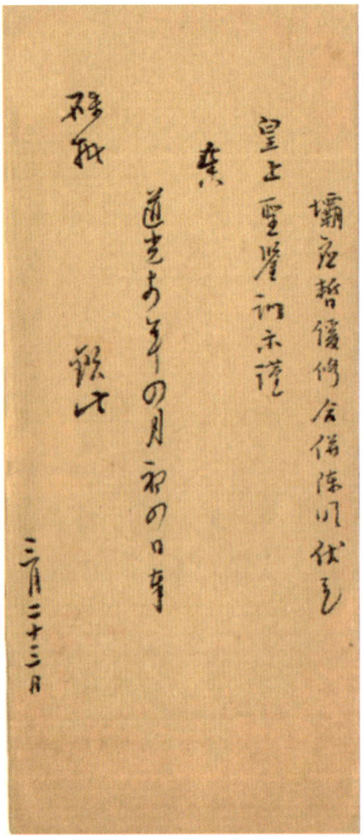

壩底暫緩修合併陳明伏乞
皇上聖鑒訓示謹
奏
道光十年四月初四日奉
硃批
欽此
三月二十三日

八〇八

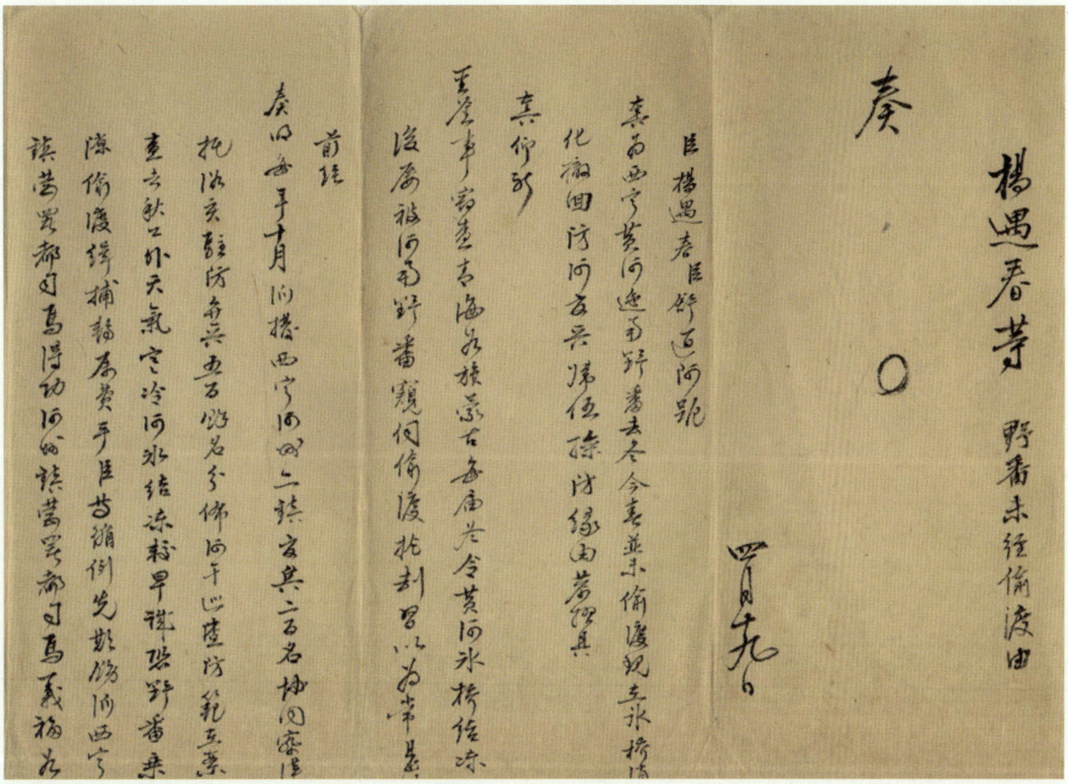
楊遇春等　野番未經偷渡由
奏　○
四月十九日
臣楊遇春臣舒通阿跪
奏爲西寧黃河邊外野番去冬今春並未偷渡現在冰橋融
化撤回防河官兵歸伍緣由恭摺具
奏仰祈
聖鑒事竊查青海各旗蒙古每届冬令黃河冰橋結凍
後屢被河南野番窺伺偷渡搶劫習以爲常是
前經
奏明每年十月間撥西寧河州二鎮官兵六百名協同蒙
旗派出駐防官兵五百名分佈河干巡查防範並
查去歲入冬以後天氣寒冷河冰結凍較早誠恐野番乘
隙偷渡經臣楊遇春于臣普循例先期飭行西寧
鎮總兵都司馬得功河州鎮總兵都司馬義福在

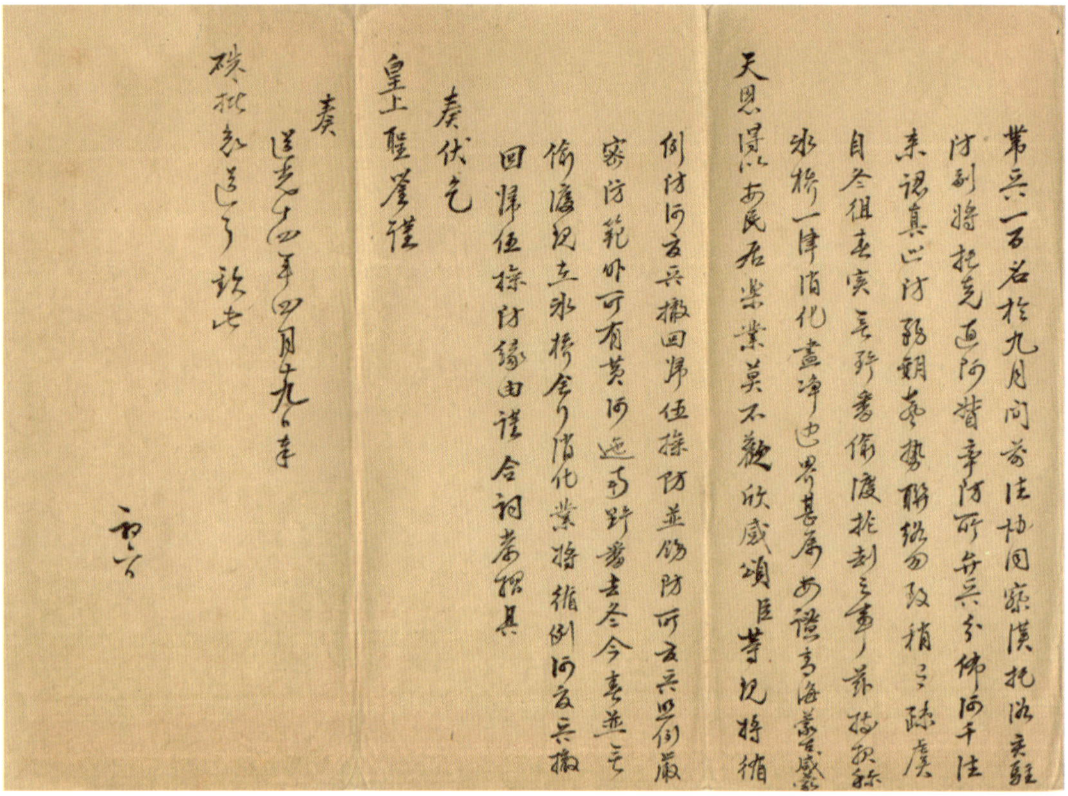

營兵一百名於九月間前往協同察漢托洛亥駐
防副將托克通阿督率防所弁兵分佈河干往
來梭巡出防弁兵體察形勢隨時疏通積冰處
自冬徂春並無野番偷渡抵對岸之事茲據稱
冰橋一律消化盡淨迄無甚處無虞等語青海蒙古感
天恩沾沐安民各業莫不歡欣感頌臣等現將循
例防河弁兵撤回歸伍操防並飭防河弁兵照例嚴
密防範外所有黃河迤南野番去冬今春並無
偷渡現在冰橋全行消化業將循例河防弁兵撤
回歸伍操防緣由謹合詞恭摺具
奏伏乞
皇上聖鑒謹
奏
道光十四年四月十九日奉
硃批知道了欽此
西寧

八〇九

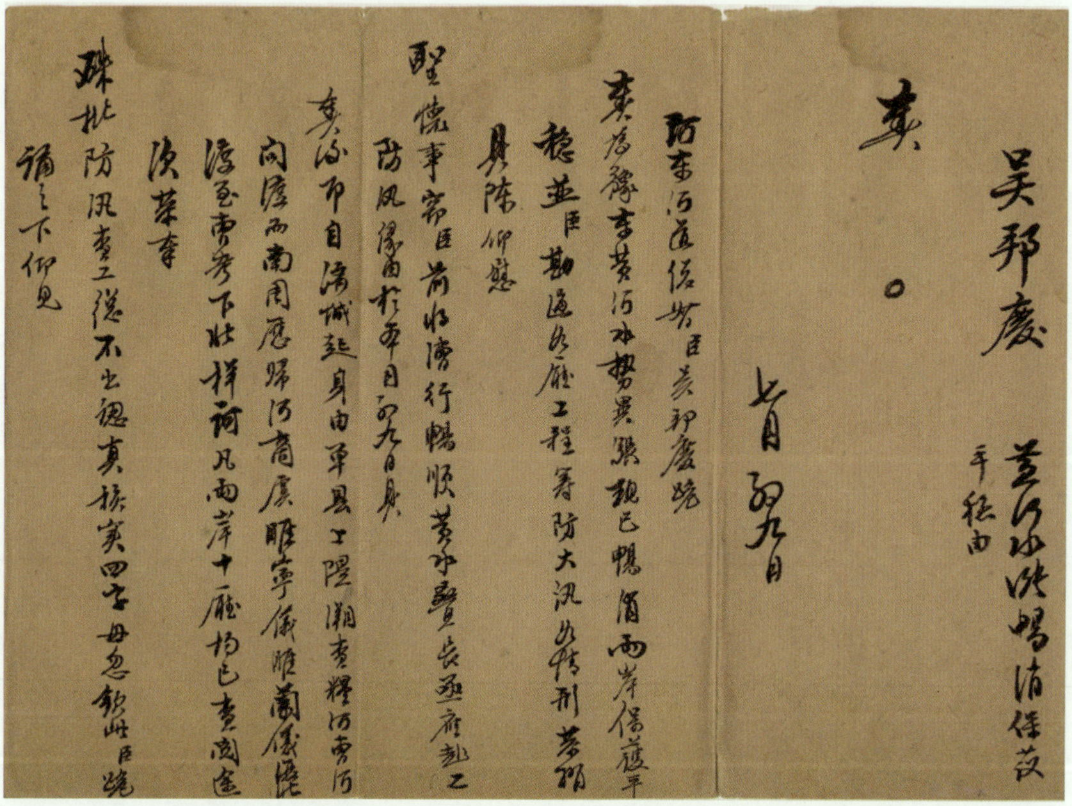

吳邦慶
奏。黃河水洪暢消保護
平穩由
七月初九日

防東河道總督臣吳邦慶跪
奏為豫東黃河水勢異漲現已暢消兩岸保護平
穩並臣勘過各廳工程籌防大汛各情形恭摺
具陳 仰慰
聖懷事竊臣前將伏汛暢順黃水長落並應辦之
防汛緣由於本月初九日具
奏在案自濟城起身由單縣工隄潮查驛河南河
向隄而南周歷歸河商虞睢寧儀睢蘭儀隄
沿至曹考下北祥符兩岸十廳均已查閱逐
段落查
硃批：防汛查工從不出總其核實四字毋忽欽此臣跪
誦之下仰見

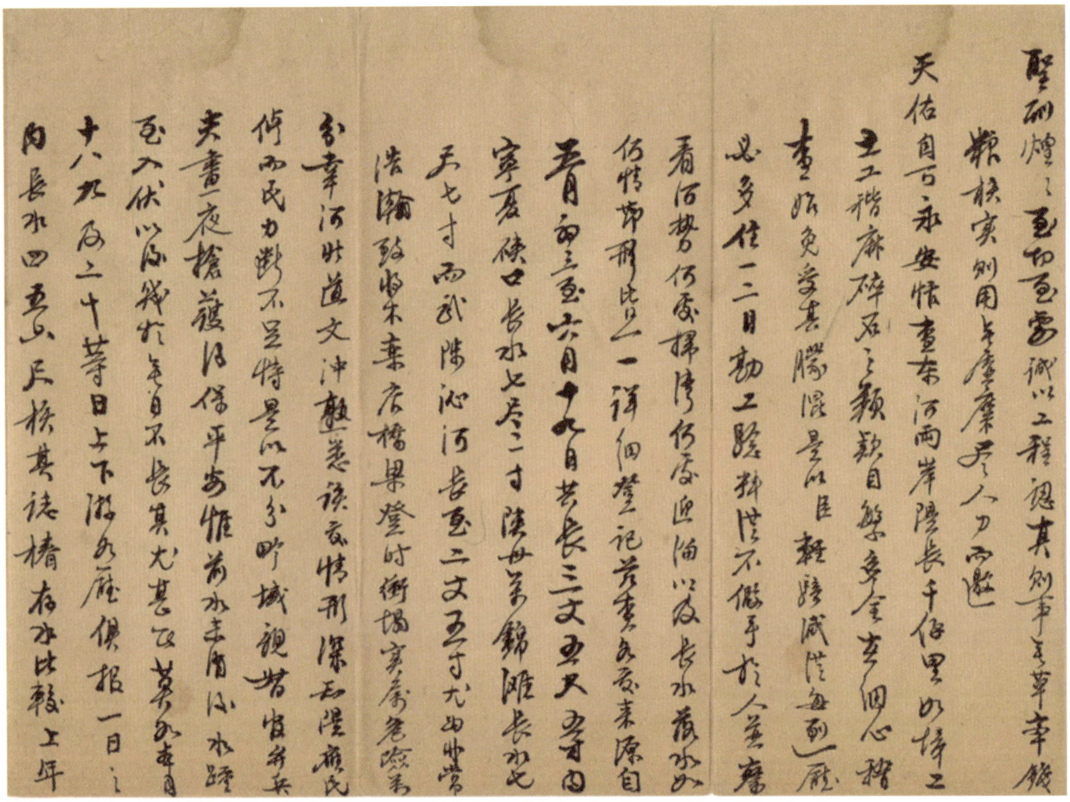
聖明燭燭至切至密識以工程總其例事奉章幸綫
糧撥實例用年年慶慶人力兩邀
天佑自可永安惟查東河兩岸隄長千餘里如埽工
土工磚廂碎石之類款目繁多全在留心稽
查始免浮冒是以臣輕騎減從每到一處
必多住一二日勤工照料從不假手於人並察
看河勢何處埽灣何處迎溜以及長水落水如
何情形比上一一詳細登記並查各處來源自
本月初三至六月十九日共長三丈五尺五寸內
寧夏陝口長水七尺二寸陝州萬錦灘長水七
尺七寸而武陟沁河長至二丈五寸尤爲異常
浩瀚致將禾黍房檐果登時衝塌實屬危險萬
分幸河北道文沖數差該處情形深知隄廣民
附而民力斷不足恃是以不分晝夜親督官弁兵
夫晝夜搶護得保平安惟前水未消水勢
至入伏以後幾於每日不長其尤甚者如本月
十八九及二十等日上下游各處俱報一日之
內長水四五尺臣核其誌椿存水比較上年

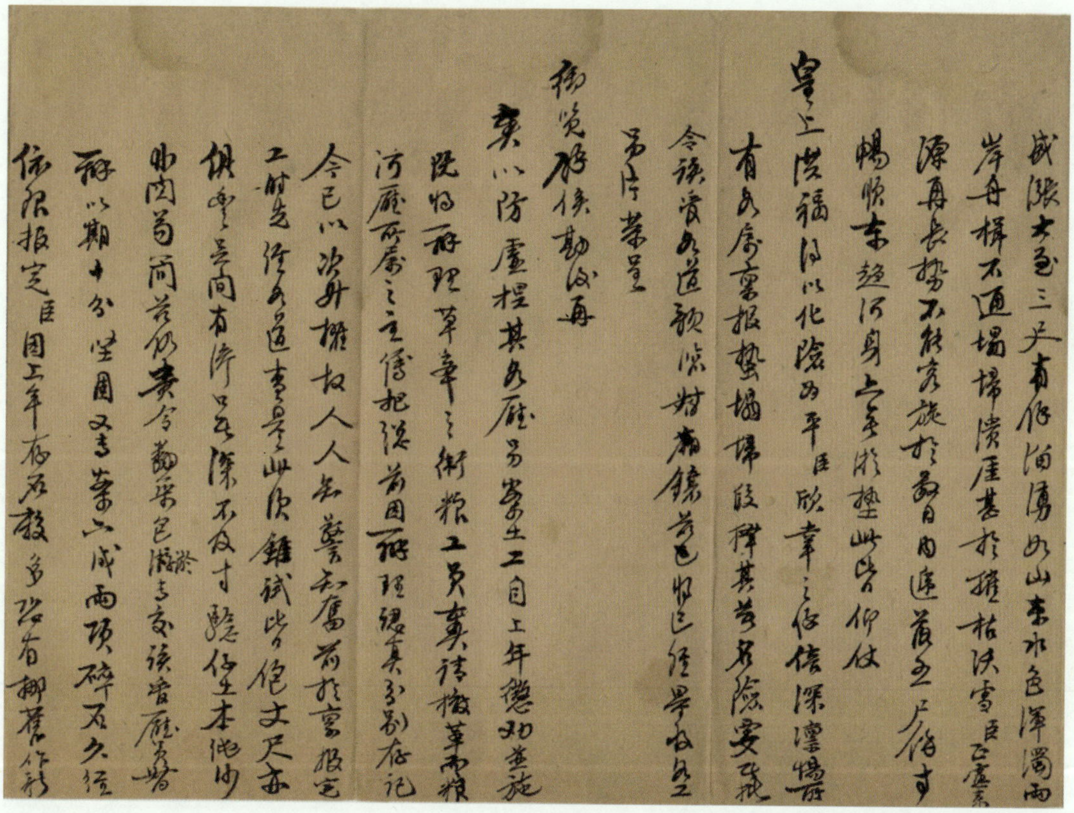

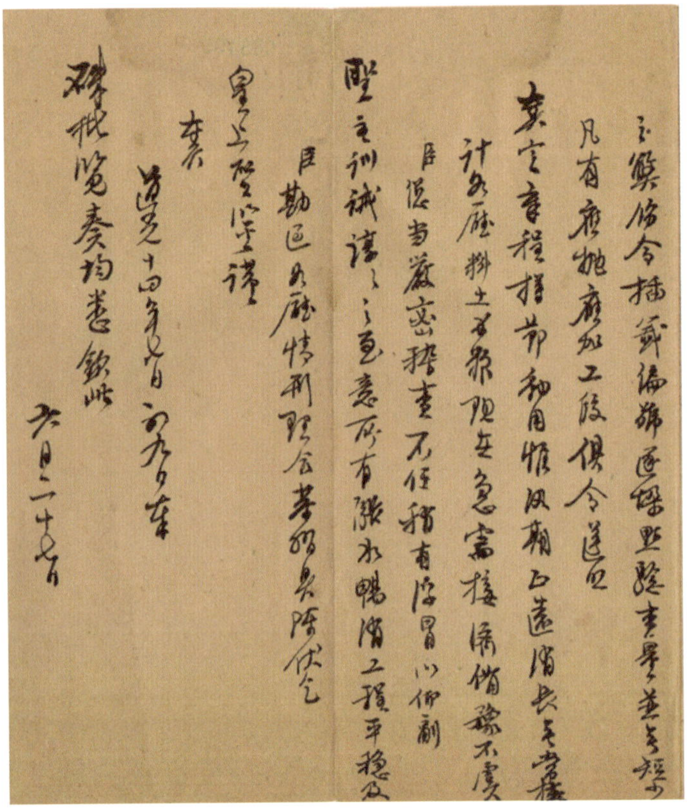

之藥，仍令插籤編號，逐一驗收，畢，並無短少。

凡有應挑應加工段，俱令道廳

寔之章程，撙節和同辦理，以歸工遠，俾長久之穩

計及歷辦土方，暨現在急需接濟備料不虞

臣謹當嚴密稽查，不任稍有浮冒，以仰副

聖主訓誡諄諄之至意。所有漲水暢消，工程平穩及

臣勘過各廳情形，理合恭摺具陳，伏乞

皇上聖鑒謹

奏。

道光十四年七月初九日奉

硃批：覽奏均悉。欽此。

六月二十七日

八一〇

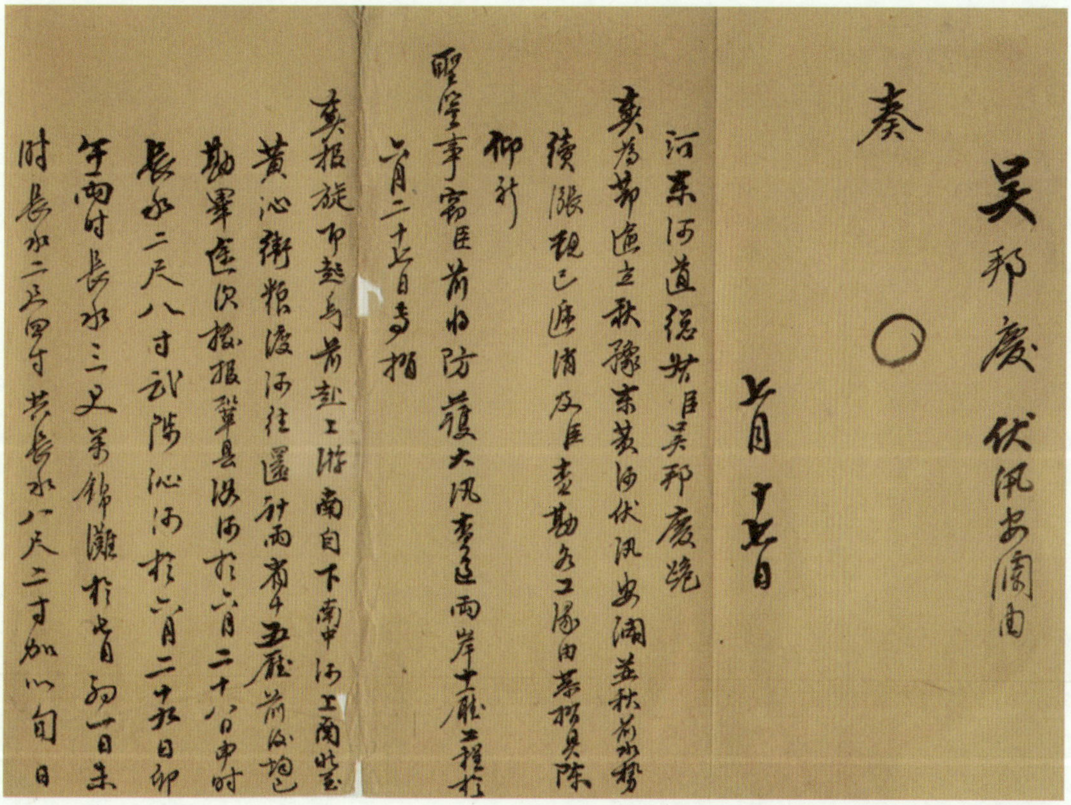

吴邦庆 伏汛安澜由

奏 ○

七月十七日

河东河道总督臣吴邦庆跪
奏为节逾立秋豫东黄河伏汛安澜并秋前水势
续涨现已渐消及臣查勘各工情形恭折具陈
仰祈
圣鉴事窃臣前将防护大汛情形两岸十厅工程于
六月二十七日专折
奏报旋即起身前赴上游南自下南中河上南北岸
黄沁卫粮渡河往还计两旬五厅前后均已
勘毕途次据报巩县洛河于六月二十八日申时
长水二尺八寸武陟沁河于六月二十五日卯
午两时长水三尺万锦滩于七月初一日未
时长水二尺四寸共长水八尺二寸加以旬日

来大雨，时行滂沛，倾盆如注，势甚广远。凡归

黄河之水，不日俱汇流，故两岸各厅此次之禀

报，一日之内长水五六七尺不等，其所以如此之

不同者，由于东河中间宽广，其上受豫山之源，搂

甚猛，骤下至江南接壤，则河窄槽高，而更多

滩嘴挺生，逼溜兜湾，又有随时形势变迁靡

常，或长水之际平安，及至落水掀淘，其埽段转

多蛰塌。幸既至之紧要，丛生异常，每遇各厅

禀报险工，臣必与该管道先行亲查，并督饬高

宽长丈，赶紧镶做，除工次已

奏过十厅工段外，所有续加工程并五厅埽工仍照

另片恭呈

御览。本月初四日节交立秋，阖工安固，洵堪仰慰

圣怀。惟伏秋首过而秋汛尚有七十余日，统计来源

报长比较历年丈尺，现已过半，第查碶口若锦

滩为黄河正宗，伏汛内仅长一丈七尺，仍恐是

秋汛来源大小正难预必，仍当加慎修防，现值

淫雨频仍，又时以十二年秋霖过多为鉴，而幸

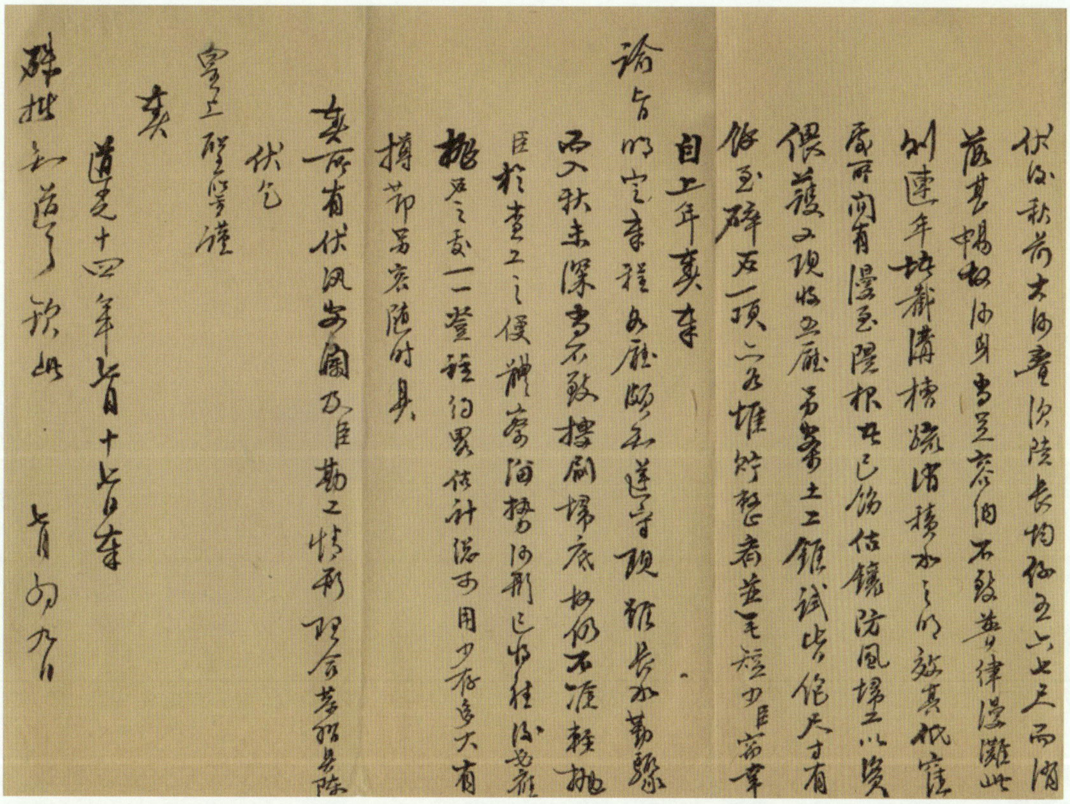

伏以秋汛大河疊次陡長，均在五六七尺，而河
底甚暢，故河身尚足容納，不致普律漫灘。此
係連年挑辦濟積疏浚積水之明效。其低窪
處所間有漫至堤根者，已飭佐雜防風埽工，以資
保護。又現將各廳另案土工鑲試，俟伏天才有
修至碎石一項，亦各堆貯整齊，並無短少。臣前奉
自上年奏奉
諭旨明定章程，各廳[illegible]遵守，頗能長加勤[illegible]，
兩入秋未深，尚不致搜刷埽底，如仍不[illegible][illegible]
臣於查工之便，體察河勢河形，已如往[illegible]
拖。至各要工一一查驗，俱屬估計結實可用，少存[illegible]大有
撙節，另案隨時具
奏。所有伏汛安瀾及臣勘工情形，理合恭摺具陳。
伏乞
皇上聖鑒。謹
奏。
道光十四年七月十七日奉
硃批：知道了。欽此。
[illegible]

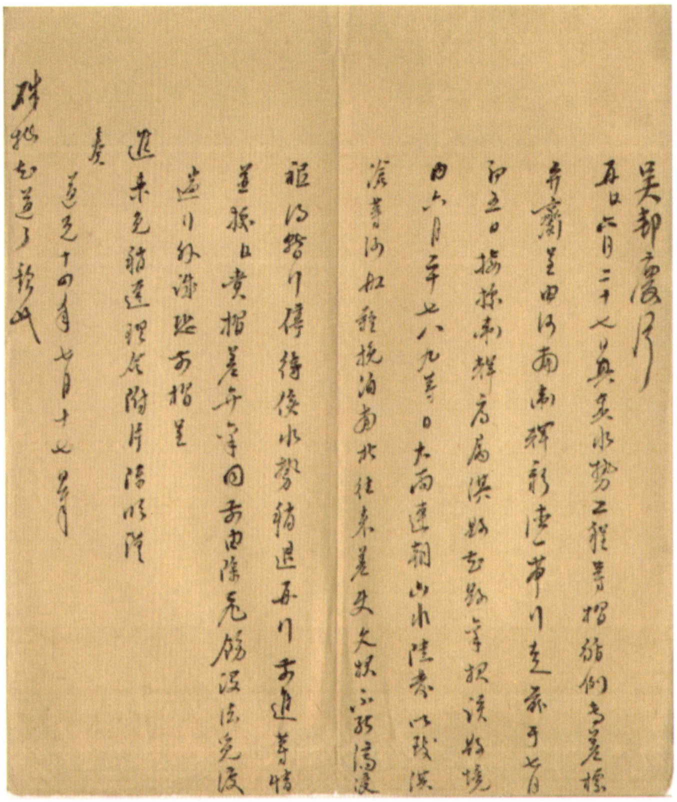

吳邦慶片

再臣六月二十八日具奏水勢工程並摺循例交差標

弁齎呈由河南衛輝彰德一帶行走茲於七月

初五日接據衛輝府屬淇縣等縣稟報據境

內六月廿七八九等日大雨連朝山水陡發以致淇

濬等河同時漲漫南北往來差使人等不能涉渡

祇得暫行停待俟水勢稍退再行前進等情

並據該差弁等稟同前由除飭沿途設法免致

遲滯外謹將前摺呈

進未免稍遲緣由附片陳明伏乞

奏

道光十四年七月十九日

硃批知道了欽此

八一一

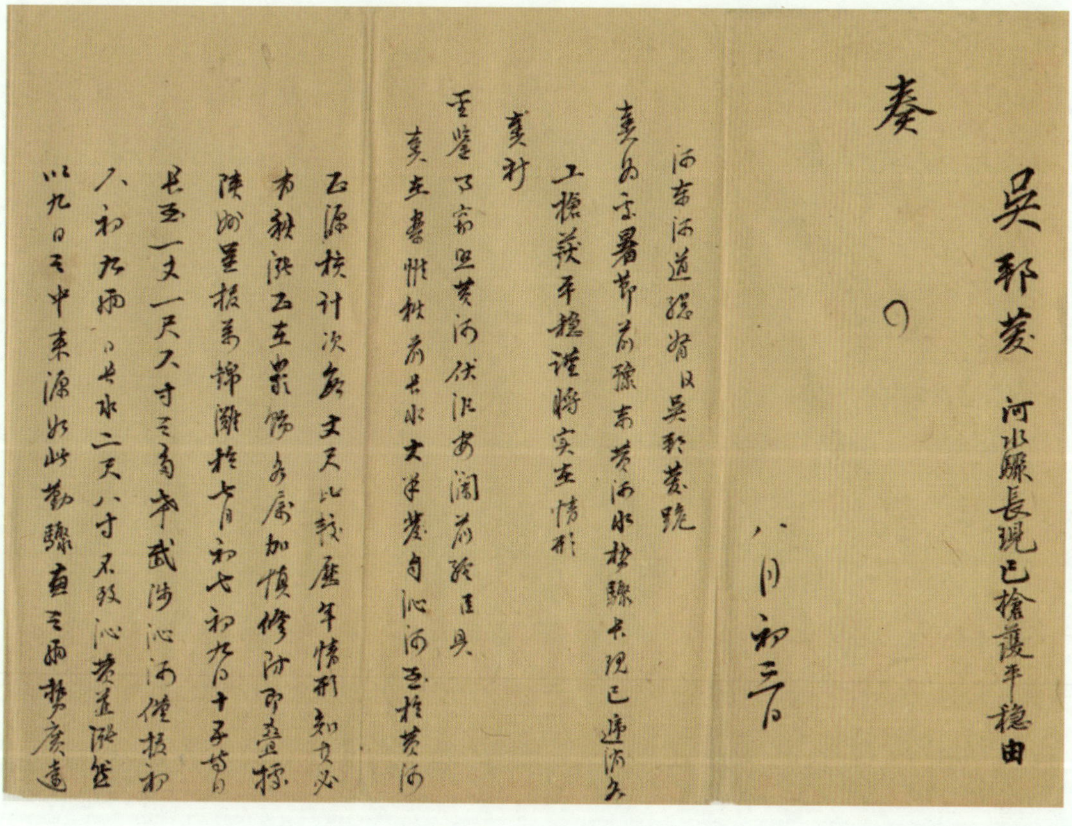

吳邦慶　河水驟長現已搶護平穩由

奏

八月初三日

河東河道總督臣吳邦慶跪

奏爲處暑節前豫東黃河水勢驟長現已連次各

工搶護平穩謹將實在情形

奏祈

聖鑒事竊照黃河伏汛安瀾前經臣具

奏在案惟秋[illegible]長水[illegible]自沁河至於黃河

上源核計次數丈尺比較歷年情形知其必

有較漲之[illegible]業經各廳加慎修防即查探

陝州萬錦灘於七月初七初九日十[illegible]日

長至一丈一尺八寸之多[illegible]武陟沁河僅據初

八、初九兩日共水二尺八寸不致沁黃並漲然

以九日之中來源如此勤驟[illegible]之雨勢廣遠

無日不減盈水消是以伊洛瀍澗諸水亦同
時匯歸黃河兩岸各廳該檔日報長水三四
五尺不等經經漫塌埽段於搶如不遑以致
該處失防子駐工要工督同搶護其形勢
尤為險要者如南岸商虞廳屬之虞城
上汛十四堡至十八九堡一帶係自十一二年河
勢遷變後大溜直向南趨上提下挫險工迭
出本年伏汛以前叠經開歸道將坦坡予
預籌即現在屢次搶工亦係該道躬親督辦
尚合機宜無致釀成為大險茲交節逾處暑
汛水漸消而距霜降尚有兩月且秋汛大概
到於伏暑誠恐西北冰雪消化陸續仍有來
源如十二年秋汛情形即係前車之鑒臣復督
所屬暨汛汛委員分段分堡晝夜巡查不容
稍有懈怠並將稭麻積土夫工等項核實業已囤
定及所存高者較量加添此外遇有緊急之
需均臨時勘發不任稍有虛浮至此次長水各
廳皆有鑲工兩岸上下統計千有餘丈良本

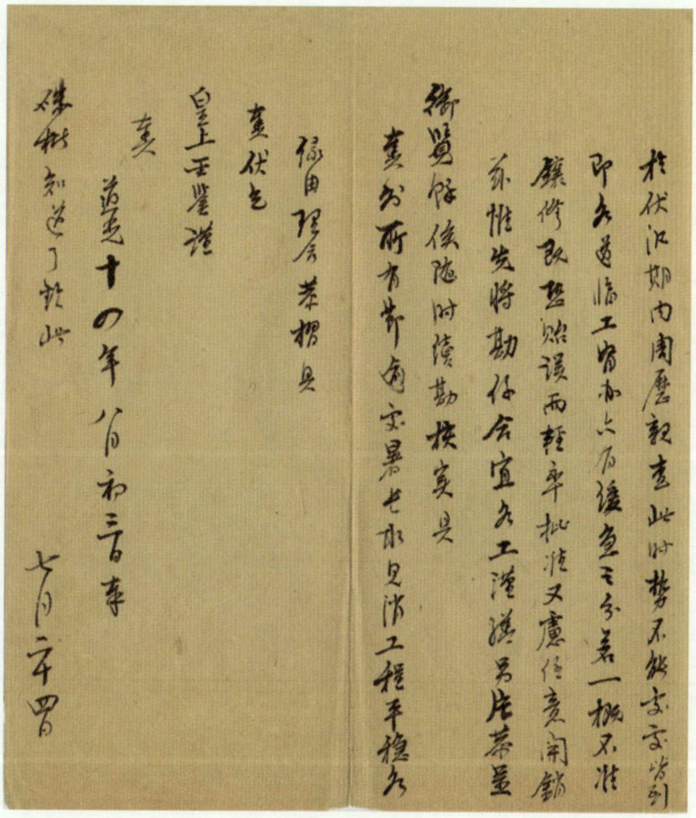
於伏汛期内周歷親查此時勢不能妥定咨列
即分送臨工省和上方辦查之分若一概不准
辦修改照議兩輕率批准又慮侈意開銷
亦惟先將勘估合宜各工隨謹另片恭呈
御覽餘俟隨時續勘核實具
奏以所有查勘河實暴長水及河工程平穩各
緣由理合恭摺具
奏伏乞
皇上聖鑒謹
奏
道光十四年八月初三日奉
硃批知道了欽此
七月二十四日

八一二

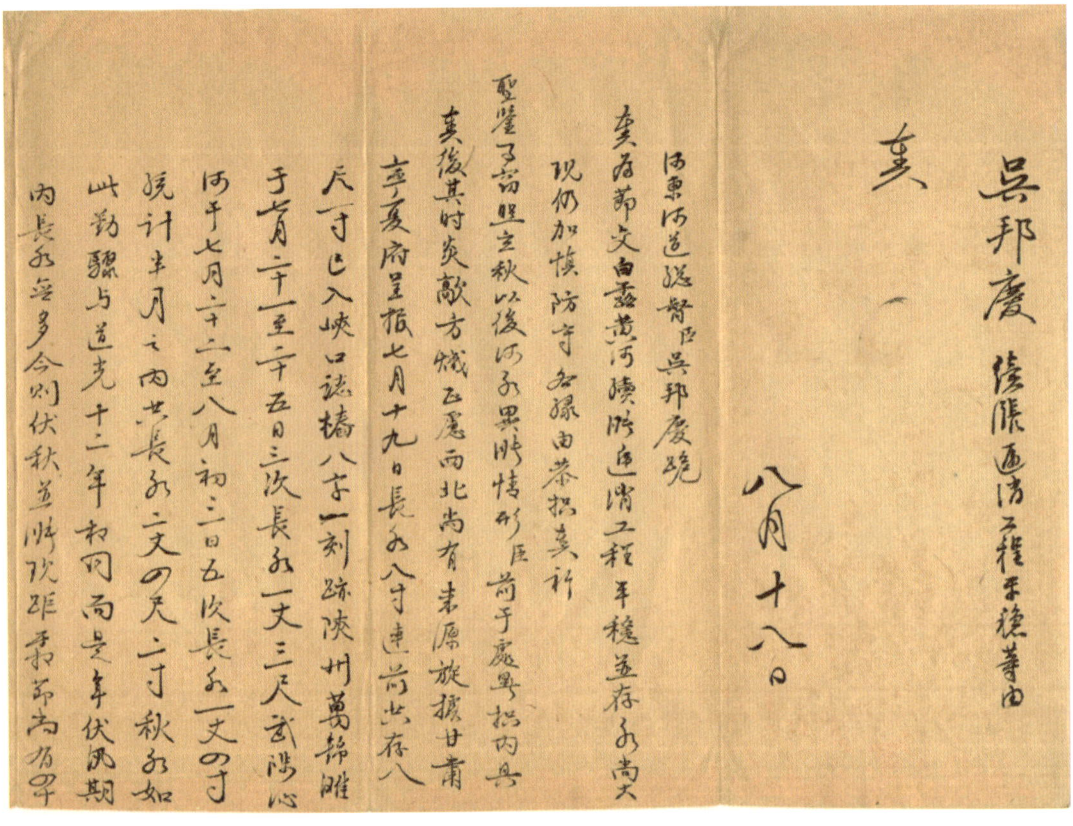

吳邦慶 續漲通清工程平穩等由

奏

八月十八日

河東河道總督臣吳邦慶跪

奏爲節交白露黃河續漲通清工程平穩並存水尚大現仍加慎防守恭摺由驛奏祈

聖鑒事竊照立秋以後河水異漲情形臣前于處暑摺内具

奏後其時炎歊方熾西處雨北尚有未霽旋據甘肅

寧夏府呈報七月十九日長水八寸連前共存八尺一寸已入峽口誌樁八字一刻陝州萬錦灘于七月二十一至二十五日三次長水一丈三尺武陟沁河于七月二十二至八月初三日五次長水一丈四寸統計本月之内共長水二丈四尺二寸秋水如此勤驟與道光十二年相同而是年伏汛期内長水無多今則伏秋並漲汛雖霜節尚有早

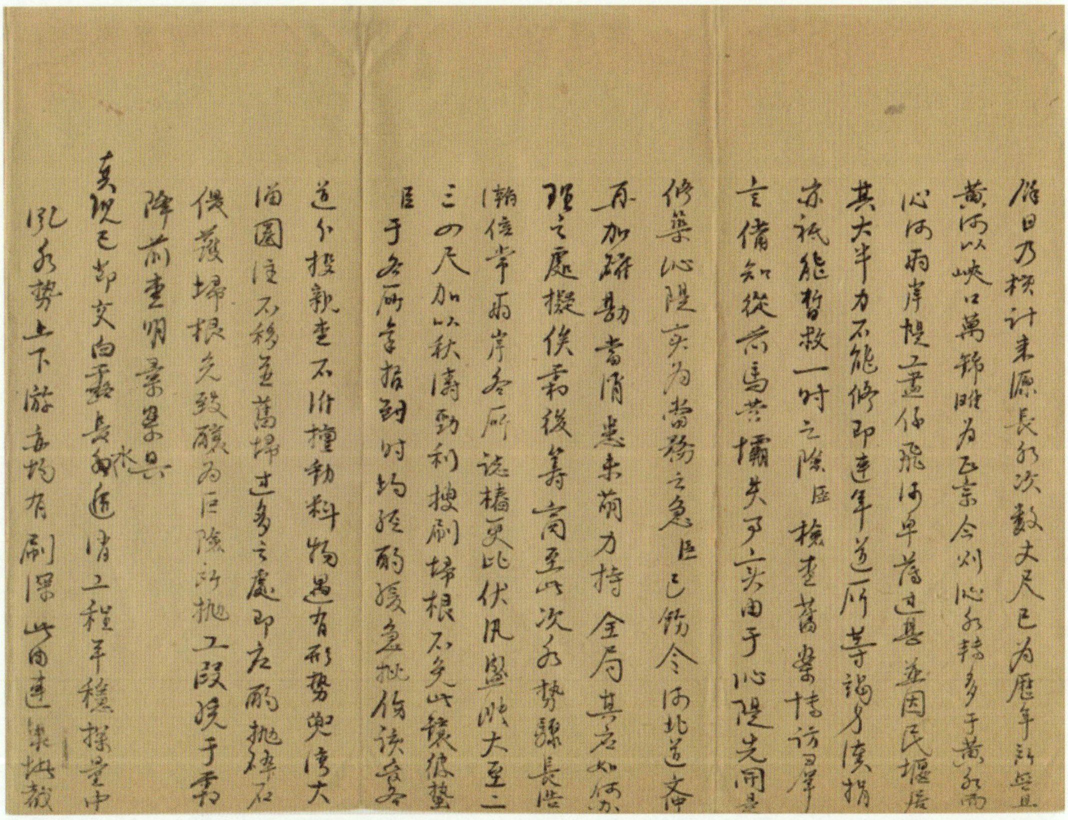
係日乃核計來源長水次數丈尺已為歷年所無且
黃河以峽口萬錦灘為正宗今則沁水轉多于黃水而
沁河兩岸隄工盡係飛沙卑薄過甚並因民堰居
其大半力不能修即連年道廳所籌請另議捐
亦祗能暫救一時之險臣檢查舊案博訪兩岸
之情知從前馬營壩失事亦由于沁隄先開是
修築沁隄實為當務之急臣已飭令河北道齊
名加確勘當隄患未萌力持全局其應如何辦
理之處擬俟霜後籌商至此次水勢驟長皆
賴值常兩岸各廳該椿夫比伏汛盛漲大至二
三四尺加以秋濤動刷搜刷埽根不免坐蟄低墊
臣于各廳每報到時均經酌撥急料飭該廳各
道分投親查不惜搶動料物遇有形勢與情大
溜圍注不移並舊埽過多之處即應酌拋碎石
俾護埽根免致釀為巨險所拋工段俟于霜
降前查明彙案具奏
奏現已節交白露長水漸消工程平穩探量中
泓水勢上下游亦均有刷深此間連接朱批

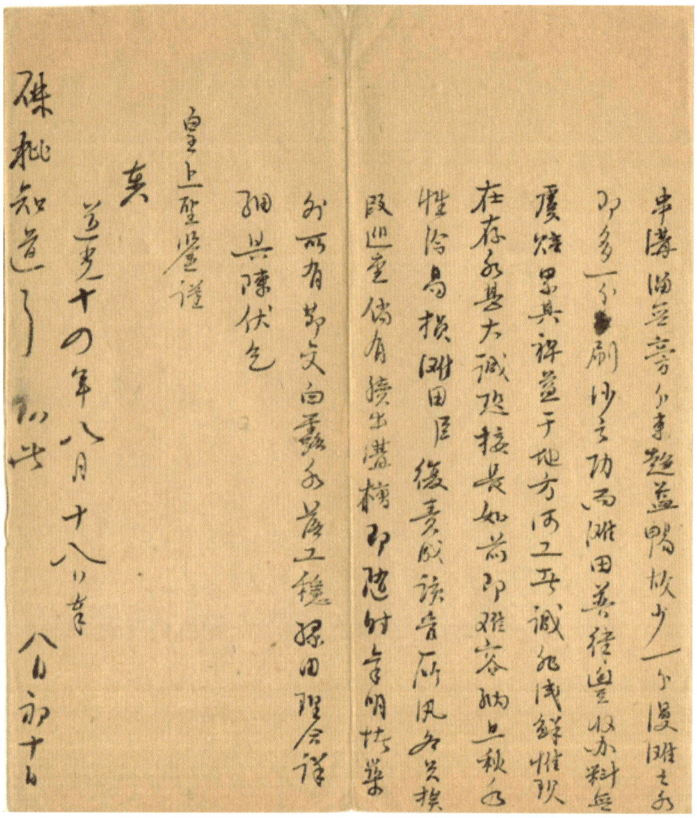
串溝淌無旁分專趨益暢坡少一分漫灘之水
即多一分刷沙之功而灘田蓋種豐收亦料無
慮然果真裨益于地方河工奴才識見淺鮮惟現
在存水甚大識見接長如前即難容納與秋後
惟俟為掘灘田民復查成該者所見多是擇
段巡查倘有擅出滯橫即隨時嚴明懲禁
所有節文由蘇分落工穩保田理合詳
細具陳伏乞
皇上聖鑒謹
奏
道光十四年八月十八日奏
硃批知道了欽此
八月初十日

八一三

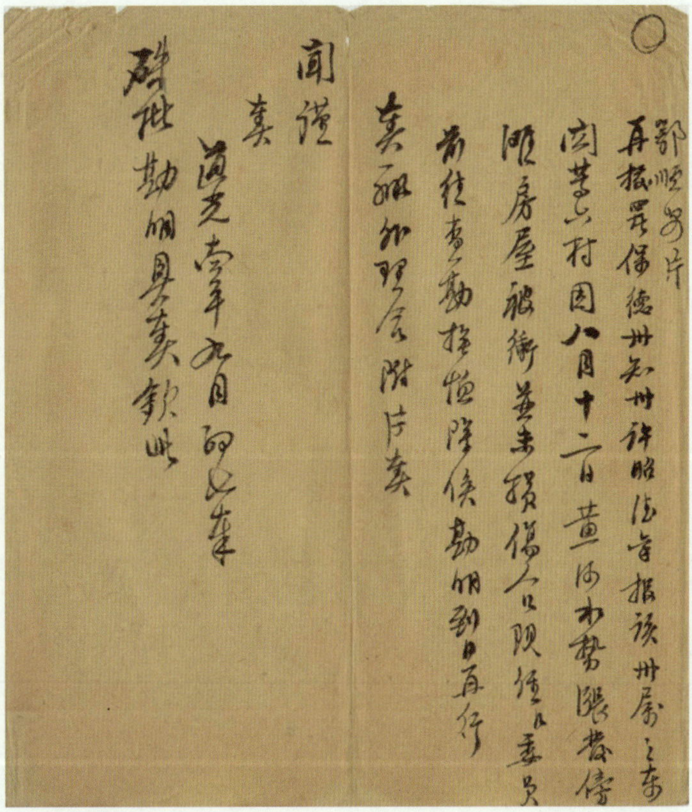

鄂順安片

再據署保德州知州許昭源等報該州屬之東岡等六村因八月十二日黃河水勢漲發傍順房屋被衝並未損傷人口現經該委員前往查勘撫恤除俟勘明到日再行奏辦外理合附片奏

聞謹

奏

道光廿八年九月初四日奉

硃批 勘明具奏 欽此

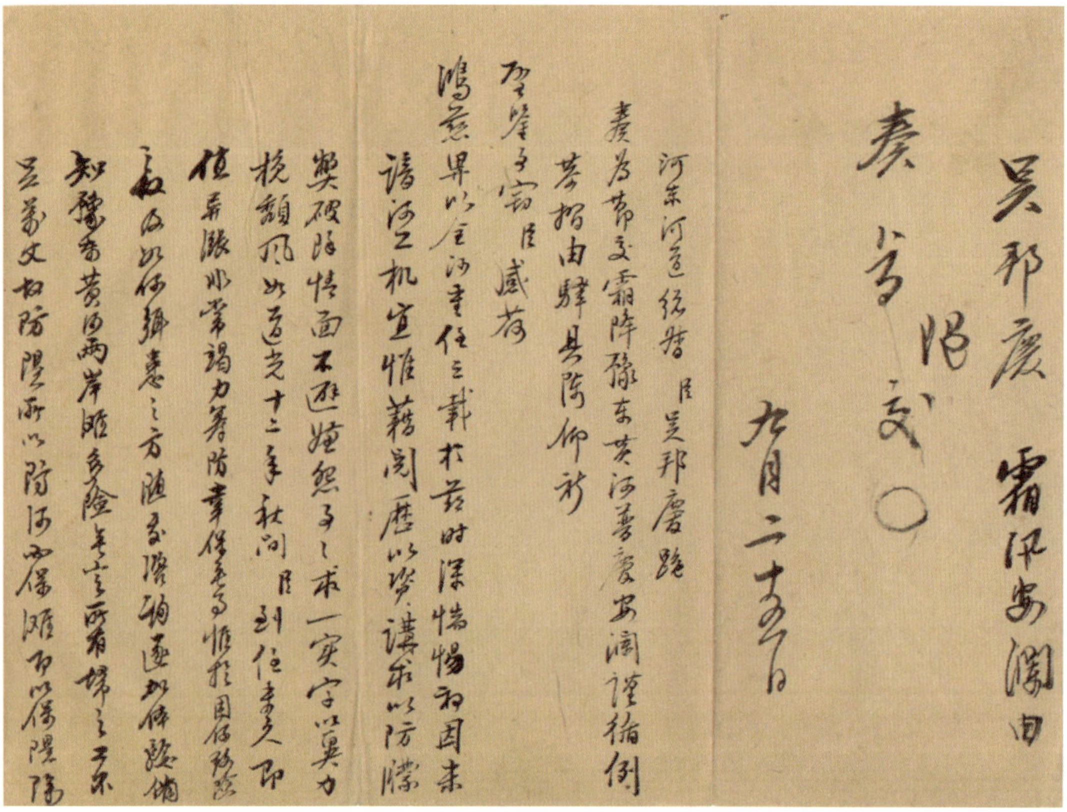
吳邦慶 霜汛安瀾由

奏 [illegible] ○

九月二十五日

河東河道總督臣吳邦慶跪

奏為節交霜降豫東黃河普慶安瀾謹循例

恭摺由驛具陳仰祈

聖鑒事竊臣感荷

鴻慈畀以全河重任三載於茲時深惕惕初因未

諳河工機宜惟藉閱歷以資講求以防[illegible]

與破除情面不避嫌怨事事求一實字以冀力

挽頹風比道光十二年秋間臣到任未久即

值[illegible]漲非常竭力籌防幸保無虞惟於[illegible]

夜以[illegible]之方隨[illegible]

知豫省黃河兩岸雖多險工[illegible]所有埽[illegible]不

足兼支故防險所以防河而保堤[illegible]以保堤[illegible]

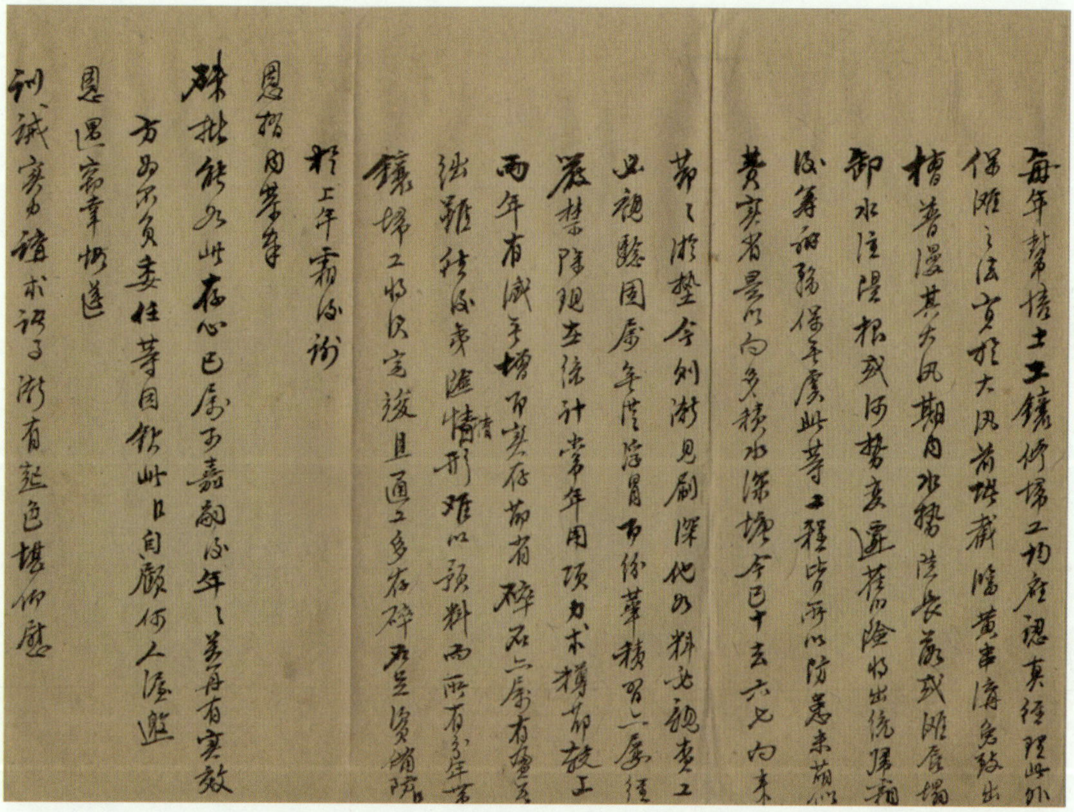
每年幫培土工鑲修埽工均屬認真經理此外
保護之法實於大汛前揀截隄黃串溝免致出
槽普漫其大汛期内水勢陡長岌或護屬
御水注堤根或河勢變遷搶險均出統歸
設籌辦務保平穩此等工程皆所以防患未萌似
費實省至内多積水深塘今已十去六七而未
第之滲埝今則漸見刷深他如料土總查工
必總驗固處每隆演冒下修葺積習之處經
嚴禁陳規並依計常年用項力求撙節鼓工
兩年有減無增下其存節省碎石之處有益至
然雖經臣未經情形難以預料而所有年前
鑲埽工均甚寬疏且通工多存碎石足資備防
將上年霜後辦
恩招因荃
硃批能如此存心已屬可嘉勉之年年益有實效
方爲不負委任等因欽此自顧何人屢邀
恩遇寵章供遂
訓誡寡昧謹求諭旨漸有起色堪以仰慰

聖懷 茲查本年黃河來源已臻寧夏峽口長水
三次陝州萬錦灘長水十二次武陟沁河長水十八
次鞏縣洛河長水一次通計三十四次共長八
丈六尺四寸不特比上年大至三丈三尺二寸
即比十二年七次大八尺二寸所幸臨黃濟
先期搶辦水來倚溜消暢未超越舊制沙長
蔭皆速惟驟長驟消之際掣揭埽工時
形危險均經在工各員弁協力搶護化險
為夷差臻平穩臣已隨時具
奏在案現在節臨霜降普慶平成實屬
臣同恭歡躍此皆仰賴
聖主 如天之福得以三載安瀾而兩省接口屬司
各協力同心撙節搶濟並派現任候補各員
分段防守躍躍急公各分畛域臣三年閱報
藉免懲尤欣幸之餘彌深兢畏當即恭詣
蘭陽東安觀叢謹祀謝用答
神庥 連日水勢暢消海更微弱容將霜後庶務
事宜另行核明分別具

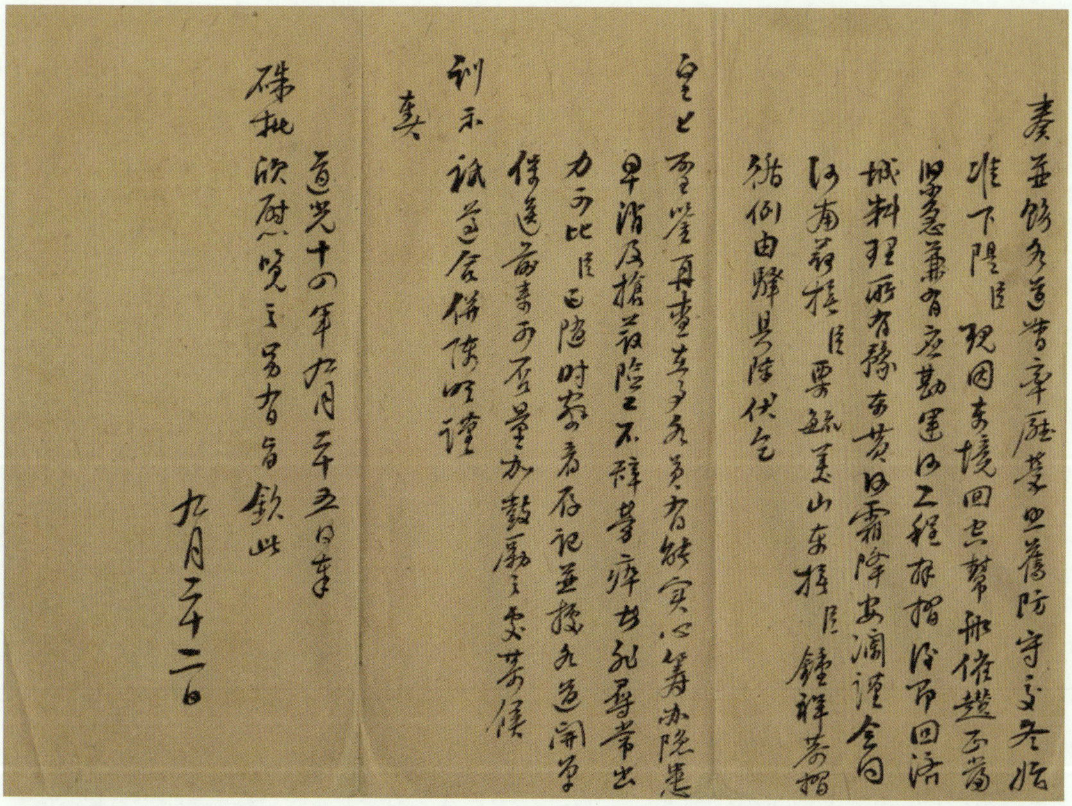

奏並飭各道營率屬照舊防守各汛
准下閘。臣現因東境回空幫船催趲正當
緊急，兼有應勘運河工程，擬摺後即回濟
城料理。所有豫東黃河霜降安瀾，謹會同
河南巡撫臣　　署理山東撫臣鍾祥恭摺
詳例由驛具陳，伏乞
皇上聖鑒。再，查本年東省黃河各道營實心籌辦，險工悉
早消，及搶護險工不辭辛苦，較尋常出
力，可否比照，臣已隨時察看存記，並按各道營
保送，酌量可否量加鼓勵之處，恭候
訓示，謹會同合併陳明。謹
奏。
道光十四年九月二十五日奉
硃批：欣慰覽之。另有旨。欽此。
九月二十二日

再另片

再查本年工程并料物價認真勘估隨時分別准減
所減銀兩或勒令繳還歸款或補購料物於工俱已逐案
清釐不容稍涉遷宕以現在悉心勾稽計攏本兩省
南北十五廳埽工本年比上年約有節省銀十一二萬
兩而今年節辦段土在支內本案土歲兩項碎石本年
亦有節省銀五萬數千兩連上年共省銀十五萬
餘兩現計兩岸實存碎石共有一萬六千餘方明年
足數備防所有奏准應辦明年本案碎石今擬
暫緩一年請
帑又可省銀四五萬兩總共節省銀三十餘萬兩現
當河工漸有轉機以斷不敢但博節之虛名致貽
他患而應用者不可省應省者不可費自當隨時相
度緩急妥協經理亦不敢因具奏在先動輒援為
為成案例又況本料支絀經費有常尤當仰体
聖心以期帑節關要精詳
高厚謹將用項核清另容具奏外合先附片奏
聞謹

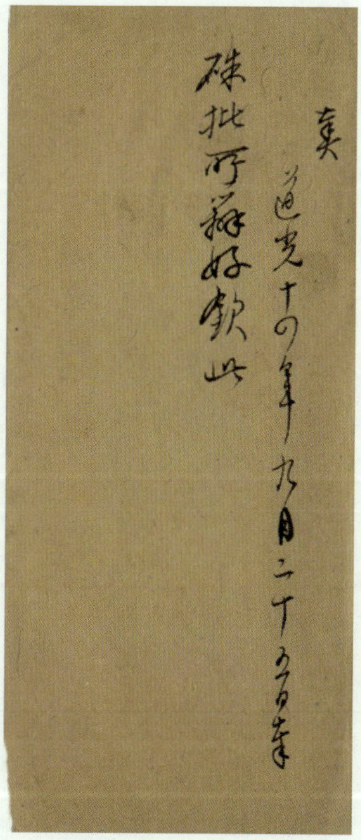

奏

道光十四年九月二十五日奉

硃批所辦好欽此

八一五

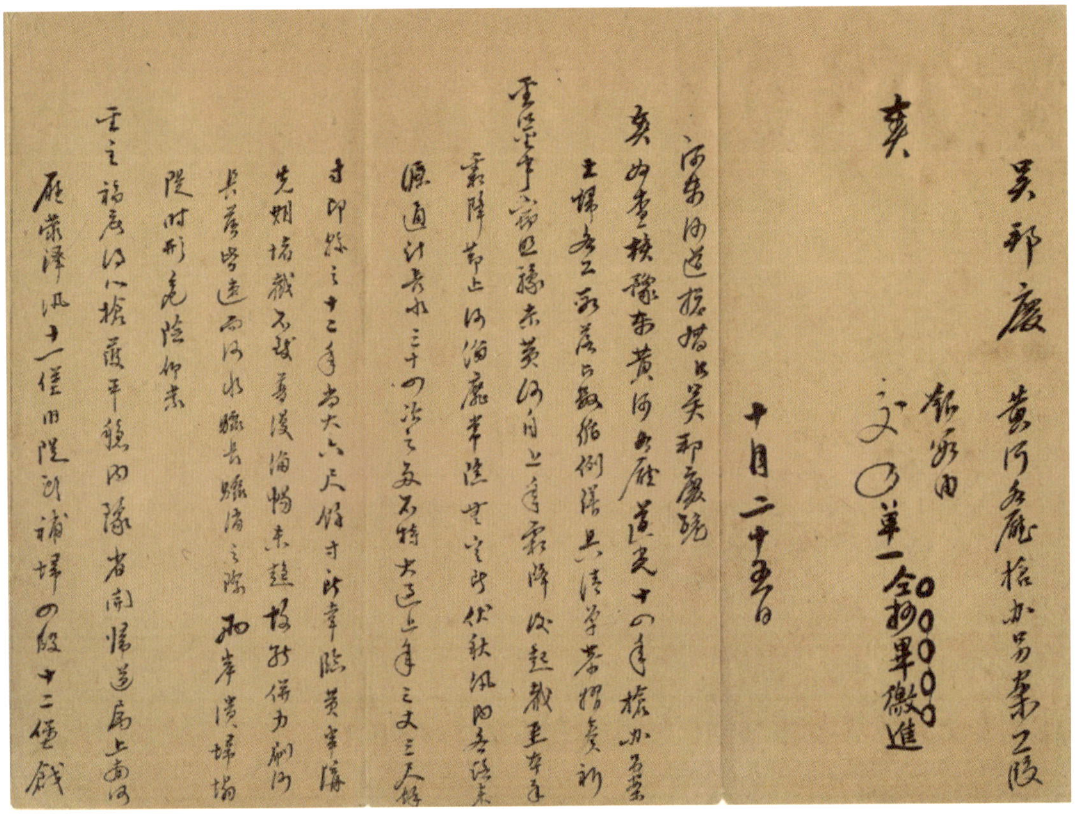

吳邦慶　黃河各廳搶辦另案工段

部頒由

奏

[illegible]文〇單一、全抄單繳進

十月二十五日

河東河道總督臣吳邦慶跪

奏，為查核豫東黃河各廳道光十四年搶辦另案土埽各工，並籌款辦理情形，恭摺具奏，仰祈

聖鑒事。竊臣查豫東黃河自上年霜降後起，截至本年霜降節止，河海廳常[illegible]，伏秋汛內各[illegible]，通計長水三十四次之多，不特大過上年三丈三尺，核其印誌之十二年尚大六尺餘寸。此本年黃河漲，先期堵截不致[illegible]後，衙暢未[illegible]，據報該撥力刷河，長落附近兩河水勢長漲消之際，兩岸潰埽搶[illegible]

隨時形危險，仰賴

聖主福庇，河心搶護平穩，內除省南歸道廳上南河廳滎澤汛十一堡用隨即補埽四段，十二堡殘

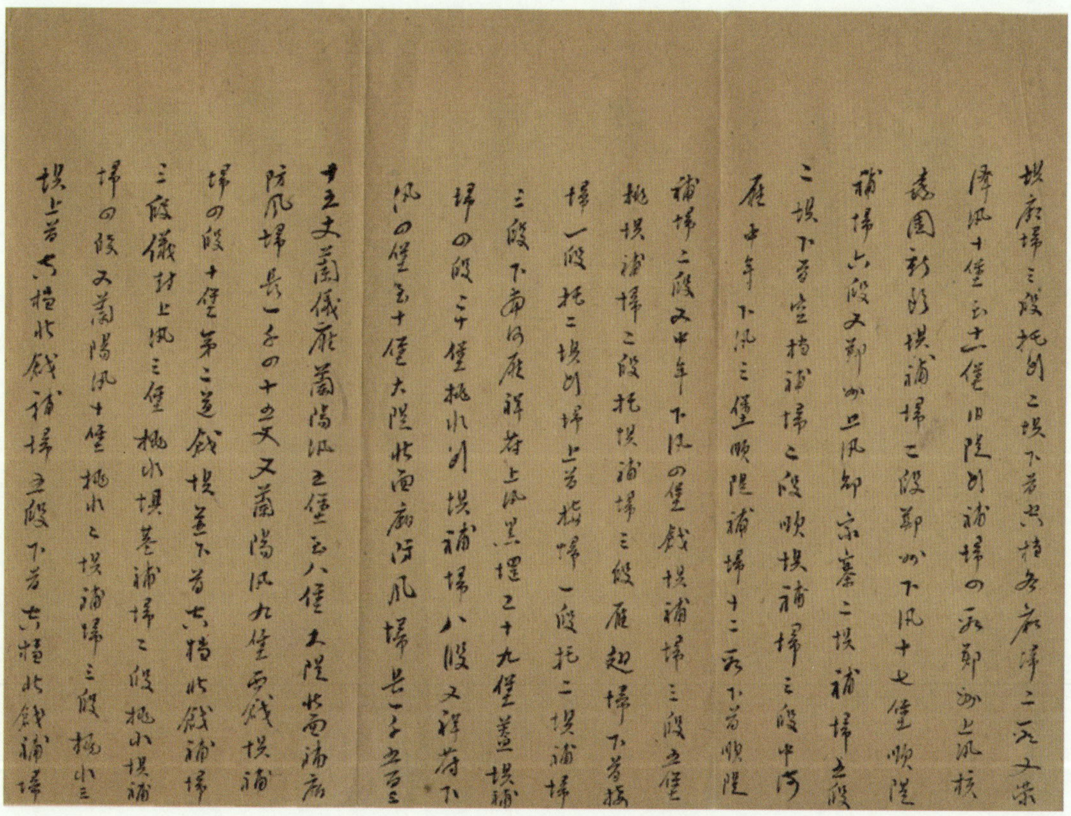

坝廂埽三段，托頂二坝下首空檔各廂埽二百九丈柴
澤汛十堡至十六堡舊隄頂補埽四百，鄭州上汛核
桃園新舊坝補埽二段，鄭州下汛十七堡順隄
補埽六段，又鄭州上汛鄭家寨二坝補埽五段
二坝下首空檔補埽二段，順坝補埽三段，中河
廳中牟下汛三堡順隄補埽十二段，下首順隄
補埽二段，又中牟下汛四堡戧坝補埽三段，五堡
挑坝補埽二段，托坝補埽三段，廳趕埽下首挑
埽一段，托二坝頂埽上首檔埽一段，托二坝補埽
三段，下南河廳祥符上汛黑堽二十九堡蓋坝補
埽四段，二十堡挑水頂坝補埽八段，又祥符下
汛四堡至十堡大隄北面廂防風埽長一千五百三
十五丈，蘭儀廳蘭陽汛五堡至八堡大隄北面補廂
防風埽長一千四十五丈，又蘭陽汛九堡西戧坝補
埽四段，十堡第二道戧坝蓋下首空檔北戧補埽
三段，儀封上汛三堡挑水坝蓋補埽二段，挑水坝補
埽四段，又蘭陽汛十堡挑水二坝補埽三段，挑水三
坝上首空檔北戧補埽五段，下首空檔北戧補埽

四處又儀封上汛三堡挑水壩補埽八處儀睢
雁睢汛上汛二堡挑水對壩補埽五段錢之壩
補埽六處又睢州上汛二堡順水二壩下首錢壩
五挑壩以上補埽十四段五堡挑水七壩迤上七
檔補埽二段挑水七壩補埽四處睢寧雁睢
州下汛五堡西錢壩補埽十處又睢州下汛五堡來

挑壩補埽四段六堡挑水二壩上首七檔順隄
補埽五段商虞雁虞埝上汛十四堡順水二
壩補埽四處順水三壩補埽四處十八堡順水
三壩以下首尾攔埽一處順水四壩并上首順
隄廂埽五處又雲埝上汛十八堡順隄二埽
迤下攔埽二處順水二壩對埽上首攔埽一處

十九堡大隄北面築做明道埽去處迤上首順隄鑲
埽五處築做二道埽去處迤上首順隄廂埽六處
築做托壩一道廂埽三處歸河雁雲埝下
汛五堡順壩補埽四處北岸河北道屬黄沁
雁原郭汛攔黄堰順隄補埽八處又原郭
汛攔黄堰五壩迤上七檔補埽六段五壩補

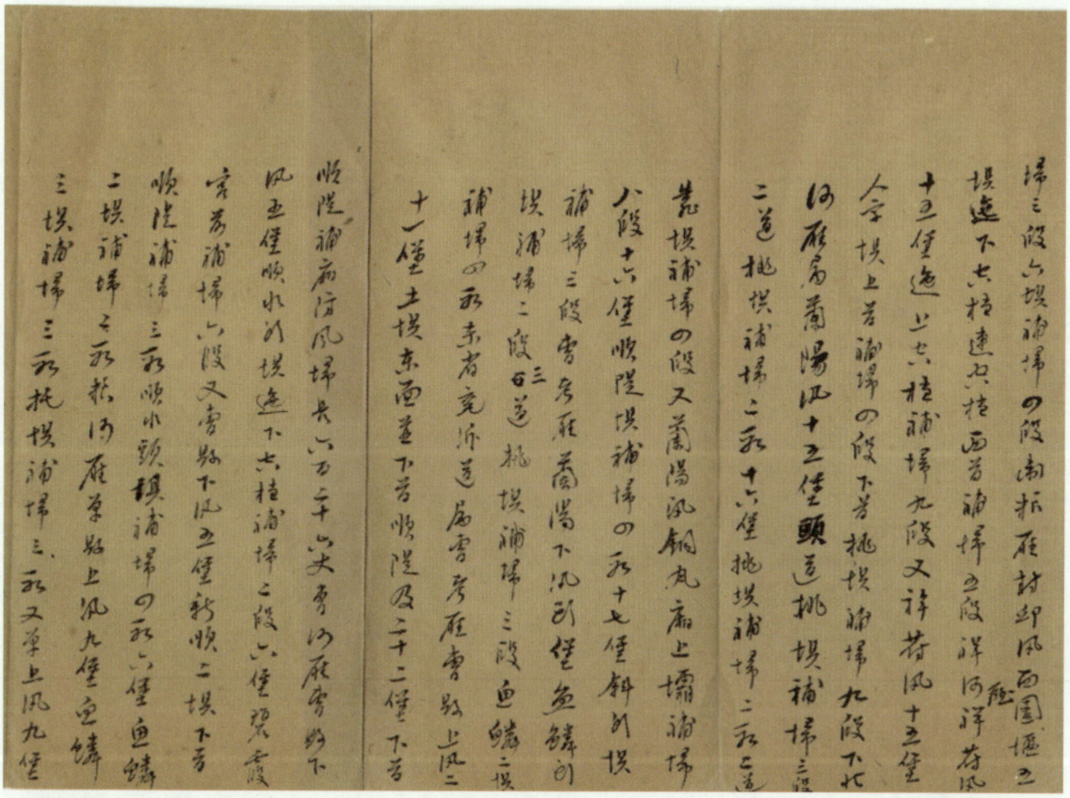

埽三段六堡補埽四段商拓廳封邱汛西圍堤五
堡迤下六樁迤西六樁西首補埽五段祥河廳祥符汛
十五堡迤上六樁補埽九段又祥符汛十五堡
大字堤上首補埽四段下首挑壩補埽九段下北
河廳蘭陽汛十五堡頭道挑壩補埽三段
二道挑壩補埽二段十六堡挑壩補埽二段二道
挑壩補埽四段又蘭陽汛銅瓦廂上游補埽
八段十六堡順隄壩補埽四段十七堡斜形壩
補埽三段曹考廳蘭陽下汛裴堡魚鱗頭
壩補埽二段三道挑壩補埽三段魚鱗二壩
補埽四段東首兜水壩曹考廳曹縣上汛二
十一堡土壩東西兩首下首順隄及二十二堡下首
順隄補廂防風埽長六百二十六丈曹河廳曹縣下
汛五堡順水壩迤下六樁補埽二段六堡裴家霞
寨前補埽六段又曹縣下汛五堡新順二壩下首
順隄補埽三段順水頭壩補埽四段六堡魚鱗
二壩補埽三段挑河廳單縣上汛九堡魚鱗
三壩補埽三段挑壩補埽三段又單縣上汛九堡

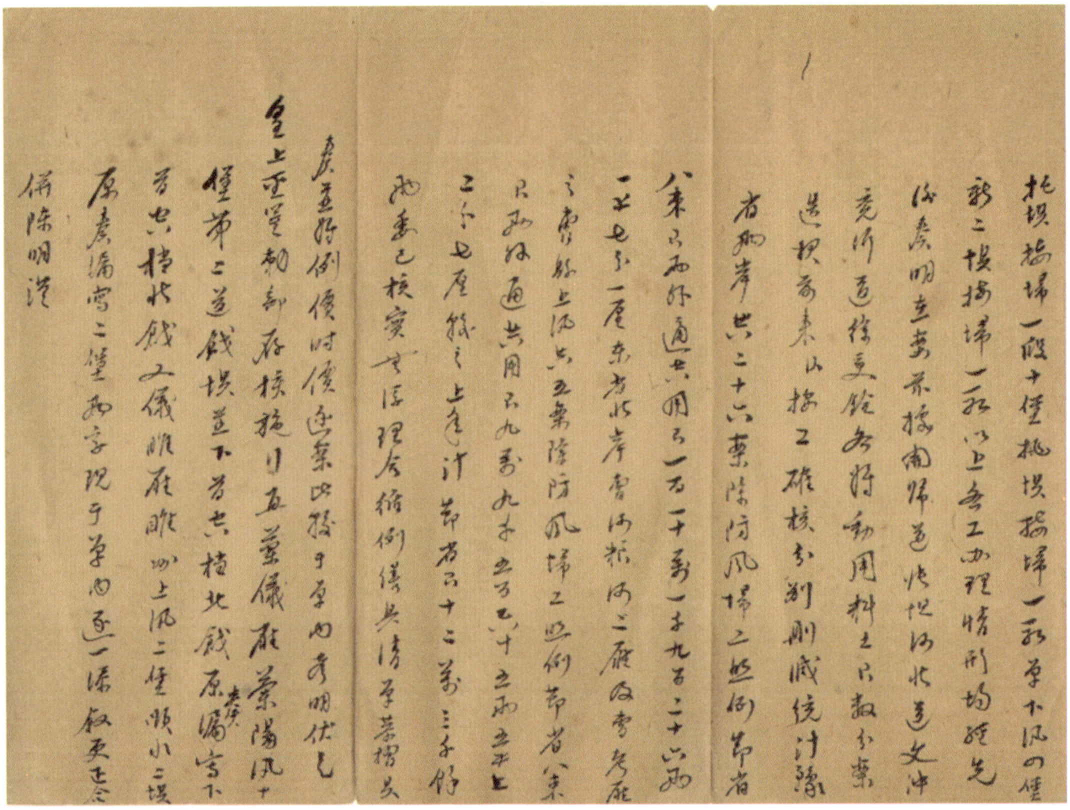

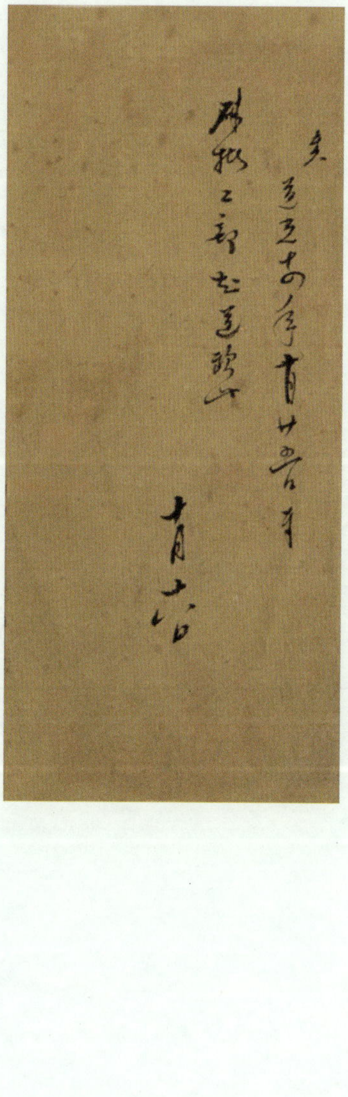

奏
道光十四年十月廿四日奉
硃批工部知道欽此

十月十六日

八一六

麟慶　凌汛安瀾等由

奏○

正月十二日

江南河道總督臣麟慶跪

奏為恭報凌汛安瀾並黃河湖工程水勢情形仰

祈

聖鑒事竊臣前將備防凌汛籌辦各工緣由於上年

冬至前恭摺奏

聞在案嗣值河水暢消至十二月初旬外南廳順黃

埧誌樁存水三丈二尺八寸較之秋汛盛漲共消

水一丈一尺旋因天氣久晴上游融泮水勢復

驟長七尺飭令扶護下注猛迅異常所幸各廳

埽埧工程俱已安掛撐護樁把不致稍有刷傷其

河身坐灣處所亦經預派汛弁兵夫分段巡防隨

時疏鑿通行均無停積臣正在飭令各廳營加意防

守同豐據鄧北睢寧宿南等廳具稟前因豫
省原揭一帶河道亦由北行江境河勢亦逐漸更
變該廳等境內霜後着築土石各堤埽並增裝
備防料物等處經此次長水又形著重且節
勤飭該管道將前往搶防章值節交立春下
游流漸漸解河水漸消截至上年年底正外南
廳順黃堤該稿存水三丈三尺八寸工程一律
平穩惟查各該處形勢已成生灣若係桃汛
前親往周歷查看督商道將慎重防範不致
積存失虞洪澤湖水勢高堰廳該稿現存一
丈四尺五寸年前間有西風幸把攔禦護石
工搶土存數甚多尚經隨時撥銀補修完
整其中河廳境內前因回空漕船渡黃並全
閘下壩堵尚未還該當將楊莊頭堤堵合啟放
鉤口堤導水下注挂濟船行節屆還河上
年夏秋間難經由者山東挾沙續注幸隨
時築堤挑濬受淤尚不甚深現飭趕將挖道
武陵溝相同該管廳營詳細估勘仍再無庸

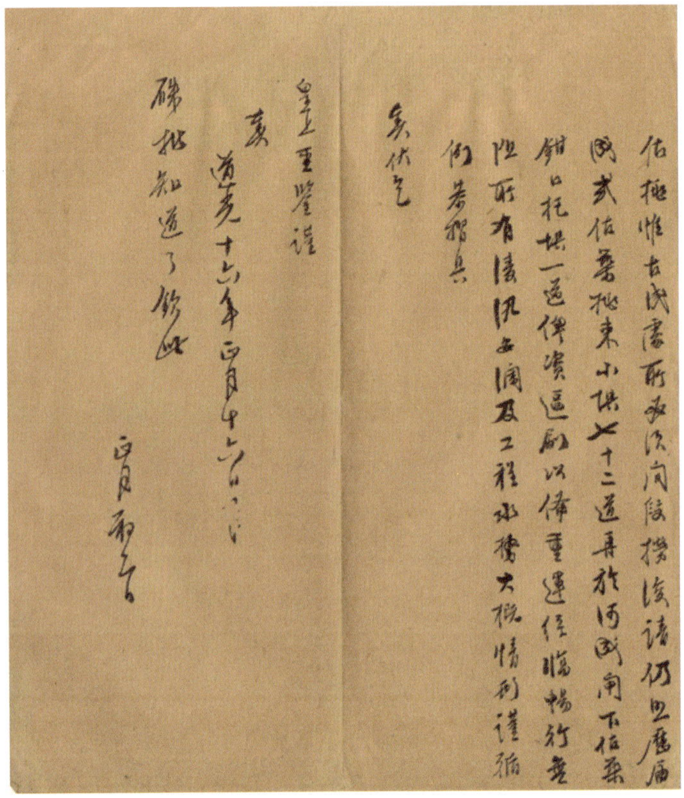

估撫惟古城處所兩汛間段撈淺請仍照歷屆
成式估簽拋東小堤七十二道再於河頭閘下估築
鉗口托堤一道俾資逼刷以備重運經臨暢行無
阻所有陽汛西閘及工程水勢大概情形謹循
例恭摺具
奏伏乞
皇上聖鑒謹
奏
道光十六年四月十六日
硃批知道了欽此
四月初五日

八一七

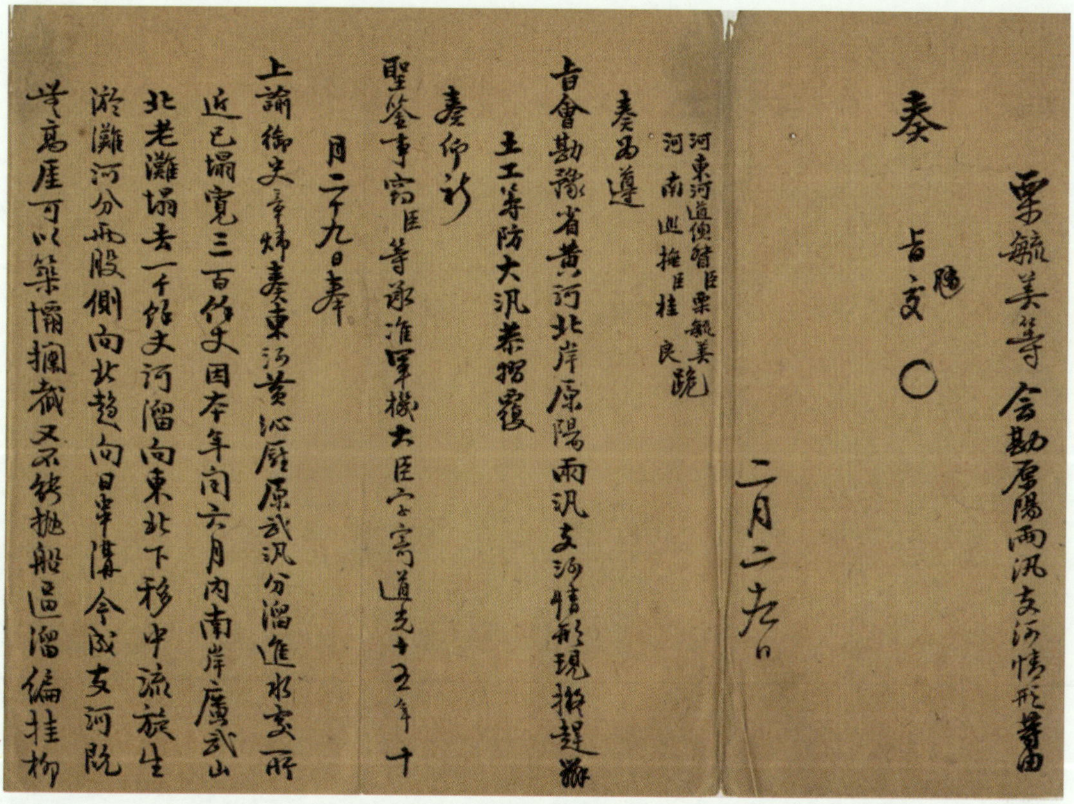
栗毓美等 会勘原陽兩汛支河情形並畫
奏
旨交 隨 ○
二月二十六日

河東河道總督臣栗毓美
河南巡撫臣桂良 跪
奏爲遵
旨會勘豫省黄河北岸原陽兩汛支河情形現擬趕辦
土工等防大汛恭摺覆
奏仰祈
聖鑒事竊臣等承准軍機大臣字寄道光十五年十
月二十九日奉
上諭御史李煒奏東河黄沁廳原武汛分溜進水處所
近已塌寬三百餘丈因本年閏六月内南岸廣武山
北老灘塌去一千餘丈河溜向東北下移中流旋生
淤灘河分兩股側向北趨向日串溝今成支河既
無高厓可以築壩攔截又不能拋船逼溜編掛柳

笆原武陽武兩汛隄工迎溜頂衝極爲險要等
語著桑額會同桂良即將該御史所指情形確加
查勘悉心妥議趁此冬令水涸務爲籌畫俾
河循順軌原陽兩汛隄工尤爲吃重方爲妥善將
此各諭令知之欽此維時臣桑額業進京
陛見者將霜後情形暨節土工緣由附片密
奏臣桂良親詣查勘請將次要土工乘時估辦緣
由亦經附片具陳在案臣桑額業回任後奏報
凌汛安瀾摺內附陳支河情形奉到
硃批加意防範斷不准稍有疏虞欽此等因臣等訂期
先將要工由衛糧廳溯查西上歷經封邱汛陽封
汛陽武汛並黃沁廳屬之原武汛滎澤汛武陟
汛至攔黃堰青峯嶺查看水勢折回由秦家廠
鹽店莊一帶勘驗情形乘舟順流至王屋莊
進水溝口復渡河至南岸胡家屯會勘得豫省
黃河北岸黃沁廳所屬地處上游北係青峯嶺南係
廣武山該廳自攔黃堰迤下首受出山之水勢
本建瓴兼之南岸上南廳胡家屯挺生淤灘以致

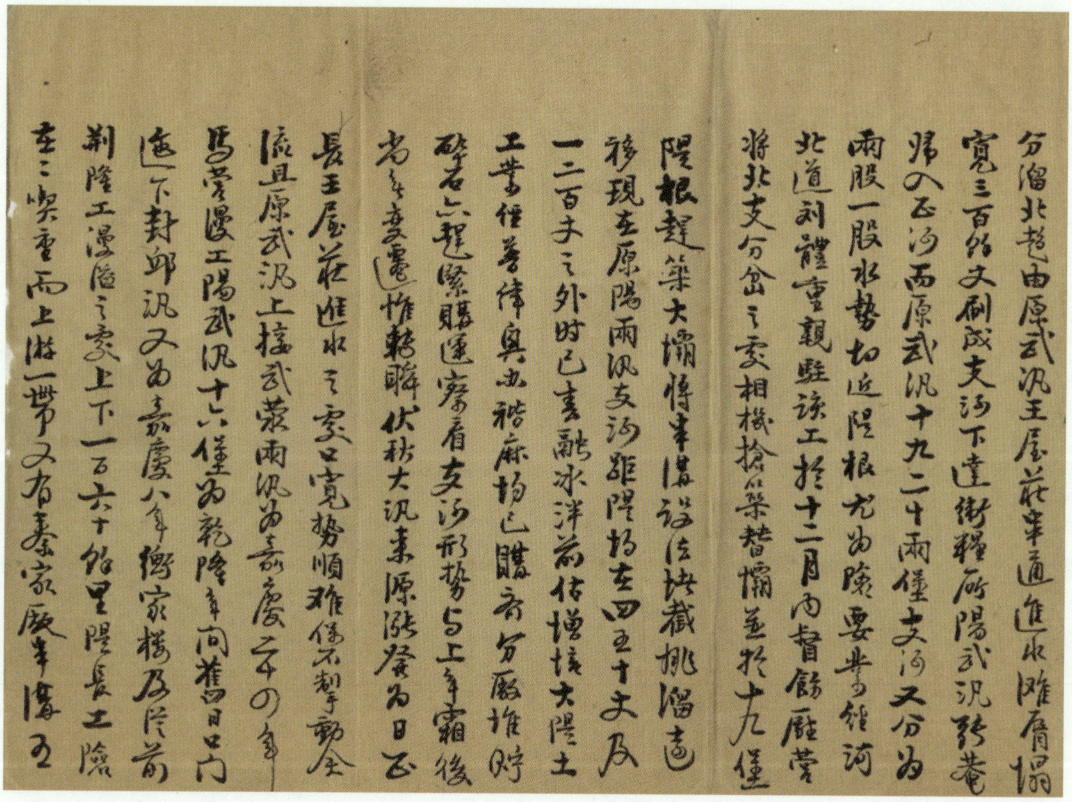
分溜北趋由原武汛王屋莊東邊進水雖僅塌
寬三百餘丈刷成支河下達衛糧廳陽武汛移巻
歸入正河而原武汛十九二十兩堡支河又分為
兩股一股水勢切近隄根尤為險要當經河
北道劉體重親駐該工於十二月內督飭廳營
將北支分岔之處相機搶築替壩並於十九堡
隄根趕築大壩俾得設法截挑溜遠
移現在原陽兩汛支河離隄均在四五十丈及
一二百丈之外時已春融冰泮前估增培大隄土
工業經籌備其應辦稭料均已購齊分廠堆貯
碎石亦趕緊購運察看支河形勢與上年霜後
尚無變遷惟轉瞬伏秋大汛來源漲發為日正
長王屋莊進水之處口寬勢順難保不掣動全
溜且原武汛上接武滎兩汛為嘉慶二十四年
馬營壩工陽武汛十六堡為乾隆年間舊口門
連下封邱汛又為嘉慶八年衡家樓及從前
荊隆工漫溢之處上下一百六十餘里隄長工險
在在吃重而上游一帶又有秦家廠東壩至

道隨之居花串溝四道，雖於冬令築格攔截，然此
塞彼生，業已十有餘年，一交大汛，仍恐不免。見時
滙注，並臣等周歷確勘，相度情形，南岸廣武
山北老灘塌去一千餘丈，河溜北趨，北灘並年
高厓，斷不能築攔堵截，自應以固守大隄為急
務。支堤以來，以埽以護隄，近年又以碎石護
埽，此所防險之法也。但用埽不免靡費，而用執節
有實多，而收上年甫經分溜之效，本年料石依
備，臣要籌美急令拋築執壩，溜勢斷見外移
遠。經上下停於搶築土壩，即能化險為平，似執壩
亦可以代埽。況鑲埽之費每致引溜刷深，易於側注，
不免工險費鉅。查該處南北兩岸相距二十四五
里不等，中間雖云甚寬，築壩愈長，即挑溜愈
遠，灘面刷塌一分，隄根溜勢即減一分，亦不至
有與水爭地之患。現查大河中泓水深三四尺，
支河水深七八尺，分溜已有七分，將來長發
靡常，河勢變遷無定，仍為固守大隄計，仍以
土工為根本。查上年秋汛

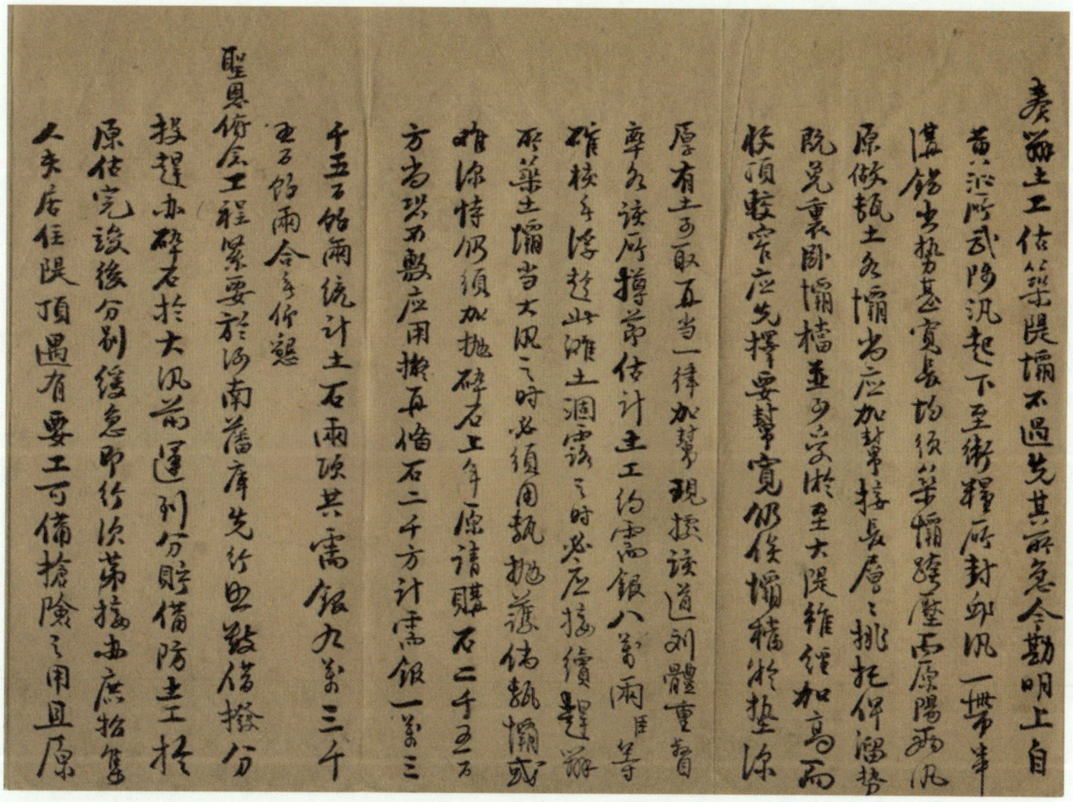

奏爲土工估築隄壩不過先其所急今勘明上自
黃沁所武陟汛起下至衛糧廳封邱汛一帶串
溝錯出勢甚寬長均須築壩堵塞原陽兩汛
原做瓴土各壩均應加幫接長層層挑托俾溜勢
既免衝激壩檣並可穿護至大隄雖經加高而
根頂較窄應先擇要幫寬仍俟壩檣將墊淙
厚有土可取再當一律加幫現據該道劉體重暨
率各該廳撙節估計土工約需銀八萬兩臣等
確核無浮其沁雖土凋零該處時必應接續趕辦
所築土壩當大汛之時必須用瓴搶護倘瓴擱或
難源持仍須加拋碎石上年原請購石二千五百
方爲數不敷應用撥再備石二千方計需銀一萬三
千五百餘兩統計土石兩項共需銀九萬三千
五百餘兩合無仰懇
聖恩俯念工程緊要於河南藩庫先行照數備撥分
投趕辦碎石於大汛前運到分貯備防土工於
原估完竣後分別緩急即行次第接辦庶於秋
汛來居住隄頂遇有要工可備搶險之用且原

陽一帶沿隄居民當青黄不接之時皆得力作
傭趁於小民生計亦有裨益查現在所築款土
各壩臣等察看上下形勢壩工穩固挑挖亦屬
足可抵禦盛漲若復接長加高多備碎石更可
放心詢之該道所並在工最久之營弁與臣等意
見相同惟備防向以秸料為正宗擬增究係試
辦備或全河北注必須用料臣粟毓美亦已分
段修備不致有誤事機所有此次請銀九萬
三千餘兩土工仍歸丁固年前案辦理碎石亦
歸於來年大汛碎石項下扣除統俟霜後勘估
具奏時如數扣還司庫撥不另請錢糧仍由道
庫等墊銀兩多購磚塊以備緩急在經費既不
加增而要工甚為有濟即使全河盡歸北股
則隄壩鑲固料物應手可以有備無患若北股
從此漸閉黄河衛兩歷十數年隱患可以層清實於
北岸全局有裨伏念河工為
國家民生所關上煩
宸廑臣等受

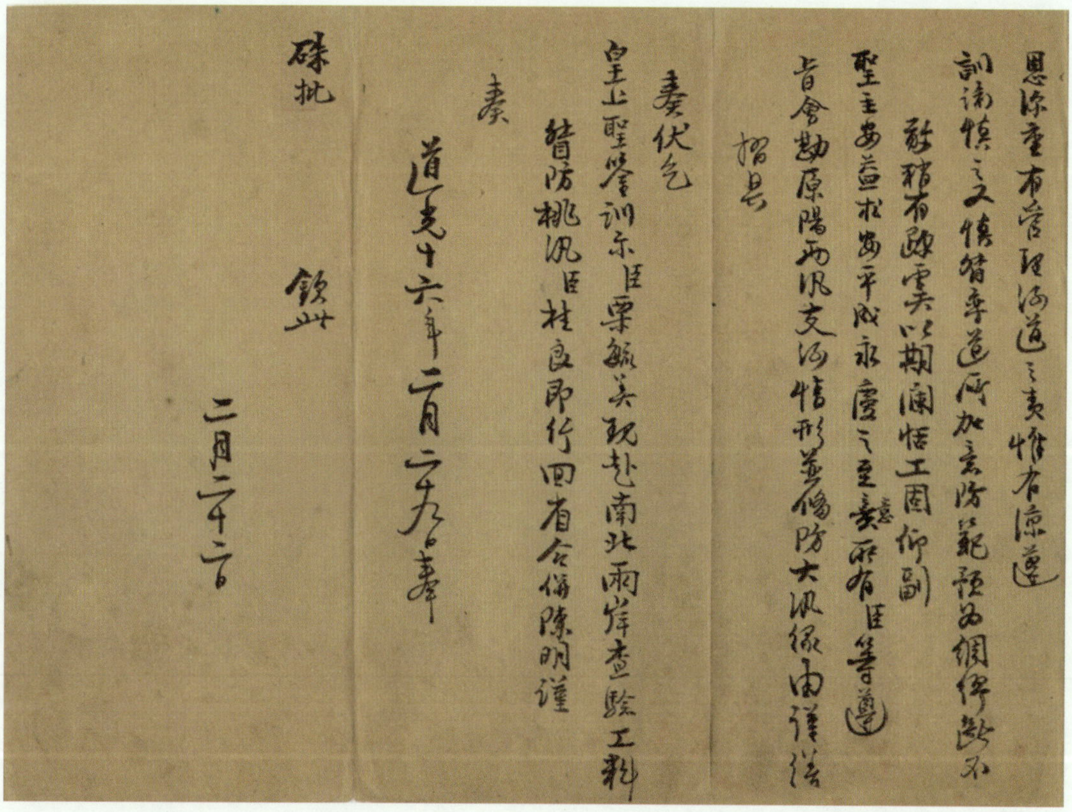

恩滋重大管理河道之責惟有凛遵

訓諭慎之又慎督率道廳加意防範預爲綢繆斷不

敢稍有疏虞以期瀾恬工固仰副

聖主安益求安平成永慶之至意所有臣等遵

旨會勘原陽兩汛支河情形並備防大汛緣由謹繕

摺具

奏伏乞

皇上聖鑒訓示臣栗毓美現赴南北兩岸查驗工料

籌防桃汛臣桂良即行回省合併陳明謹

奏

道光十六年二月二十九日奉

硃批 欽此

二月二十二日

八一八

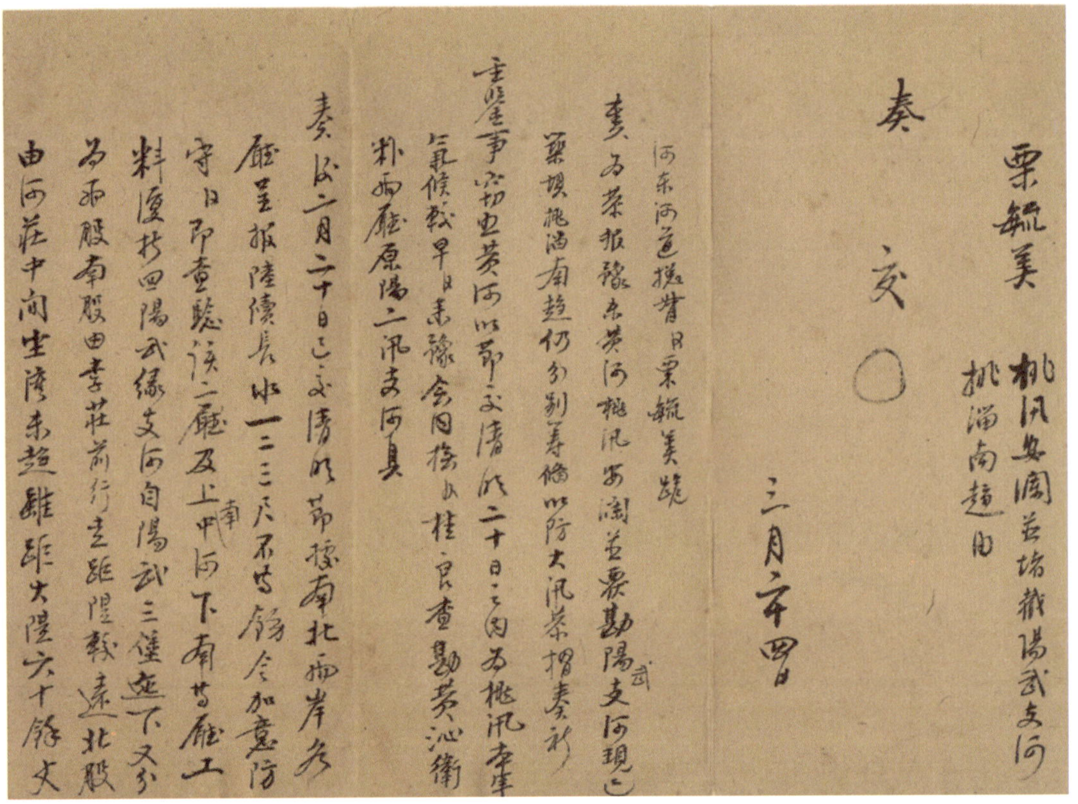

栗毓美 桃汛安瀾並堵截陽武支河

桃灘南趨由

奏

交

○

三月廿四日

河東河道總督臣栗毓美跪

奏，為恭報豫東黃河桃汛安瀾並堵截陽武支河現已築壩挑溜南趨，仍分別籌備以防大汛，恭摺奏祈

聖鑒事。竊照黃河以節交清明二十日之內為桃汛，本年氣候較早，臣赴豫會同撫臣桂良查勘黃沁、衛糧兩廳原陽二汛支河，具

奏。茲二月二十日已交清明節，據南北兩岸各廳呈報陸續長水一二三尺不等，飭令加意防守。臣即查驗該二廳及上南、中河、下南各廳工料，復折回陽武。緣支河自陽武三堡迤下又分為兩股，南股由李莊前行，去隄較遠，北股由河莊中間坐灣東趨，雖距大隄六十餘丈

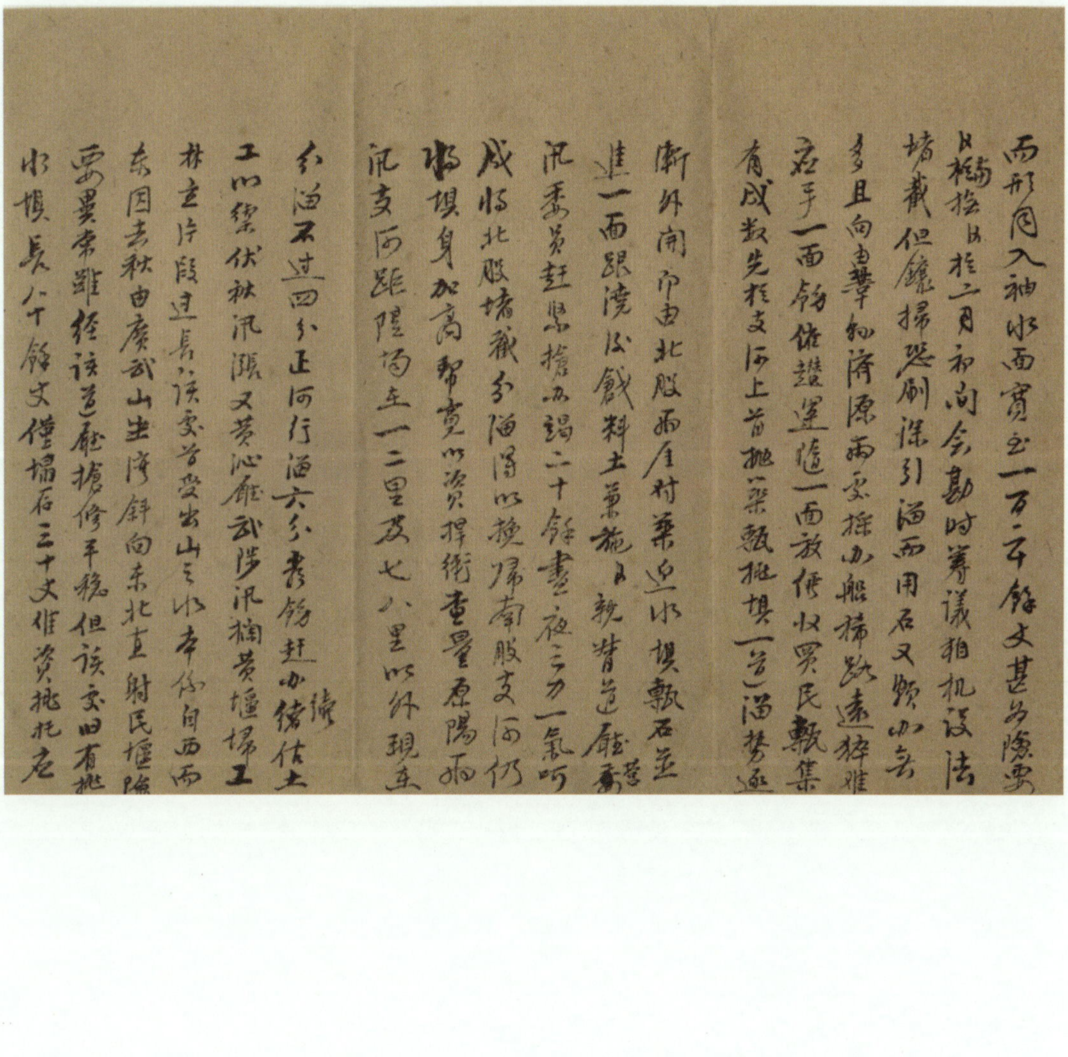

兩形囘入袖水面寬至一百二十餘丈甚為險要臣據稟臣於二月初間會勘時籌議相機設法堵截但鑲埽恐刷深引溜而用石又需工多且向由鞏縣濟源兩處採辦船稀路遠猝難應手一面飭催趕運隨一面放價收買民船集有成數先於支河上首拋築軟壩一道溜勢遂漸外開仍由北股西庄村莊迤以填軟石並進一面跟澆以鐵料土草施工親督道廳營汛委員趕緊搶鑲二十餘晝夜之力一氣呵成將北股堵截分溜悉以挽歸南股支河仍將壩身加高幫寬以資捍衛查量原陽兩汛支河距隄約在一二里及七八里以外現在分溜不過四分正河行溜六分業飭趕辦續估土工以禦伏秋汛漲又黄沁廳武陟汛攔黄堰埽工林立片段過長該處背受山水本係自西而東因去秋由廣武山坐灣斜向東北直射民堰險要異常雖經該道廳搶修平穩但該處向有拋水填長八十餘丈僅埽石三十丈惟資拋托底

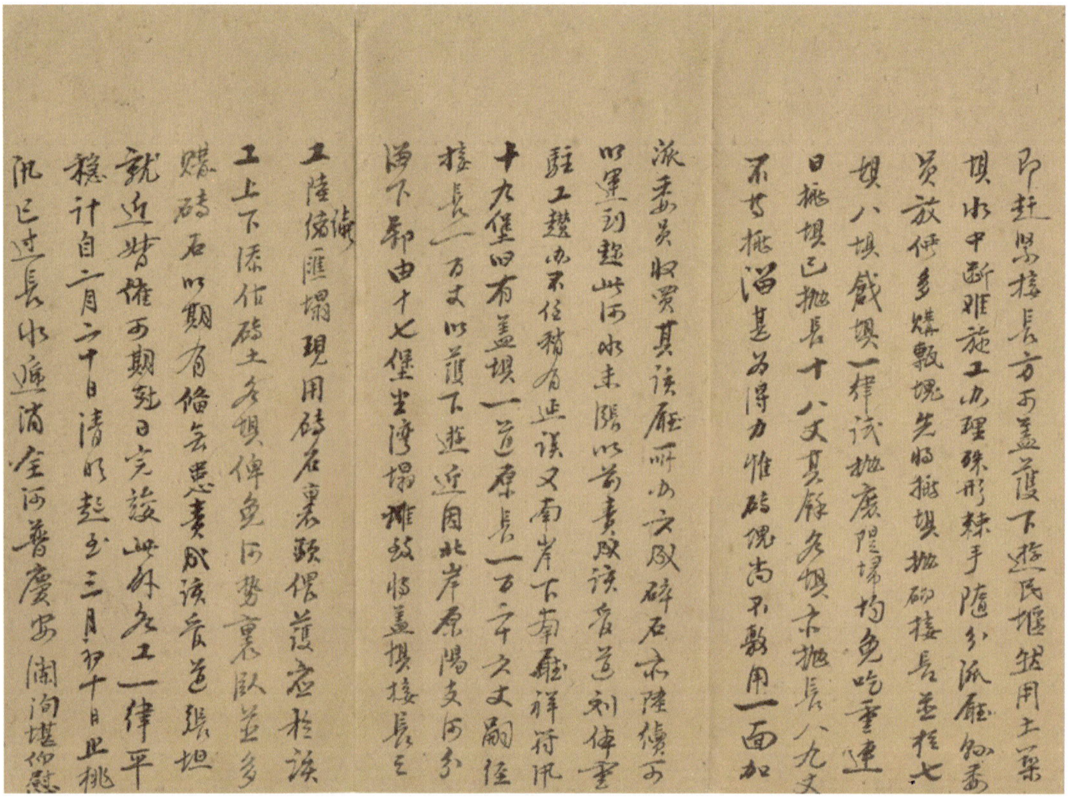

即趕緊接長方可蓋護下游民堰然用土一築
壩水中斷難施工辦理殊形棘手隨即派廳知委
員放價多購數壩先將挑壩拋砂接長並將七
壩八壩戧壩一律試拋廂埽均免吃重連
日挑壩已拋長十八丈其餘各壩亦拋長八九丈
不特挑溜甚為得力惟磚塊尚不敷用一面加
派委員收買其該廳所辦之段碎石亦陸續可
以運到趕此河水未漲以前責成該管道刻催督
駐工趲辦不任稍有延誤又南岸下南廳祥符汛
十九堡舊有蓋壩一道原長一百六丈嗣經
接長一百丈以護下游近因北岸原陽支河分
溜下趨由十七堡坐灣塌灘故將蓋壩接長之
工陸續匯塌現用磚石裹頭偎護庶於該
工上下添估磚土各壩俾免河勢裹卧並多
購磚石以期有備無患責成該管道張坦
就近督催可期剋日完竣此外各工一律平
穩計自二月二十日清明起至三月初十日止桃
汛已過長水漸消全河普慶安瀾洵堪仰慰

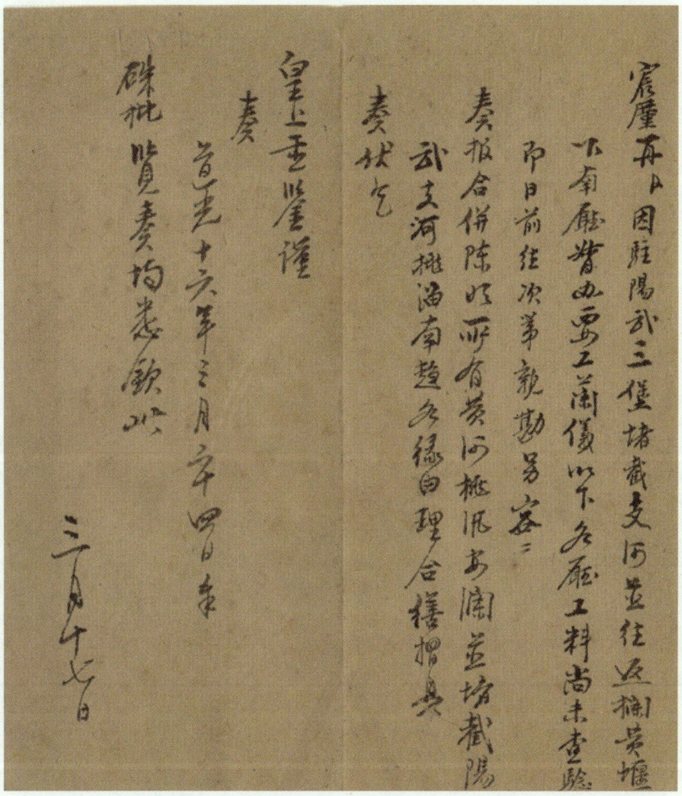

宸廑再臣因睢陽武三堡堵截支河並往返攔黃壩以下南廳皆屬要工閘壩以下各廳工料尚未查驗即日前往次第親勘另容臣

奏報合併陳明所有黃河桃汛安瀾並堵截睢陽武支河挑溜南趨各緣由理合繕摺具

奏伏乞

皇上垂鑒謹

奏

道光十六年三月廿四日奉

硃批覽奏均悉欽此

三月廿七日

八一九

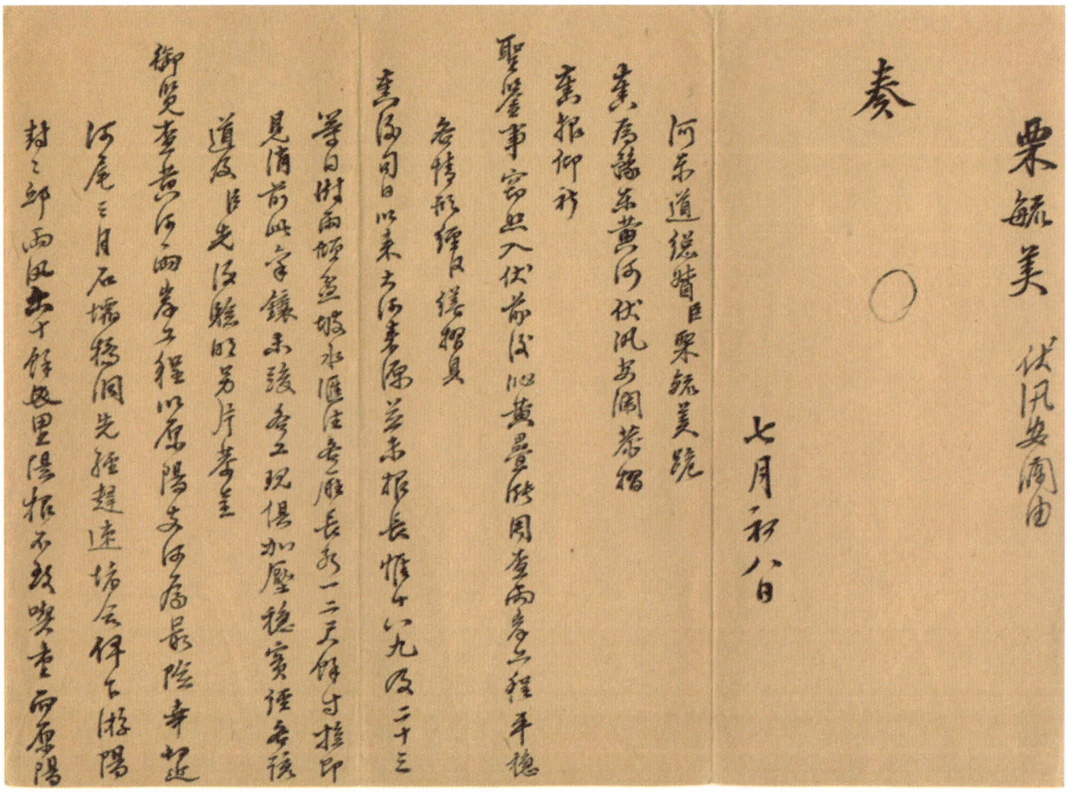

栗毓美　伏汛安瀾由

奏

七月初八日

河東道總督臣栗毓美跪

奏爲豫東黄河伏汛安瀾恭摺

奏報仰祈

聖鑒事竊照入伏前後沁黄疊漲經周查兩岸各工程平穩

各情形繕摺具

奏茲自六月以來大河來源並未報長惟十八九及二十三

等日附雨頗多坡水匯注各廳長水一二尺餘寸旋即

見消前所掌鑲未穩各工現俱加壓穩實經各該

道及臣先後驗明另片奏呈

御覽查黄河兩岸各工程以原陽各河爲最險要延

河廳三月石壩稍同先經趕速堵合擬於攔陽

封之即兩汛工尺餘段里陽根不敷嗟查西原陽

而風四十餘里將河長隄逐經挑築頂土簽壩
挑溜援獲得免汕刷其原武十七堡以下及陽武
三堡以下支河各分兩股內切近陽協之北股接為
險要之處先後接築磬埽攔壩及頂挑迎水各壩
一律堵斷自此挽歸中股凡此雖陸續平安
皆頼執事預
聖主恩施備防有具據臣廣司漫能接濟此時臣威
幸之餘猶深惴惴切慮大汛長水疊經各頭壩
先後接長挑溜意遠之河底灘之水及河尾倒漾
之水歸槽遠見漫灘情形俱成平陸不獨北岸
數十年未漲漫患悉已消除抑且陽武上下東
西百餘里向來浸水沙灘今則普成淤壤農田可
茂者秋尚足仰慰
聖慶廻憶上年原武分溜之始漲溜逼溜隄身節之喫
重向使接鑲埽段勢必引溜刷深遠則掣動正河
近則支流倒臥數難遠行如移去隄在一二里及七
八里之遠且溜勢上提下坐埽段接鑲不停甚險
而多費更屬難以意計是挑頭較勝於鑲埽

安瀾已有明徵臣竊念經費有常亟需撙節
究其繁費之故實由埽段之多如於兩岸均拋甎
壩挑溜護根得以遠隄即受溜則埽不坍每年所用工
料省惟大河水勢湍急恐難倒以支河前經臣奏
明於北岸攔黃堰用甎搶築各壩南岸黑堽蓋
壩埽前試行拋護各工皆係拋向河心方能屹立雖
疊次長水溜勢掣刷壩頭間有蟄卸而埽
基甎坦仍存水底以致埽段不致即行走失若將
形迹不相伴底急突則壩危因隨經用甎加拋護
以碎石即據穩定第事屬創始規畫不厭周
詳擬俟經歷秋汛察看挑溜淤灘果能經久再擇
要錯雜次第照辦以期節
帑國工仍當與撫臣通盤籌畫於歲支項下通融
籌理無庸另請錢糧刻下秋汛甫交漲水未定
宜不但各廳料工錢文必應隨時接濟以免貽誤搶修
即攔黃堰黑堽及原式各甎壩亦仍多購甎塊分
貯備防不敢以各廳本年工安而稍懈少
指使大意現在時逾立秋伏汛已過豫東安瀾

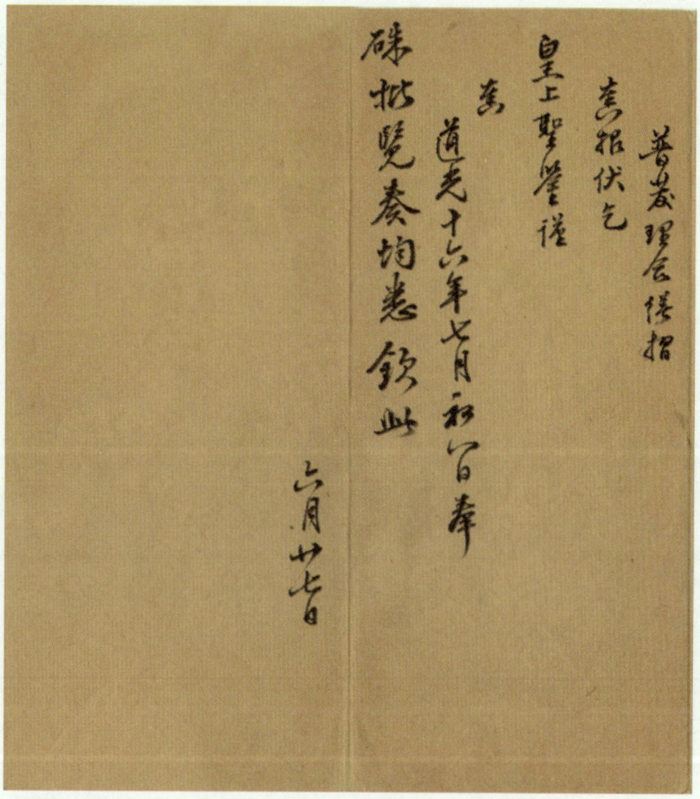

普蒙理合繕摺
奏報伏乞
皇上聖鑒謹
奏
道光十六年七月初一日奉
硃批覽奏均悉欽此

六月廿七日

栗毓美　黄河長水退消等由

奏

〇

七月廿五日

河東河道總督臣栗毓美跪

奏爲東河黄河長水退消各工鑲做平穩仰

祈

聖鑒事。竊照豫東黄河伏汛安瀾，經臣具摺

奏報在案。嗣據陝州呈報萬錦灘黄河於七月初

三初六日兩次共長水四尺七寸，下注各廳先後稟報

長水二三四尺餘寸不等。幸在來源兩日未長

之後河身寬闊有餘而去路河道亦已次第報

落。原陽兩汛交河之秋以前溜勢消減已占正

河相因近因長水之後行溜稍有六分較前向

執埽以資捍長並於近溜堤工執鑲土首添抛

土埽以護埽身是以各溜並無撞溜甚遠

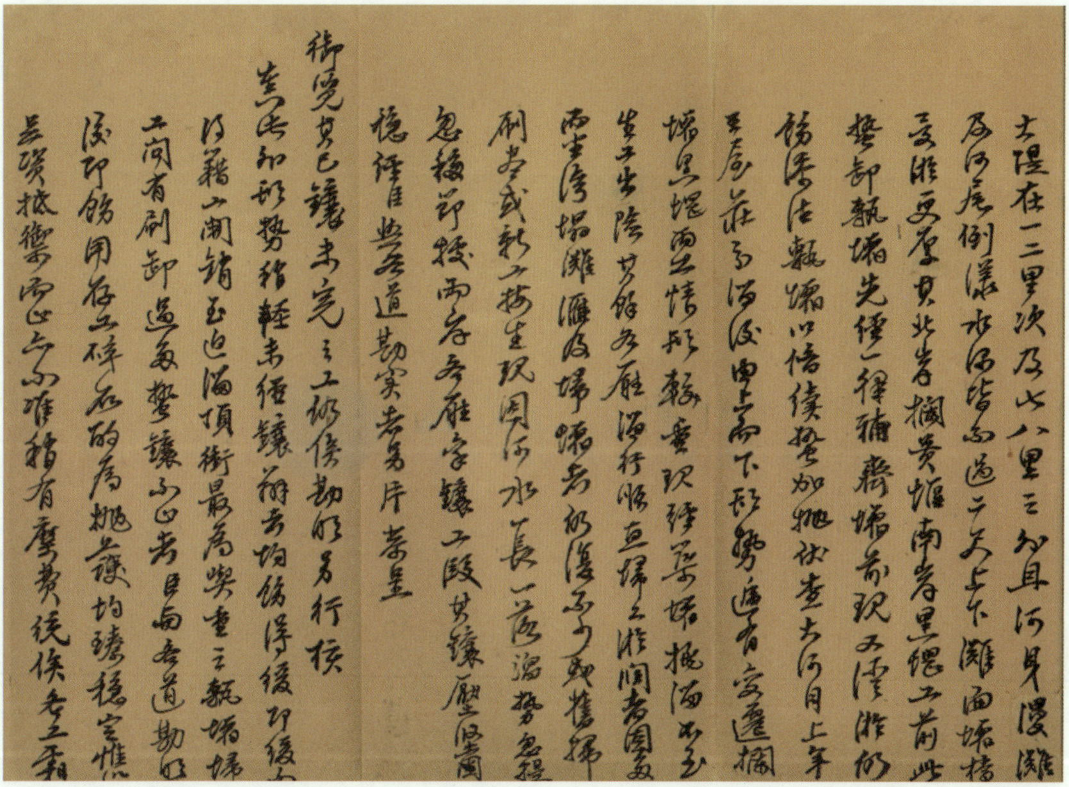

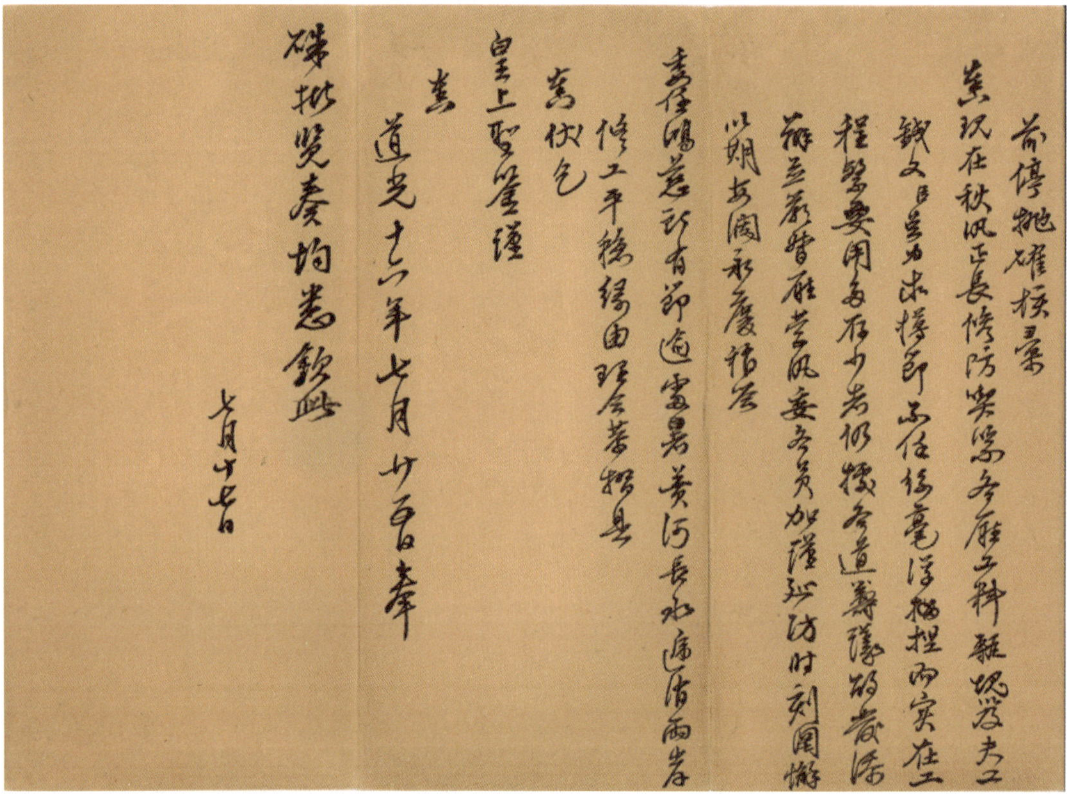
前得批確核無
異現在秋汛正長修防緊要各廳工料雖既發去工
錢又已無力承揆即不任絲毫浮拖捏而實在工
程緊要用無存少者仍飭各道籌撥務歲添
購並飭暨廳營風要各員加謹巡防時刻周備
以期安瀾永慶積茲
奏候鳩慈訂有節適當暑黃河長水處清兩岸
修工平穩緣由理合恭摺具
奏伏乞
皇上聖鑒謹
奏
道光十六年七月廿五日奉
硃批覽奏均悉欽此
七月廿七日

後　記

我是從數學史學習中逐步瞭解治黄史的。漢代《許商算術》的作者許商，好天文術數之事的王景、李尋善，他們既是數學家，又以治理黄河而聞名。我國現存最早的河工著作《河防通議》，將中國古典數學天元術運用到治黄工程中，創造了中國古代工程數學的一個高峰。除了數學史之外，内蒙古師範大學科學技術史研究還以少數民族科技史和地方科技史見長。李迪先生曾指出地方科技史研究的重要内容是人與自然環境變遷、科技遺迹與自然環境以及環境與生産的關係，此類研究具有明顯的現實意義和重要價值。想要通過大科學史研究，弄清變遷的原因和未來的發展趨勢，産出對于地方各方面的開發有更大、更直接價值的成果，這類研究大多離不開文獻。之後，李迪先生更是直接指出科技史研究不僅是對過去的科技工作和科技成果的回顧與總結，而且要着眼于現代，讓古人的發明創造爲今人服務，繼續在現代發揮其應有的作用。我將先生大科學史的治學理念視爲座右銘，在科研工作中更加注重讓科研成果服務于國家戰略與區域發展需求。

二〇一九年九月，習近平總書記在黄河流域生態保護和高質量發展座談會上指出，黄河流域在我國經濟社會發展和生態安全方面具有十分重要的地位。黄河流域生態保護和高質量發展是重大國家戰略。同年十月，黨的十九届四中全會提出『加强邊疆治理，推進興邊富民』，首次把邊疆治理寫入黨的文件。内蒙古師範大學組織科研力量，積極申報研究闡釋黨的十九届四中全會精神的國家社科基金重大項目，其中『中國特色社會主義民族區域自治制度自信研究』項目獲批。我承擔其中的『鑄牢中華民族共同體意識下的民族自治地方文化自信研究』子課題，而黄河是首選文化要素。二〇二四年，該項目順利結項，我也對黄河文化所藴含的時代價值有了更深的體會。

有鑒于此，我帶領文化遺産智能應用服務中華民族共同體建設『英才興蒙』團隊，以黄河爲主題，開展了文獻、文物、傳統工藝等多模態資源庫建設和跨模態應用示範工作。這次與内蒙古人民出版社合作出版的《黄河國家治理文獻集成》，旨在梳理和總結文獻中所藴含的歷史經驗和文化信息，爲當代及未來的黄河治理和地方文旅産業發展提供參考與借鑒。

感謝内蒙古民族文化産業研究院、巴彦淖爾市圖書館等单位的傾力相助，感謝内蒙古自治區黨委宣傳部、内蒙古出版集團、内蒙古人民出版社對本項目的支持與幫助。

在此，也向致力于黄河治理和大河安瀾的歷代先賢與當代典範表達崇高的敬意：你們的不懈努力與無私奉獻，爲黄河的安寧與人民的福祉築起了堅實的防綫；你們的智慧與勇氣，將永遠銘刻在中華民族的歷史豐碑上，激勵後人不斷前行。

董杰

二〇二五年一月